软件开发微视频讲堂

C++ 从入门到精通
（微视频精编版）

明日科技　编著

U0274964

清华大学出版社
北　京

内 容 简 介

本书从初、中级读者的角度出发，通过通俗易懂的语言、丰富多彩的实例，详细介绍了使用C++进行程序开发需要掌握的知识。全书分为3篇21章，包括初识C++、C++语言基础、运算符与表达式、位运算、条件判断语句、循环语句、函数、数组、指针和引用、结构体、共用体和枚举类型、面向对象编程技术、类和对象、继承与派生、模板、STL标准模板库、RTTI与异常处理、程序调试、文件操作、网络通信和餐饮管理系统等内容。书中所有知识都结合具体实例进行介绍，涉及的程序代码给出了详细的注释，可以使读者轻松领会C++程序开发的精髓，快速提高开发技能。

本书除了纸质内容之外，配书资源包中还给出了海量开发资源库，主要内容如下。

☑ **微课视频讲解**：总时长25小时，共86集 ☑ **实例资源库**：881个实例及源码详解分析
☑ **模块资源库**：15个经典模块开发过程完整展现 ☑ **项目案例资源库**：15个企业项目开发过程完整展现
☑ **测试题库系统**：616道能力测试题目 ☑ **面试资源库**：371个企业面试真题

本书适合有志于从事软件开发的初学者、高校计算机相关专业学生和毕业生，也可作为软件开发人员的参考手册，或者高校的教学参考书。

图书在版编目（CIP）数据

C++从入门到精通：微视频精编版/明日科技编著. —北京：清华大学出版社，2020.6
（软件开发微视频讲堂）
ISBN 978-7-302-51825-9

Ⅰ.①C… Ⅱ.①明… Ⅲ.①C++语言–程序设计 Ⅳ.①TP312.8

中国版本图书馆CIP数据核字（2018）第269344号

责任编辑：贾小红
封面设计：魏润滋
版式设计：文森时代
责任校对：马军令
责任印制：宋 林

出版发行：清华大学出版社
 网   址：http://www.tup.com.cn，http://www.wqbook.com
 地   址：北京清华大学学研大厦A座   邮   编：100084
 社 总 机：010-62770175   邮   购：010-62786544
 投稿与读者服务：010-62776969，c-service@tup.tsinghua.edu.cn
 质 量 反 馈：010-62772015，zhiliang@tup.tsinghua.edu.cn
印 装 者：三河市铭诚印务有限公司
经   销：全国新华书店
开   本：203mm×260mm   印   张：23   字   数：676千字
版   次：2020年6月第1版   印   次：2020年6月第1次印刷
定   价：79.80元

产品编号：079174-01

前 言
Preface

C++ 是 C 语言的继承，它既可以进行 C 语言的过程化程序设计，又可以进行以抽象数据类型为特点的基于对象的程序设计，还可以进行以继承和多态为特点的面向对象的程序设计。C++ 应用领域比较广泛，可以进行服务器端开发、游戏开发、虚拟现实、数字图像处理、嵌入式系统以及操作系统开发等。因 C++ 功能强大，所以受到很多程序员的青睐，成为程序开发人员使用的主流编程语言之一。

本书内容

本书从初、中级读者的角度出发，设计科学合理，全书分为 3 篇 21 章，全面讲述了使用 C++ 进行程序开发必备的知识和技能，大体结构如下图所示。

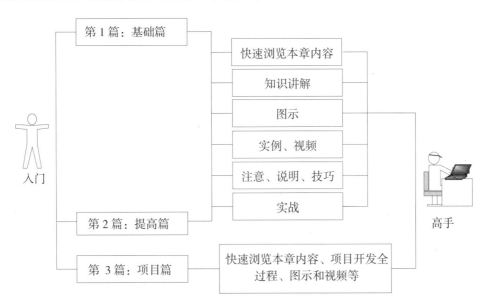

第 1 篇：基础篇。本篇通过初识 C++，C++ 语言基础，运算符与表达式，位运算，条件判断语句，循环语句，函数，数组，指针和引用，结构体，共用体和枚举类型等内容的介绍，并结合大量的图示、实例、视频和实战等，使读者快速掌握 C++ 语言基础，为以后编程奠定坚实的基础。

第 2 篇：提高篇。本篇介绍了面向对象编程技术，类和对象，继承与派生，模板，STL 标准模板库，RTTI 与异常处理，程序调试，文件操作，网络通信等内容。学习完本篇，能够开发一些中小型应用程序。

第 3 篇：项目篇。本篇通过一个完整的餐饮管理系统，运用软件工程的设计思想，引导读者学习如何进行软件项目的实践开发。书中按照"系统设计→数据库设计→公共类设计→项目主要功能模块的实现"的流程进行介绍，带领读者亲身体验开发项目的全过程。

本书特点

- ☑ **由浅入深，循序渐进**。本书以初、中级程序员为对象，先从 C++ 语言基础学起，再学习如何使用 C++ 进行面向对象、网络编程等高级技术，最后学习开发一个完整的项目。讲解过程步骤详尽，版式新颖，使读者在阅读时一目了然，从而快速掌握书中内容。

- ☑ **微课视频，讲解详尽**。为便于读者直观感受程序开发的全过程，书中大部分章节都配备了教学微视频，使用手机扫描正文小节标题一侧的二维码，即可观看学习，能快速引导初学者入门，感受编程的快乐和成就感，进一步增强学习的信心。

- ☑ **实例典型，轻松易学**。通过实例学习是最好的学习方式，本书通过"一个知识点、一个例子、一个结果、一段评析，一个综合应用"的模式，透彻详尽地讲述了实际开发中所需的各类知识。另外，为了便于读者阅读程序代码，快速学习编程技能，书中几乎每行代码都提供了注释。

- ☑ **精彩栏目，贴心提醒**。本书根据需要在各章安排了很多"注意""说明"和"技巧"等小栏目，让读者可以在学习过程中更轻松地理解相关知识点及概念，更快地掌握个别技术的应用技巧。

- ☑ **实战练习，巩固所学**。书中几乎每章都提供了实战练习，并给出了实战的效果，读者可以根据所学的知识，亲自动手实现这些实战项目，如果在实现过程中遇到问题，可以从资源包中获取相应实战的源码，进行解读。

本书资源

为帮助读者学习，本书配备了长达 25 个小时（共 86 集）的微课视频讲解。除此以外，还为读者提供了"Visual C++ 开发资源库"系统，以全方位地帮助读者快速提升编程水平和解决实际问题的能力。

本书和 Visual C++ 开发资源库配合学习的流程如图所示。

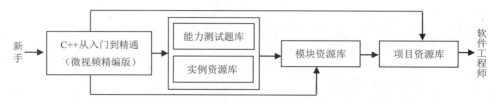

Visual C++ 开发资源库的主界面如图所示。

在学习本书的过程中，通过实例资源库中的大量热点实例和关键实例，读者可巩固所学知识，提高编程兴趣和自信心。通过能力测试题库，读者可对个人能力进行测试，检验学习成果。数学逻辑能力和英语基础较为薄弱的读者，还可以利用资源库中大量的数学逻辑思维题和编程英语能力测试题，进行专项强化提升。

本书学习完毕后，读者可通过模块资源库和项目资源库中的 30 个经典模块和项目，全面提升个人综合编程技能和解决实际开发问题的能力，为成为 C++ 软件开发工程师打下坚实基础。

面试资源库中提供了大量国内外软件企业的常见面试真题，同时还提供了程序员职业规划、程序员面试技巧、企业面试真题汇编和虚拟面试系统等精彩内容，是程序员求职面试的绝佳指南。

读者对象

- ☑ 初学编程的自学者
- ☑ 大中专院校的老师和学生
- ☑ 做毕业设计的学生
- ☑ 程序测试及维护人员

- ☑ 编程爱好者
- ☑ 相关培训机构的老师和学员
- ☑ 初、中级程序开发人员
- ☑ 参加实习的"菜鸟"程序员

读者服务

学习本书时，请先扫描封底的权限二维码（需要刮开涂层）获取学习权限，然后即可免费学习书中的所有线上线下资源。本书所附赠的各类学习资源，读者可登录清华大学出版社网站（www.tup.com.cn），在对应图书页面下获取其下载方式。也可扫描图书封底的"文泉云盘"二维码，获取其下载方式。

致读者

本书由明日科技 C++ 程序开发团队组织编写，明日科技是一家专业从事软件开发、教育培训以及软件开发教育资源整合的高科技公司，其编写的教材既注重选取软件开发中的必需、常用内容，又注重内容的易学、方便以及相关知识的拓展，深受读者喜爱。其编写的教材多次荣获"全行业优秀畅销品种""中国大学出版社优秀畅销书"等奖项，多个品种长期位居同类图书销售排行榜的前列。

在编写过程中，我们以科学、严谨的态度，力求精益求精，但错误、疏漏之处在所难免，敬请广大读者批评指正。

感谢您购买本书，希望本书能成为您编程路上的领航者。

"零门槛"编程，一切皆有可能。

祝读书快乐！

编　者

2020 年 6 月

目　录

Contents

第1篇　基础篇

第 2 篇　提高篇

第3篇　项目篇

基础篇

本篇通过初识 C++，C++ 语言基础，运算符与表达式，位运算，条件判断语句，循环语句，函数，数组，指针和引用，结构体，共用体和枚举类型等内容的介绍，并结合大量的图示、实例、视频和实战等，使读者快速掌握 C++ 语言基础，为以后编程奠定坚实的基础。

第 1 章

初识 C++

（视频讲解：1 小时 6 分钟）

C++ 是当今流行的编程语言，它是在 C 语言基础上发展起来的，随着面向对象编程思想的发展，C++ 也融入了新的编程理念，这些理念有利于程序的开发。C++ 从语言角度说也是个规范，随着规范的发布，许多 C++ 编译器不断涌现，不同的 C++ 编译器也带来不同的语言特性，这给程序员带来了广阔的选择空间。

学习摘要：

▶▶ C++ 概述

▶▶ 搭建 C++ 开发环境

▶▶ C++ 程序的创建及编译

▶▶ C++ 工程项目文件

▶▶ C++ 代码结构

1.1 C++ 概述

视频讲解

要学一门语言，首先要对这门语言有一定的了解，要知道这门语言能做什么，要怎样才能学好。本节将对 C++ 语言的历史背景进行简单的介绍，使读者对 C++ 语言有一个简单而直接的印象。

1.1.1 C++ 发展历程

在介绍 C++ 的发展历程之前，先对程序语言进行大概的了解。

1. 机器语言

机器语言是低级语言，也称为二进制代码语言。计算机使用的是由 0 和 1 组成的二进制数组成的一串指令来表达计算机操作的语言。机器语言的特点是，计算机可以直接识别，不需要进行任何的翻译。

2. 汇编语言

汇编语言是面向机器的程序设计语言。为了减轻使用机器语言编程的痛苦，用英文字母或符号串来替代机器语言的二进制码，这样就把不易理解和使用的机器语言变成了汇编语言。这样一来，使用汇编语言就比机器语言便于阅读和理解程序。

3. 高级语言

汇编语言依赖于硬件体系，并且该语言中的助记符号数量比较多，所以其运用起来仍然不够方便。为了使程序语言能更贴近人类的自然语言，同时又不依赖于计算机硬件，于是产生了高级语言。这种语言，其语法形式类似于英文，并且因为远离对硬件的直接操作，而易于被普通人所理解与使用。其中影响较大、使用普遍的高级语言有 Fortran、ALGOL、Basic、COBOL、LISP、Pascal、PROLOG、C、C++、VC、VB、Delphi、Java 等。

本书所讲述的 C++ 语言就是从 C 语言发展过来的。Stroustrup 经过钻研在 C 语言中加入类的概念，C++ 最初的名字是 C with Class，到 1983 年 12 月由 Rick Mascitti 建议改名为 CPlusPlus，即 C++。最开始提出类概念的语言是 Simula，它具有很高的灵活性，但无法胜任比较大型的程序。此后在 Simula 语言基础上发展的语言 Smalltalk 才是真正的面向对象语言，但 Smalltalk-80 不支持多继承。

C++ 从 Simula 继承了类的概念，从 Algol68 继承了运算符重载、引用以及在任何地方声明变量的能力，从 BCPL 获得了 "//" 注释，从 Ada 得到了模板、名字空间，从 Ada、Clu 和 ML 取来了异常。

1.1.2　C++ 中的杰出人物

 Dennis Ritchie	Dennis M. Ritchie 被称为 C 语言之父、UNIX 之父，生于 1941 年 9 月 9 日，是哈佛大学数学博士，现任朗讯科技公司贝尔实验室（原 AT&T 实验室）下属的计算机科学研究中心系统软件研究部的主任一职。他开发了 C 语言，并著有《C 程序设计语言》（The C Programming Language）一书，还和 Ken Thompson 一起开发了 UNIX 操作系统。他因杰出的工作得到了众多计算机组织的公认和表彰，1983 年，获得美国计算机协会颁发的图灵奖（又称计算机界的诺贝尔奖），还获得过 C&C 基金奖、电气和电子工程师协会优秀奖章、美国国家技术奖章等多项大奖
 Bjarne Stroustrup	Bjarne Stroustrup 1950 年出生于丹麦，先后毕业于丹麦阿鲁斯大学和英国剑桥大学，AT&T 大规模程序设计研究部门负责人，AT&T 贝尔实验室和 ACM 成员。1979 年，Stroustrup 开始开发一种语言，当时称为 C with Class，后来演化为 C++。1998 年，ANSI/ISO C++ 标准建立，同年，Stroustrup 推出其经典著作 The C++ Programming Language 的第三版
 Scott Meyers	Scott Meyers 是世界顶级的 C++ 软件开发技术权威之一，他拥有布朗大学计算机科学博士学位，其著作 Effective C++ 和 More Effective C++ 很受编程人员的喜爱。Scott Meyers 曾经是 C++ Report 的专栏作家，为 C/C++ Users Journal 和 Dr. Dobb's Journal 撰过稿，为全球范围内的客户提供咨询活动。他还是 Advisory Boards for NumeriX LLC 和 InfoCruiser 公司的成员
 Andrei Alexandrescu	Andrei Alexandrescu 被认为是新一代 C++ 天才的代表人物，2001 年撰写了经典名著 Modern C++ Design，其中对 Template 技术进行了精湛运用，第一次将模板作为参数在模板编程中使用，该书震撼了整个 C++ 社群，开辟了 C++ 编程领域的"Modern C++"新时代。此外，他还与 Herb Sutter 合著了 C++ Coding Standards。他在对象拷贝（objectcopying）、对齐约束（alignment constraint）、多线程编程、异常安全和搜索等领域做出了巨大贡献
 Herb Sutter	Herb Sutter 是 C++ Standard Committee 的主席，作为 ISO/ANSI C++ 标准委员会的委员，Herb Sutter 是 C++ 程序设计领域屈指可数的大师之一。他的 Exceptional 系列三本书（Exceptional C++，More Exceptional C++ 和 Exceptional C++ Style）成为 C++ 程序员必读书。他是深受程序员喜爱的技术讲师和作家，是 C/C++ Users Journal 的撰稿编辑和专栏作者，曾发表了上百篇软件开发方面的技术文章和论文。他还担任 Microsoft Visual C++ 架构师，和 Stan Lippman 一道在微软主持 VC 2005（即 C++/CLI）的设计
 Andrew Koenig	Andrew Koenig 是 AT&T 公司 Shannon 实验室大规模编程研究部门中的成员，同时也是 C++ 标准委员会的项目编辑，是一位真正的 C++ 内部权威。Andrew Koenig 的编程经验超过 30 年，其中有 15 年在使用 C++，已经出版了超过 150 篇和 C++ 有关的论文，并且在世界范围内就这个主题进行过多次演讲，对 C++ 的最大贡献是带领 Alexander Stepanov 将 STL 引入 C++ 标准

1.1.3　C++ 的特点

C++ 是 C 语言基础上发展而来的一种面向对象编程语言，主要用来进行系统程序设计，它具有如下特点：

1. 面向对象

C++ 语言是一种面向对象的程序设计语言，采用抽象和实际相结合，各对象间使用消息进行通信，对象通过继承方法增加了代码的复用。

2. 高效性

C++ 语言继承了 C 语言的特性，可以直接访问地址，进行位运算，从而能对硬件进行操作。C++ 语句具有编写简单方便、便于理解的优点，还具有低级语言的与硬件结合紧密的优点。

3. 移植性好

C++ 语句具有很强的移植性，用 C++ 编写的程序基本不用太多修改就可以用于不同型号的计算机上，C++ 标准可在多种操作系统下使用。

4. 运算符丰富

C++ 语言的运算符十分丰富，共有 30 多个，有算术、关系、逻辑、位、赋值、指针、条件、逗号、下标、类型转换等多种类型。

5. 数据结构多样

C++ 语言的数据结构多样，有整型、实型、字符型、枚举类型等基本类型，有数组、结构体、共用体等构造类型以及指针类型，还为用户提供了自定义数据类型，能够实现复杂的数据结构，还可以定义类实现面向对象编程，类和指针结合可以实现高效的程序。

1.2　搭建 C++ 开发环境

视频讲解

在使用 C++ 语言时，需要选择一款开发环境，当今有几款开发环境可供用户选择。本书中所用的环境为 Visual C++ 6.0，下面就对这款开发环境的安装与使用进行介绍。

1.2.1　认识 Visual C++6.0

Visual C++6.0 是由微软开发的 C++ 开发环境，它是 Visual Studio 集成开发环境中的一员。Visual C++6.0 可以创建 Windows 应用程序、DLL 动态链接库、COM 组件以及 ActiveX 控件等。

1.2.2　Visual C++6.0 的下载与安装

1. Visual C++6.0 的下载

微软公司已经停止了对 Visual C++6.0 的技术支持，并且也不提供下载，本书中使用的 Visual C++6.0 的中文版，读者可以在网上搜索，下载合适的安装包。

2. Visual C++6.0 的安装

Visual C++6.0 的具体安装步骤如下：

（1）双击打开 Visual C++6.0 的安装文件夹中的 SETUP.EXE 文件，如图 1.1 所示。打开的界面如图 1.2 所示，单击"运行程序"按钮，继续安装。

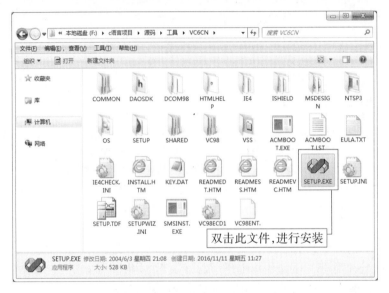

图 1.1　双击安装文件开始安装 Visual C++6.0

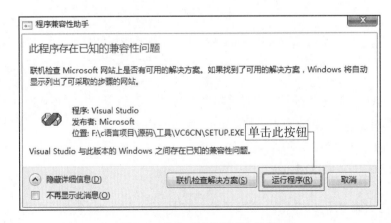

图 1.2　单击"运行程序"按钮

（2）进入"Visual C++ 6.0 中文企业版安装向导"界面，如图 1.3 所示，单击"下一步"按钮。进入"最终用户许可协议"界面，如图 1.4 所示，首先选择"接受协议"选项，然后单击"下一步"按钮。

图 1.3 安装向导对话框

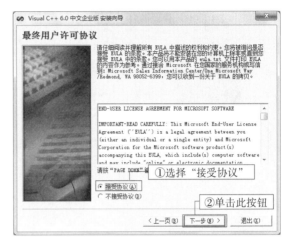

图 1.4 "最终用户许可协议"对话框

（3）进入"产品号和用户 ID"界面，如图 1.5 所示。在安装包内找到 CDKEY.txt 文件，填写产品 ID。姓名和公司名称根据情况填写，可以采用默认设置，不对其修改，单击"下一步"按钮。

（4）进入"Visual C++ 6.0 中文企业版"界面，如图 1.6 所示。在该界面选择第一项"安装 Visual C++ 6.0 中文企业版"，然后单击"下一步"按钮。

图 1.5 "产品号和用户 ID"对话框

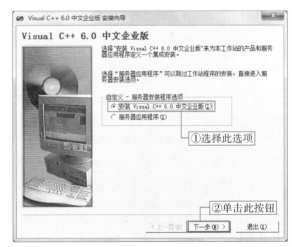

图 1.6 "Visual C++ 6.0 中文企业版"对话框

（5）进入"选择公用安装文件夹"界面，如图 1.7 所示。公用文件默认是存储在 C 盘中的，单击"浏览"按钮，选择安装路径，这里建议安装在磁盘空间剩余比较大的磁盘中，单击"下一步"按钮。

（6）进入到安装程序的欢迎界面中，如图 1.8 所示，单击"继续"按钮。

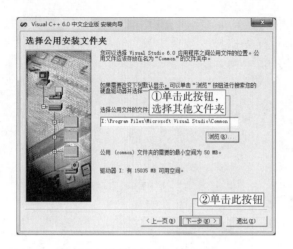

图 1.7　"选择公用安装文件夹"对话框　　　　　　　　　图 1.8　安装程序的欢迎界面

（7）进入到产品 ID 确认界面，如图 1.9 所示，在此界面中，显示要安装的 Visual C++6.0 软件的产品 ID，在向 Microsoft 请求技术支持时，需要提供此产品 ID，单击"确定"按钮。

（8）如果读者电脑中安装过 Visual C++6.0，尽管已经卸载了，但是在重新安装时还是会提示如图 1.10 所示的信息。安装软件检测到系统之前安装过 Visual C++6.0，如果想要覆盖安装的话，单击"是"按钮；如果要将 Visual C++6.0 安装在其他位置的话，单击"否"按钮。这里单击"是"按钮，继续安装。

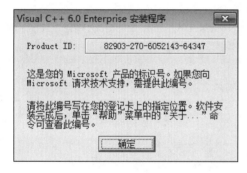

图 1.9　产品 ID 确认界面　　　　　　　　　　　图 1.10　覆盖以前的安装

（9）进入到选择安装类型界面，如图 1.11 所示。在此界面中，第一项 Typical 传统安装，第二项 Custom 为自定义安装，这里选择 Typical 安装类型。

（10）进入到注册环境变量界面，如图 1.12 所示，在此界面中，勾选 Register Environment Variables 选项，注册环境变量，单击 OK 按钮。

（11）前面的安装选项都设置后，下面就开始安装 Visual C++6.0 了，如图 1.13 所示，显示安装进度，当进度条达到 100% 时，则安装成功，如图 1.14 所示。

> **说明**
>
> 如果是 Windows 10 系统，当进度条达到 100% 时，将会弹出一个未响应界面，这是 Windows 10 与 Visual C++ 6.0 兼容性问题，此时只需双击该界面，在弹出的对话框中单击"关闭程序"按钮即可，不影响 Visual C++ 6.0 的正常使用。

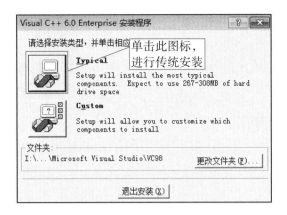

图 1.11　选择安装类型界面

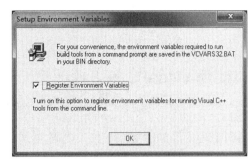

图 1.12　注册环境变量界面

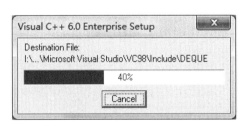

图 1.13　安装进度条

图 1.14　安装成功界面

（12）Visual C++6.0 安装成功后，进入到 Install MSDN 安装界面，如图 1.15 所示。取消勾选"安装 MSDN"，不安装 MSDN，单击"下一步"按钮。在其他客户工具和服务器安装界面不进行选择，直接单击"下一步"按钮，则可完成 Visual C++6.0 的全部安装。

图 1.15　MSDN 安装界面

1.3　C++ 程序的创建及编译

视频讲解

1.3.1　使用 Visual C++ 6.0 创建 C++ 程序

Visual C++ 6.0 可以通过两种方式创建 C++ 程序，一种是使用向导直接创建，一种是创建空工程后，手动向工程中添加源文件并写入代码。

1.　使用 Visual C++ 6.0 创建 C++ 程序

使用 Visual C++ 6.0 创建 C++ 程序的步骤如下：

（1）启动 Visual C++ 6.0，单击"文件"中的"新建"菜单，弹出创建工程的向导，如图 1.16 所示。

图 1.16　VC 创建工程向导

（2）在列表中选择 Win32 Console Application 工程类型，在"工程名称"中输入工程名 Sample，在"位置"中设置工程的保存路径 D:\Sample。然后单击"确定"按钮，弹出"Win32 Console Application-步骤 1 共 1 步"窗口，如图 1.17 所示。

（3）向导可以创建 4 种类型的工程。

☑　一个空工程：创建一个空的工程，工程中没有任何源文件和头文件。

☑　一个简单的程序：创建的工程中含有两个源文件（Sample.cpp 和 StdAfx.cpp）和一个头文件（StdAfx.h），并且 Sample.cpp 源文件中有一个不做任何操作的 main 函数。

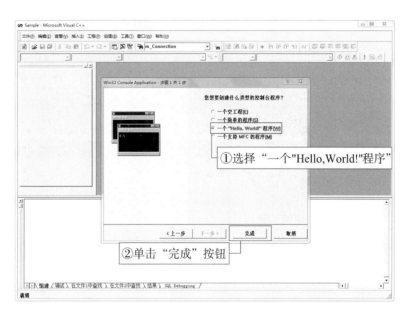

图 1.17 VC 工程向导第一步对话框

☑ 一个"Hello,World!"程序：创建的工程中也含有两个源文件（Sample.cpp 和 StdAfx.cpp）和一个头文件（StdAfx.h），但 Sample.cpp 源文件中的 main 函数有一条输出"Hello,World!"字符的 printf 语句。

☑ 一个支持 MFC 的程序：创建了支持 MFC 类库的工程。MFC 类库由微软开发，使用 MFC 类库可以加快程序开发的速度。

（4）选择"一个 "Hello, World!" 程序"，单击"完成"按钮，向导会弹出一个"新建工程信息"窗口，如图 1.18 所示。

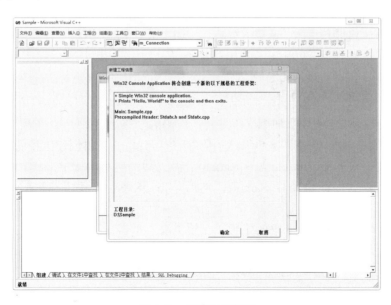

图 1.18 新建工程信息

（5）单击"确定"按钮，向导会创建能够在控制台输出"Hello World!"字符串的应用程序。创建完的工程如图 1.19 所示。

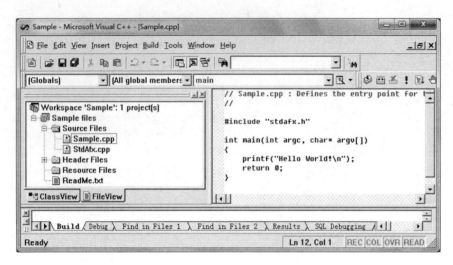

图 1.19　Visual C++ 6.0 开发环境

（6）此时通过"组建"/"执行"菜单执行应用程序就可以看到程序运行结果，如图 1.20 所示。

图 1.20　程序运行结果

2. 创建空工程，手动添加代码

创建空工程后，手动向工程中添加源文件并写入代码的步骤如下：

（1）启动 Visual C++ 6.0，单击"文件"，选择"新建"菜单，弹出创建工程的向导。

（2）在列表中选择 Win32 Console Application 工程类型，在 Project name 中输入工程名 Sample，在 Location 中设置工程的保存路径 D:\Sample。然后单击 OK 按钮，弹出 Win32 Console Application-Step of 1 窗口。

（3）在弹出的窗口中选择"一个空的工程"工程类型，单击"完成"按钮，向导会创建一个空的工程。

（4）通过向导向工程中添加源文件。单击"文件"，选择"新建"菜单，弹出创建工程的向导，选择"文件"选项卡，在列表中选择 C++ Source File，在"文件名"中输入文件名 Sample，如图 1.21 所示。

图 1.21　添加文件对话框

（5）单击"确定"按钮后，向导会向工程中添加 Sample.cpp 文件。

（6）在 Sample 文件中输入如下代码：

```
01  #include <iostream>
02  using namespace std;
03  void main()
04  {
05    cout << "Hello, World!" << endl;
06  }
```

（7）通过"组建"→"执行"菜单执行应用程序就可以看到程序运行结果。

1.3.2　编译与连接 C++ 程序

开发 C++ 应用程序可以分为编辑、编译、连接、执行 4 个步骤，下面分别介绍。

1. 编辑

编辑就是在文本编辑器中输入代码，并对代码字符进行增、删、改，然后将输入的内容保存成文件，如图 1.22 所示，输入"Hello World ！"程序代码，并将代码保存成 Sample.cpp 文件。

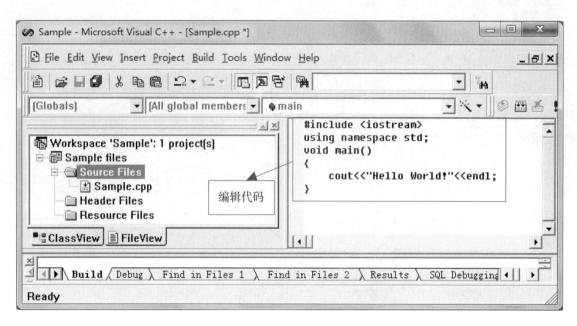

图 1.22　编辑代码

2．编译

编译就是将代码文件编译成目标文件。如图 1.23 所示，编译过程就是将 Sample.cpp 编译成 Sample.obj。

在 VC++ 6.0 开发环境中，单击"编译"按钮后，VC++ 6.0 对输入的代码进行编译，"编译"按钮如图 1.24 所示。

图 1.23　编译文件

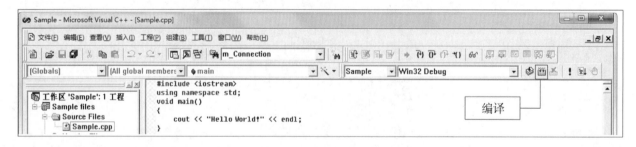

图 1.24　执行编译命令

单击"编译"按钮后，VC++ 6.0 自动对代码进行编译和连接，整个编译过程如图 1.25 所示。

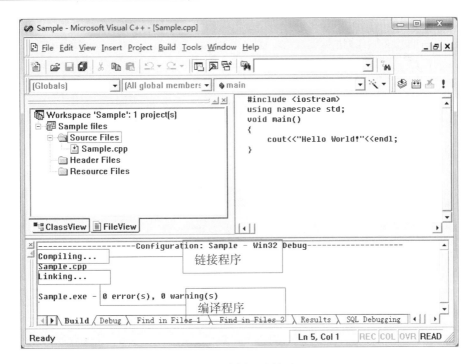

图 1.25　编译及连接过程

3. 连接

连接就是将编译后的目标文件连接成可执行的应用程序。例如，将 Sample.obj 和 lib 库文件连接成 Sample.exe 可执行程序。lib 库是编译好的提供给用户使用的目标模块，在有多个源文件的工程，例如 Sample1.cpp，Sample2.cpp，Sample3.cpp，会编译成多个目标模块 Sample1.obj，Sample2.obj，Sample3.obj，链接器会将程序所涉及的目标模块连接成可执行程序，如图 1.26 所示。

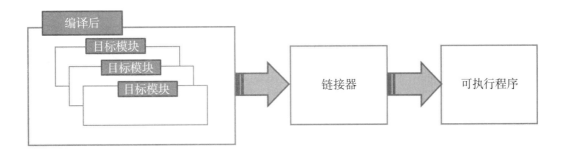

图 1.26　连接过程

4. 执行

执行就是执行生成的应用程序。VC++ 6.0 开发环境下集成了"运行"按钮，单击"运行"按钮后，开发环境自动执行生成的程序，"运行"按钮如图 1.27 所示。

图 1.27 "运行"按钮

视频讲解

1.4　C++ 代码结构

1.4.1　C++ 工程项目文件

Windows 操作系统主要是用来管理数据的，而数据是以文件的形式存储在磁盘上的。文件可以通过扩展名来区分不同的类型，C++ 的代码文件就有两种类型，一种是源文件，一种是头文件。头文件中添加的是定义和声明函数部分，源文件中则是在头文件中定义函数的实现部分；源文件主要以 cpp 为扩展名，而头文件主要以 h 为扩展名。有的开发环境可能使用 cxx，chh 来作为源文件的扩展名。

对一个比较大的工程而言，它的源文件和头文件可能会比较多，为了管理这些源文件，不同的编译器还提供了管理代码的工程项目文件，不同开发环境的工程项目文件也会不同。

使用 VC++ 6.0 创建的 C++ 工程项目文件如图 1.28 所示。

图 1.28　C++ 工程项目文件

☑　Debug：存储编译后程序文件夹，带有调试信息的程序。

☑ Release：存储编译后程序文件夹，最终程序。

☑ Sample.cpp：源文件。

☑ Sample.dsp：VC 的工程文件。

☑ Sample.dsw：VC 的工作空间文件。

☑ Sample.ncb：VC 的用于声明的数据库文件。

☑ Sample.opt：VC 存储用户选项的文件。

☑ StdAfx.cpp：向导生成的标准源文件，代码中涉及 MFC 类库内容时使用该文件。

☑ StdAfx.h：向导生成的标准头文件。

注意

Debug 与 Release 的区别在于，Debug 是含有调试信息的应用程序，Debug 文件夹下的程序可以设置断点调试，而且 Debug 文件夹下的程序要比 Release 文件夹下的程序大。

1.4.2　认识 C++ 代码结构

C++ 程序代码是由预编译指令、宏定义指令、注释、主函数、自定义函数等很多部分组成的，这些部分都是后文讲述的主要内容。下面是一段很小但涉及 C++ 语言概念比较多的代码，如图 1.29 所示。

```
#define options 1                         ← 宏定义
#ifdef options
#include <iostream.h>
/***********************************/
/*              Sample.cpp         */       ← 注释
/*                                 */
/***********************************/
int ShowMessage();                          ← 函数声明
int main(int argc, char* argv[])
{                                           ← 主函数
    int iResult;
    iResult = ShowMessage();  // 自定义函数ShowMessage
    if(iResult < 0)
        cout << "ShowMessage Error" << endl;   ← 注释
    return 0;
}

int ShowMessage()                           ← 自定义函数
{
    try {                                   ← 捕捉错误代码
        cout << "Hello World!" << endl;
        return 0;
    }
    catch(...)
    {
        cout << "Throw exception" << endl;
        throw "error occurred";
    }
}
#endif                                      ← 预编译指令
```

图 1.29　C++ 代码结构

图 1.29 所示的代码中，含有头文件引用、函数作用空间、库函数调用、赋值运算、关系判断、流输出等很多 C++ 语言方面的概念，各概念之间通过一定规则罗列在一起，编译器会根据这些规则将代码编译成能够在机器上执行的应用程序。

1.5 小 结

任何编程语言都有它的时代性，都是不断发展的，C++ 现在是一个成熟的语言，首先要理解 C++ 大师新的编程理念，然后选择自己喜欢的开发环境，可以选择微软的 Visual C++ 6.0，还可以选择 Dev-C 和 Eclipse。在 Windows 操作系统下开发 C++ 程序，首选为 Visual C++ 6.0。

第 2 章

C++ 语言基础

（📹 视频讲解：2 小时 49 分钟）

数据类型是 C++ 语言的基础，要学习一门编程语言首先要掌握它的数据类型，不同的数据类型占用不同的内存空间，合理定义数据类型可以优化程序的运行，本章将介绍数据类型及数据类型的输出。

学习摘要：

▸▸ 第一个 C++ 程序

▸▸ 常量及符号

▸▸ 变量

▸▸ 数据类型

▸▸ 数据输入与输出

视频讲解

2.1 第一个 C++ 程序

学习编程的第一步是先写一个最简单的程序。学习任何编程语言都需要写一个 HelloWorld 程序，下面是最简单的 C++ 程序，同样也是一个 "HelloWorld" 程序。

```
01  #include <iostream>
02  using namespace std;
03  void main()
04  {
05      cout << "HelloWorld\n";
06  }
```

最简单的程序输出结果如图 2.1 所示。

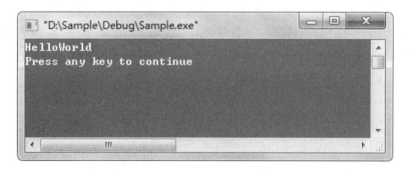

图 2.1 第一个 C++ 程序

最简单的 C++ 程序中包含了头文件引用、应用命名空间、主函数、字符串常量、数据流等几部分，这些都是 C++ 程序中经常用到的。这是一段输出 "Hello World" 的小程序，程序第一行使用字符 #，是一个预处理标志，预处理表示该行代码要最先进行处理，所以要在编译代码之前运行，include 是一个预处理指令，其后紧跟一对尖括号 "<>"，尖括号内是一个标准库。第 2 行使用命名空间 std，第 3 行开始到第 6 行结束，是程序执行入口，main 函数是每个 C++ 程序都需要有的，花括号代表 main 函数的函数体，我们可以在函数体内编写要执行的代码。下面对 C++ 常用的概念进行介绍。

📢注意

C++ 代码中所有的字母、数字、括号以及标点符号均为英文输入法状态下的半角符号，而不能是中文输入法或者英文输入法状态下的全角符号。

2.1.1 #include 指令

C++ 的程序中第一行带 "#" 号的语句被称为宏定义或预编译指令，关于什么是 C++ 中的语句，什么是宏定义或预编译指令会在后面章节讲到。#include 在代码中是包含和引用的意思，其后面紧跟着一对尖括号"<>"，第一行代码 #include <iostream> 就是说明代码要引用 iostream 文件内容，编译器在编译程序的时候会将 iostream 中的内容在 #include <iostream> 处展开。

2.1.2　iostream 标准库

文件 iostream（输入 / 输出）是一个标准库，直白来讲，就是输入（in）、输出（out）、流（stream）。取 in 和 out 的首字母与 stream 结合成的，它包含了众多的函数。库中每个函数都有其自身的作用。如果这里面我们没有包含这个文件，那么就不能使用 cout 来输出语句了。在这里读者需要记住，必须使用 #include<iostream> 这条语句后，才能在程序中使用有关的功能。

说明

函数就是能够实现特定功能的程序模块。

2.1.3　命名空间

C++ 中命名空间的目的是为了减少和避免命名冲突。所谓 namespace 是指标识符的各种可见范围。使用 C++ 标准库中的标识符时，一种简单的方法是：

```
using namespace std;
```

这样命名空间 std 内定义的所有标识符都有效。所以在程序中我们使用了 cout 来输出字符串了。如果没有这条语句，那就只能这样写来显示一条信息了：

```
std::cout<<"hello world\n";
```

cout（还有 cin）是我们经常会用到的。在每个程序的开头加上一条"using namespace std;"是很有必要的。

"std::"是一个命名空间的标识符，C++ 标准库中的函数或者对象都是在命名空间 std 中定义的。所以我们要使用的标准库中的函数或者对象都要用 std 来限定。

对象 cout 是标准库所提供的一个对象，而标准库在命名空间中被指定为 std，所以在使用 cout 的时候，前面加上"std::"。这样编译器就会明白我们调用的 cout 是命名空间 std 中的 cout。

如果上述程序中未写"using namespace std;"语句的话，在主函数体内可以这样写：

```
std::cout<<"Hello World\n";
```

2.1.4　main 函数

单词 main 代表主函数的意思，main 函数是程序执行的入口，程序从 main 函数的一条指令开始执行，直到 main 函数结束，整个程序也将执行结束。注意函数的格式单词 main 后面有个小括号 "()"，小括号内是放参数的地方。

2.1.5 函数体

大括号 "{ }" 中的内容是需要执行的内容，称为函数体，函数体是按代码的先后顺序执行的，写在前面的代码先执行，写在后面的代码后执行。代码 "cout << "HelloWorld\n";" 表示通过输出流输出单词 "HelloWorld"，单词 "HelloWorld" 两边的双引号代表单词是字符串常量，cout 表示输出流，<< 表示将字符串传送到输出流中。

2.1.6 函数返回值

单词 void 表示函数的返回值，函数的返回值是用来判断函数执行情况以及返回函数执行结果的。void 代表不返回任何数据。如果要返回数据还需要使用 return 语句。

2.1.7 注释

代码注释是禁止语句的执行，编译器不会对注释的语句进行编译。C++ 中有两种注释方法，其中 "//" 是单行注释，单行注释只能注释符号 "//" 后面的内容，到本行代码结束的位置结束；"/**/" 是多行注释，多行注释的使用方法是符号 "/*" 放在将要注释代码的前面，符号 "*/" 放在将要注释代码的末尾，符号 "/*" 和 "*/" 中间的内容就会被注释，另外多行注释中不允许嵌套多行注释，例如 "/*/**/*/"，最后出现的 "*/" 符号将会无效。

注释不仅是在调试时使用，开发人员也可以在代码中加入注释，用来说明代码的用意，这样方便日后自己或别人查看。

视频讲解

2.2 常量及符号

常量就是其值在程序运行过程中是不可以改变的数值。例如，我们每个人的身份证号码，这串数字就是一个常量，是不能被更改的。常量可分为整型常量、实型常量、字符常量和字符串常量。

2.2.1 整型常量

整型常量就是指直接使用的整型常数，例如：0，100，–200 等，都是整型常数。

整型常量可以是长整型、短整型、符号整型和无符号整型。如表 2.1 所示，这几种整数类型如同容积不同大小烧杯，虽然用法一样，但在不同场景就用不同容量的烧杯。

表 2.1　整型常量数据类型

数 据 类 型	长　　度	取 值 范 围
unsigned short	16 位	0~65535
signed short	16 位	–32768~32767
unsigned int	32 位	0~4294967295
signed int	32 位	–2147483648~2147483647
signed long	64 位	–9223372036854775808~9223372036854775807

说明

根据不同的编译器，整型的取值范围是不一样的。还有可能在 16 位的计算机中整型就为 16 位，在 32 位的计算机上整型就为 32 位。

在编写整型常量时，可以在常量的后面加上符号 L 或者 U 进行修饰。L 表示该常量是长整型，U 表示该常量为无符号整型，例如：

```
LongNum=1000L;              /*L 表示长整型 */
UnsignLongNum=500U;         /*U 表示无符号整型 */
```

所有整型常量类型也可以通过 3 种形式进行表达，分别为八进制形式、十进制形式和十六进制形式。下面分别进行介绍。

1.　八进制整数

使用的数据表达形式是八进制，需要在常数前加上 0 进行修饰。八进制所包含的数字范围是 0~7。例如：

```
OctalNumber1=0520;          /* 在常数前面加上一个 0 来代表八进制 */
```

以下是八进制的错误写法：

```
OctalNumber3=520;           /* 没有前缀 0*/
OctalNumber4=0296;          /* 包含了非八进制数 9*/
```

2.　十六进制整数

常量前面使用 0x 作为前缀（注意：0x 中的 0 是数字 0，而不是字母 O），表示该常量是用十六进制进行表示的。十六进制中包含数字 0~9 以及字母 A~F。例如：

```
HexNumber1=0x460;           /* 加上前缀 0x 表示常量为十六进制 */
HexNumber2=0x3ba4;
```

说明

其中字母 A~F 可以使用大写形式，也可以使用 a~f 小写形式。

3. 十进制整数

十进制是不需要在常量前面添加前缀的。十进制中所包含的数字为 0~9。例如：

```
AlgorismNumber1=569;
AlgorismNumber2=385;
```

整型数据都是以二进制的方式存放在计算机的内存之中，其数值是以补码的形式进行表示的。正数的补码与其原码的形式相同，负数的补码是将该数绝对值的二进制形式按位取反再加 1。例如，一个十进制数 11 在内存中的表现形式如图 2.2 所示。

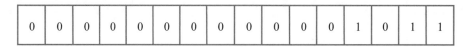

图 2.2　十进制数 11 在内存中

如果是 –11，那么在内存中又是怎样的呢？因为是以补码进行表示，所以负数要先将其绝对值求出，然后进行取反操作，如图 2.3 所示，得到取反后的结果。

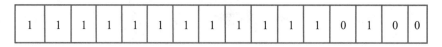

图 2.3　进行取反操作

取反之后还要进行加 1 操作，这样就得到最终的结果。例如，–11 在计算机内存中存储的情况如图 2.4 所示。

图 2.4　加 1 操作

说明

对于有符号整数，其在内存中存放的最左面一位表示符号位，如果该位为 0，则说明该数为正；若为 1，则说明该数为负。

2.2.2　实型常量

实型也称为浮点型，是由整数部分和小数部分组成的，其中用十进制的小数点进行隔开。
在 C 语言中表示实型数据的方式有以下两种。

1．小数表示方法

科学记数方式就是使用十进制的小数方法描述实型，例如：

```
SciNum1=123.45;              /* 小数表示方法 */
SciNum2=0.5458e;
```

2．科学记数法（指数方式）

有时实型常量非常大或者非常小，这样使用小数方式是不利于观察的，这时可以使用指数方法显示实型常量。其中，使用字母 e 或者 E 进行指数显示，如上面的 SciNum1 和 SciNum2 代表的实型常量，使用指数方式显示这两个实型常量如下所示：

```
SciNum1=1.2345e2;            /* 指数方式显示 */
SciNum2=5.458e-1;            /* 指数方式显示 */
```

◢注意

　　如果不在后面加上后缀，在默认状态下，实型常量为 double 双精度类型；在常量后面添加的后缀不分大小写，大小写是通用的。

2.2.3　字符常量

字符常量是用单引号括起来的一个字符，例如‘a’和‘?’都是合法字符常量。在对代码编译时，编译器会根据 ASCII 码表将字符常量转换成整型常量。ASCII 码表中还有很多通过键盘无法输入的字符，例如"\101"表示 ASCII 码的 A，\XOA 表示换行等。

转义字符是特殊的字符常量，使用时以字符"\"代表开始转义，和后面不同的字符表示转义后的字符。转义字符如表 2.2 所示。

表 2.2　转义字符说明

转 义 字 符	意　　义	ASCII 代码
\0	空字符	0
\n	换行	10
\t	水平制表	9
\b	退格	8
\r	回车	13
\f	换页	12
\\	反斜杠	93
\'	单引号字符	39

续表

转 义 字 符	意 义	ASCII 代码
\"	双引号字符	34
\a	响铃	7

2.2.4 字符串常量

字符串常量是用一组双引号括起来的若干字符序列，例如："ABC""abc""1314""您好"等都是正确的字符串常量。如果在字符串中一个字符都没有，将其称作空字符串，此时字符串的长度为 0。例如：""。

C++ 中存储字符串常量时，系统会在字符串的末尾自动加一个 "\0" 作为字符串的结束标志。例如，字符串 "welcome" 在内存中的存储形式如图 2.5 所示。

w	e	l	c	o	m	e	\0

图 2.5 结束标志 "\0" 为系统自动添加

注意

在程序中编写字符串常量时，不必在一个字符串的结尾处加上 "\0" 结束字符，系统会自动添加结束字符。

前面介绍了有关字符常量和字符串常量的内容，那么它们之间的有什么区别呢，具体体现在以下几方面：

（1）定界符的使用不同。字符常量使用的是单引号，而字符串常量使用的是双引号。

（2）长度不同。上面提到过字符常量只能有一个字符，也就是说字符常量的长度就是 1。字符串常量的长度可以是 0，但是需要注意的是，即使字符串常量中的字符数量只有 1 个，长度却不是 1。例如，字符串常量 "H"，其长度为 2。通过图 2.6 可以体会到，字符串常量 "H" 的长度为 2 的原因。

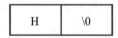

H	\0

图 2.6 字符串 "H" 在内存中存储方式

（3）存储的方式不同，在字符常量中存储的是字符的 ASCII 码值，如 'A' 为 65，'a' 为 97。而在字符串常量中，不仅要存储有效的字符，还要存储结尾处的结束标志 "\0"。

说明

系统会自动在字符串的尾部添加一个字符串的结束字符 "\0"，这也就是 "H" 的长度是 2 的原因。

2.3　变量及标识符

视频讲解

变量就是在程序运行期间其值是可以进行变化的量。每一个变量都是一种类型。数据各式各样，要先根据数据的需求（即类型）为它申请一块合适的空间。

C++ 中的变量类型有整型变量、实型变量和字符型变量。接下来分别进行介绍。

2.3.1　变量的声明及赋值

变量是指程序在运行时其值可改变的量。每个变量都由一个变量名标识，每个变量又具有一个特定的数据类型。

1. 变量的声明

变量使用之前一定要定义或声明，变量声明的一般形式如下：

```
[修饰符] 类型 变量名标识符;
```

类型是变量类型的说明符，说明变量的数据类型。修饰符是任选的，可以没有。多个同一类型的变量可以在一行中声明，不同变量名用逗号运算符隔开。例如：

```
int a, b, c;
```

与

```
01   int a;
02   int b;
03   int c;
```

两者等价。

2. 变量的赋值

变量值是动态改变的，每次改变都需要进行赋值运算。变量赋值的形式如下：

```
变量名标识符 = 表达式
```

变量名标识符就是声明变量时定义的，表达式将在后面的章节中讲到。例如：

```
01   int i;      // 声明变量
02   i=100;      // 给变量赋值
```

声明 i 是一个整型变量，100 是一个常量。

```
01  int i, j;       // 声明变量
02  i=100;          // 给变量赋值
03  j=i;            // 将一个变量的值赋给另一个变量
```

3. 变量赋初值

可以在声明变量的时候就把数值赋给变量，这个过程叫变量赋初值，赋初值的情况有以下几种：

（1）int x=5；

表示定义 x 为有符号的基本整型变量，赋初值为 5。

（2）int x，y，z=6；

表示定义 x，y，z 为有符号的基本整型变量，z 赋初值为 6。

（3）int x=3，y=3，z=3；

表示定义 x，y，z 为有符号的基本整型变量，且赋予的初值均为 3。

> **注意**
>
> 定义变量并赋初值时可以写成"int x=3，y=3，z=3；"，但不可写成"int a=b=c=3"；这种形式。

2.3.2　整型变量

整型变量可以分为短整型、整型和长整型，变量类型说明符分别是 short，int，long。根据是否有符号还可分为以下 6 种：

整型	[signed] int
无符号整型	unsigned [int]
有符号短整型	[signed] short [int]
无符号短整型	unsigned short [int]
有符号长整型	[signed] long [int]
无符号长整型	unsigned long [int]

方括号中的关键字表示可以省略，例如 [signed] int 可以写成 int。

短整型 short，在内存中占用两个字节的空间，可以表示数的范围是 –32768~32767，如果是无符号短整型 unsigned short，表示数的范围是 0~65535。整型 int 占用 4 个字节的空间，有符号整型表示数的范围是 –2147483648~2147483648，无符号整型 unsigned int 表示的范围是 0~4294967295。长整型与整型占用字节数相同，表示数的范围也相同，具体如表 2.3 所示。

表 2.3　整型变量范围

关　键　字	类　　型	数　的　范　围	字　节　数
short	短整型	–32768~32767 即 -2^{15}~$2^{15}-1$	2
unsigned short	无符号短整型	0~65535 即 0~$2^{16}-1$	2

续表

关　键　字	类　型	数 的 范 围	字　节　数
int	整型	–2147483648~2147483648 即 -2^{31}~$2^{31}-1$	4
unsigned int	无符号整型	0~4294967295 即 0~$2^{32}-1$	4
long int	长整型	–2147483648~2147483648 即 -2^{31}~$2^{31}-1$	4
unsigned long	无符号长整型	0~4294967295 即 0~$2^{32}-1$	4

 说明

通常说的整型就是指有符号基本整型 int。

2.3.3　实型变量

实型变量也称为浮点型变量，是指用来存储实型数值的变量，其中实型数值是由整数和小数两部分组成的。在 C 语言中实型变量根据实型的精度还可以分为双精度类型和长双精度类型，如表 2.4 所示。

表 2.4　实型变量的分类

类 型 名 称	关　键　字
单精度类型	float
双精度类型	double

1. 单精度类型

单精度类型使用的关键字是 float，它在内存中占 4 个字节，取值范围是 -3.4×10^{-38}~3.4×10^{38}。定义一个单精度类型变量的方法是在变量前使用关键字 float。例如，要定义一个变量 fFloatStyle，为其赋值为 3.14 的方法如下：

```
float fFloatStyle;              /* 定义单精度类型变量 */
fFloatStyle=3.14f;             /* 为变量赋值 */
```

注意

在为单精度类型赋值时，需要在数值后面加 f，表示该数字的类型是单精度类型，否则默认为双精度类型。

2. 双精度类型

双精度类型使用的关键字是 double，它在内存中占 8 个字节，取值范围是 -1.7×10^{-308}~1.7×10^{308}。定义一个双精度类型变量的方法是在变量前使用关键字 double。例如，要定义一个变量

dDoubleStyle，为其赋值为 5.321 的方法如下：

```
double dDoubleStyle;              /* 定义双精度类型变量 */
dDoubleStyle=5.321;               /* 为变量赋值 */
```

2.3.4　字符型变量

字符型变量是用来存储字符常量的变量。将一个字符常量存储到一个字符变量中，实际上是将该字符的 ASCII 码值（无符号整数）存储到内存单元中。

字符型变量在内存空间中占一个字节，取值范围是 −128~127。定义一个字符型变量的方法是使用关键字 char。例如，要定义一个字符型的变量 cChar，为其赋值为 'a' 的方法如下：

```
char cChar;                       /* 定义字符型变量 */
cChar= 'a';                       /* 为变量赋值 */
```

说明

字符数据在内存中存储的是字符的 ASCII 码，即一个无符号整数，其形式与整数的存储形式一样，因此 C 语言允许字符型数据与整型数据之间通用。例如：

```
char cChar1;                      /* 字符型变量 cChar1*/
char cChar2;                      /* 字符型变量 cChar2*/
cChar1='a';                       /* 为变量赋值 */
cChar2=97;
printf("%c\n", cChar1);           /* 显示结果为 a, 此处的 "%c" 是格式说明，表示按照字符型格式
                                     进行输出。*/
printf("%c\n", cChar2);           /* 显示结果为 a*/
```

从上面的代码中可以看到，首先定义两个字符型变量，在为两个变量进行赋值时，一个变量赋值为 'a'，而另一个赋值为 97。最后显示结果都是字符 a。

（1）一个字符型数据，既可以字符形式输出，也可以整数形式输出。

【例 2.01】　字符型数据与整型数据间运算（**实例位置：资源包 \ 源码 \02\2.01**）

```
01  #include <iostream>                   // 包含头文件
02  using namespace std;                  // 引入命名空间
03  void main()
04  {
05      char c1, c2;                      // 定义两个 char 类型的变量
06      c1 ='a';                          // 将变量 ch1 赋值为 'a'
07      c2 ='b';                          // 将变量 ch2 赋值为 'b'
08      printf("%c, %d\n%c, %d", c1, c1, c2, c2);  // 分别公字符型和整型格式输出变量
09  }
```

程序运行结果如图 2.7 所示。

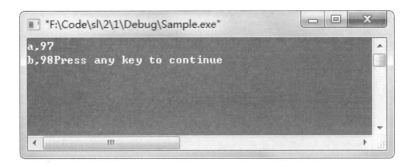

图 2.7　字符型数据与整型数据间运算

（2）允许对字符数据进行算术运算，此时就是对它们的 ASCII 码值进行算术运算。

【**例 2.02**】　字符型数据进行算术运算（**实例位置：资源包 \ 源码 \02\2.02**）

```cpp
01  #include<iostream>
02  using namespace std;
03  void main()
04  {
05      char ch1, ch2;                              // 定义两个变量
06      ch1='a';                                    // 赋值为 'a'
07      ch2='B';                                    // 赋值为 'B'
08      printf("ch1=%c, ch2=%c\n", ch1-32, ch2+32); // 用字符形式输出一个大于 256 的数值
09      printf("ch1+10=%d\n", ch1+10);              // 以整型格式输出变量 ch1+10
10      printf("ch1+10=%c\n", ch1+10);              // 以字符型格式输出变量 ch1+10
11      printf("ch2+10=%d\n", ch2+10);              // 以整型格式输出变量 ch2+10
12      printf("ch2+10=%c\n", ch2+10);              // 以字符型格式输出变量 ch2+10
13  }
```

程序运行结果如图 2.8 所示。

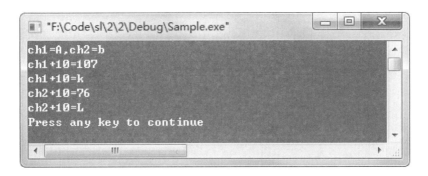

图 2.8　字符型数据进行算术运算

2.3.5　标识符

标识符（identifier）可以简单地理解为一个名字，它是用来对 C++ 程序中的常量、变量、语句标号以及用户自定义函数的名称进行标识的符号。

☑ 标识符命名规则：

> 由字母、数字及下画线组成，且不能以数字开头。
> 大写和小写字母代表不同意义。
> 不能与关键字同名。
> 尽量"见名知义"，应该受一定规范的约束。

C++ 有许多保留关键字，如表 2.5 所示。

表 2.5 C++ 保留关键字

asm	auto	break	case	catch	char	class	const	continue
default	delete	do	double	else	enum	extern	float	for
friend	goto	if	inline	int	long	new	operator	overload
private	protected	public	register	teturn	short	signed	sizeof	static
struct	switch	this	template	throw	try	typedef	union	unsigned
virtual	void	volatile	while					

视频讲解

2.4 数 据 类 型

程序在运行时要做的内容就是处理数据。不同的数据都是以自己本身的一种特定形式存在的（如整型、实型以及字符型等），不同的数据类型占用不同的存储空间。C++ 是数据类型非常丰富的语言，常用数据类型如图 2.9 所示。

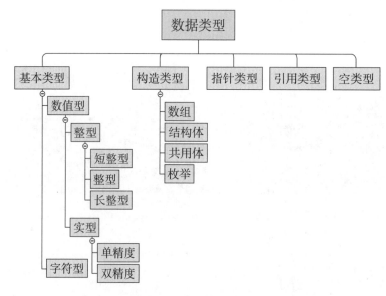

图 2.9 常用数据类型

掌握 C++ 语言的数据类型是学习 C++ 语言的基础。本节将详细介绍这些数据类型。

2.4.1　定义数值类型

C++ 语言中数值类型主要分为整型和实型（浮点类型）两大类。其中，整型按符号划分，可以分为有符号和无符号两大类；按长度划分，可以分为普通整型、短整型和长整型 3 类，如表 2.6 所示。

表 2.6　整数类型

类　型	名　称	字 节 数	范　围
［signed］int	短整型	2	−32768~32767 即 $−2^{15}$~$2^{15}−1$
unsigned short	无符号短整型	2	0~65535 即 0~$2^{16}−1$
int	整型	4	−2147483648~2147483648 即 $−2^{31}$~$2^{31}−1$
unsigned int	无符号整型	4	0~4294967295 即 0~$2^{32}−1$
long int	长整型	4	−2147483648~2147483648 即 $−2^{31}$~$2^{31}−1$
unsigned long	无符号长整型	4	0~4294967295 即 0~$2^{32}−1$

说明

表格中的 "［ ］" 为可选部分。例如，［signed］long［int］可以简写为 long。

实型主要包括单精度型、双精度型，如表 2.7 所示。

表 2.7　实数类型

类　型	名　称	字 节 数	范　围
float	单精度型	4	−3.4e−38~3.4e+38
double	双精度型	8	−1.79e−308~1.79e+308

2.4.2　字符类型

在 C++ 语言中，字符数据使用 "''" 来表示，如 'A' 'B' 'C' 等。定义字符变量可以使用 char 关键字。例如：

```
01  char c = 'a';                    // 定义一个字符型变量
02  char ch = 'b';                   // 定义一个字符型变量
```

在计算机中字符是以 ASCII 码的形式存储的，因此可以直接将整数赋值给字符变量。例如：

```
01  char ch = 97;                    // 定义一个字符型变量，同时将变量赋值为 97(a 的 ASCII 码 )
02  printf("%c\n", ch);              // 输出该变量的值
```

输出结果为 a，因为 a 对应的 ASCII 码为 97。

2.4.3 布尔类型

在逻辑判断中，结果通常只有真和假两个值。C++ 语言中提供了布尔类型（bool）来描述真和假。布尔类型共有两个取值，分别为 true 和 false。顾名思义，true 表示真，false 表示假。在程序中，布尔类型被作为整数类型对待，false 表示 0，true 表示 1。将布尔类型赋值给整型是合法的，反之，将整型赋值给布尔类型也是合法的。例如：

```
01  bool ret;                  // 定义布尔型变量
02  int var = 3;               // 定义整型变量，并赋值为 3
03  ret = var;                 // 将整型值赋值给布尔型变量
04  var = ret;                 // 将布尔型值赋值给整型变量
```

视频讲解

2.5　数据输入与输出

在用户与计算机进行交互的过程中，数据输入和数据输出是必不可少的操作过程，计算机需要通过输入获取来自用户的操作指令，并通过输出来显示操作结果。本节将介绍数据输入与输出的相关内容。

2.5.1　C++ 语言中的流

C++ 语言中把数据之间的传输操作称为流。C++ 中的流既可以表示数据从内存传送到某个载体或设备中，即输出流；也可以表示数据从某个载体或设备传送到内存缓冲区变量中，即输入流。C++ 中所有流都是相同的，但文件可以不同（文件流会在后面讲到）。使用流以后，程序用流统一对各种计算机设备和文件进行操作，使程序与设备、文件无关，从而提高了程序设计的通用性和灵活性。

C++ 语言定义了 I/O 类库供用户使用，标准 I/O 操作有 4 个类对象，它们分别是 cin，cout，cerr 和 clog。其中 cin 代表标准输入设备键盘，也称为 cin 流或标准输入流。cout 代表标准输出显示器，也称为 cout 流或标准输出流，当进行键盘输入操作时使用 cin 流，当进行显示器输出操作时使用 cout 流，当进行错误信息输出操作时使用 cerr 或 clog。

C++ 的流通过重载运算符“<<”和“>>”执行输入和输出操作。输出操作是向流中插入一个字符序列，因此，在流操作中，将左移运算符“<<”称为插入运算符。输入操作是从流中提取一个字符序列，因此，将右移运算符“>>”称为提取运算符。

1. cout 语句的一般格式

```
cout<< 表达式 1<< 表达式 2<<……<< 表达式 n;
```

cout 代表着显示器，执行 cout << x 操作就相当于把 x 的值输出到显示器。

一个 cout 语句可以分写成若干行。例如：

```
cout<< "Hello World!" <<endl;
```

可以写成：

```
cout<< "Hello"     // 注意行末尾无分号
<<" "
<<"World!"
<<endl;            // 语句最后有分号
```

也可写成多个 cout 语句：

```
cout<< "Hello";    // 语句末尾有分号
cout <<" ";
cout <<"World!.";
cout<<endl;
```

以上 3 种情况的输出均为正确。

2. cin 语句的一般格式

```
cin>> 变量 1>> 变量 2>>……>> 变量 n;
```

cin 代表键盘，执行 cin>>x 就相当于把键盘输入的数据赋值给变量。

2.5.2　流输出格式的控制

1. cout 输出格式控制

在头文件 iomanip.h 中定义了一些控制流输出格式的函数，默认情况下整型数按十进制形式输出，也可以通过 hex 将其设置为十六进制输出。流操作的控制具体函数如表 2.8 所示。

表 2.8　流操作的控制具体函数

函　　数	说　　明
long setf(long f);	根据参数 f 设置相应的格式标志，返回此前的设置。该参数 f 所对应的实参为无名枚举类型中的枚举常量（又称格式化常量），可以同时使用一个或多个常量，每两个常量之间要用按位或操作符连接。如需要左对齐输出，并使数值中的字母大写时，则调用该函数的实参为 ios::left|ios::uppercase
long unsetf(long f);	根据参数 f 清除相应的格式化标志，返回此前的设置。如果要清除此前的左对齐输出设置，恢复默认的右对齐输出设置，则调用该函数的实参为 ios::left
int width();	返回当前的输出域宽。若返回数值为 0 则表明没为刚才输出的数值设置输出域宽。输出域宽是指输出的值在流中所占有的字节数

函　　数	说　　明
int width(int w);	设置下一个数据值的输出域宽为 w，返回为输出上一个数据值所规定的域宽，若无规定则返回 0。注意，此设置不是一直有效，而只是对下一个输出数据有效
setiosflags(long f);	设置 f 所对应的格式标志，功能与 setf(long f) 成员函数相同，当然，在输出该操作符后返回的是一个输出流。如果采用标准输出流 cout 输出它时，则返回 cout。输出每个操作符后都是如此，即返回输出它的流，以便向流中继续插入下一个数据
resetiosflags(long f);	清除 f 所对应的格式化标志，功能与 unsetf(long f) 成员函数相同。输出后返回一个流
setfill(int c);	设置填充字符的 ASCII 码为 c 的字符
setprecision(int n);	设置浮点数的输出精度为 n
setw(int w);	设置下一个数据的输出域宽为 w

数据输入/输出的格式控制还有更简便的形式，就是使用头文件 iomainip.h 中提供的操作符。使用这些操作符不需要调用成员函数，只要把它们作为插入操作符"<<"的输出对象即可。

- ☑ dec：转换为按十进制输出整数，是默认的输出格式。
- ☑ oct：转换为按八进制输出整数。
- ☑ hex：转换为按十六进制输出整数。
- ☑ ws：从输出流中读取空白字符。
- ☑ endl：输出换行符"\n"并刷新流。刷新流是指把流缓冲区的内容立即写入到对应的物理设备上。
- ☑ ends：输出一个空字符"\0"。
- ☑ flush：只刷新一个输出流。

【例 2.03】 简单输出字符（实例位置：资源包 \ 源码 \02\2.03）

```
01  #include <iostream.h>
02  void main()
03  {
04      int i=0;                       // 定义 int 型变量 i 并赋值为 0
05      cout << i<< endl;              // 输出变量 i 的值，并输出一个换行
06      cout << "HelloWorld" <<endl;   // 输出 "HelloWorld"，并输出一个换行
07  }
```

程序运行将向控制台屏幕输出变量 i 值和"HelloWorld"字符串，运行效果如图 2.10 所示。

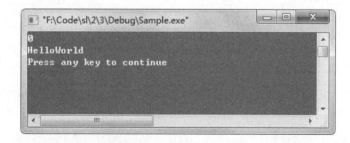

图 2.10　向控制台屏幕输出"HelloWorld"字符串

2. printf 函数输出格式控制

C++ 语言中还保留着 C 语言中的屏幕输出函数 printf。使用 printf 可以将任意数量类型的数据输入到屏幕。printf 函数的声明形式如下:

> printf("[控制格式]...[控制格式]...", 数值列表);

函数 printf 是变参函数, 数值列表中可以有多个数值, 数值的个数不是确定的, 每个数值之间用逗号运算符隔开; 控制格式表示数值以哪种格式输出, 控制格式的数量要与数值的个数一致, 否则程序运行时会产生错误。

控制格式是由 "%" 加特定字符构成, 形式如下。

> % [*] [域宽] [长度] 类型

"*" 代表可以使用占位符, 域宽表示输出的长度。如果输出的内容没有域宽长, 用占位符占位; 如果比域宽长, 就按实际内容输出, 以适应域宽。长度决定输出内容的长度, 例如, "%d" 代表以整型数据格式输出。输出类型如表 2.9 所示。

表 2.9　输出类型

格 式 字 符	格 式 意 义
d	以十进制形式输出带符号整数 (正数不输出符号)
o	以八进制形式输出无符号整数 (不输出前缀 o)
x	以十六进制形式输出无符号整数 (不输出前缀 ox)
c	输出单个字符
s	输出字符串
f	以小数形式输出单、双精度实数
e	以指数形式输出单、双精度实数
g	以 "%f" "%e" 中较短的输出宽度输出单、双精度实数
m	指定的输出字段的宽度, 左补空格
n	指定字符精度
−	右补空格

2.6　小　　结

本章重点讲解了变量和常量。了解变量的基本知识后, 要掌握如何对变量进行操作, 了解变量的作用域以及如何为变量赋值。本章最后对常量进行了详细的叙述, 包括常量的概念及常量的基本类型, 使读者更好地理解所学知识的用法。

2.7 实 战

2.7.1 输出《登鹳雀楼》

使用 cout 向控制台输出唐朝诗人王之涣的《登鹳雀楼》，运行结果如图 2.11 所示。（**实例位置：资源包 \ 源码 \02\ 实战 \01**）

图 2.11 诗句

2.7.2 模拟银行利息问题

银行的年利率为 2.95%，如果在银行中存入 10000 元，一年后可以取出多少钱？（小数点后保留两位）。运行结果如图 2.12 所示。（**实例位置：资源包 \ 源码 \02\ 实战 \02**）

图 2.12 银行利息

第 3 章

运算符与表达式

（视频讲解：1 小时 51 分钟）

C++ 提供了丰富的运算符，方便开发人员使用，也是 C++ 语言灵活的体现。本章将讲述程序开发的关键部分——表达式与语句。

学习摘要：

▸▸ 运算符

▸▸ 结合性和优先级

▸▸ 表达式

▸▸ 判断左值与右值

视频讲解

3.1 运 算 符

运算符就是具有运算功能的符号。C++ 语言中有丰富的运算符，其中有很多运算符都是从 C 语言继承下来的，它新增的运算符有 "::" 作用域运算符，"–>" 成员指针运算符。

和 C 语言一样，根据使用运算符的对象个数，将运算符分为单目运算符、双目运算符和三目运算符。根据使用运算符的对象之间的关系，C++ 将运算符分为算术运算符、关系运算符、逻辑运算符、赋值运算符和逗号运算符等，接下来分别介绍。

3.1.1 算术运算符

算术运算主要指常用的加（+）、减（−）、乘（*）、除（/）四则运算，算术运算符中有单目运算符和双目运算符。算术运算符如表 3.1 所示。

表 3.1　算术运算符

操 作 符	功　能	目　数	用　法
+	加法运算符	双目	expr1 + expr2
−	减法运算符	双目	expr1 − expr2
*	乘法运算符	双目	expr1 * expr2
/	除法运算符	双目	expr1 / expr2
%	模运算	双目	expr1 % expr2
++	自增加	单目	++expr 或 expr++
−−	自减少	单目	−−expr 或 expr−−

说明

expr 表示使用运算符的对象，可以是表达式、变量和常量。

在 C++ 中有两个特殊的算术运算符，即自增运算符 "++" 和自减运算符 "−−"，自增运算符的作用就是使变量值增加 1。同样，自减运算符的作用就是使变量值减少 1。

自增运算符和自减运算符可以放在变量的前面或者后面，放在变量前面称为前缀，放在后面称为后缀。其实运算符的前后位置不重要，因为所得到的结果是一样的，自减就是减 1，自增就是加 1。

注意

在表达式内部，作为运算的一部分，两者的用法可能有所不同。如果运算符放在变量前面，那么变量在参加表达式运算之前完成自增或者自减运算；如果运算符放在变量后面，那么变量的自增或者自减运算在变量参加了表达式运算之后完成。

3.1.2　关系运算符

在 C++ 中，关系运算符的作用就是判断两个操作数的大小关系。关系运算符如表 3.2 所示。

表 3.2　关系运算符

操 作 符	功　　能	目　　数	用　　法
<	小于	双目	expr1 < expr2
>	大于	双目	expr1 > expr2
>=	大于或等于	双目	expr1 >= expr2
<=	小于或等于	双目	expr1 <= expr2
==	恒等	双目	expr1 == expr2
!=	不等	双目	expr1!= expr2

关系运算符都是双目运算符，其结合性均为左结合。

3.1.3　逻辑运算符

逻辑运算符是对真和假这两种逻辑值进行运算，运算后的结果仍是一个逻辑值。逻辑运算符如表 3.3 所示。

表 3.3　逻辑运算符

操 作 符	功　　能	目　　数	用　　法
&&	逻辑与	双目	expr1 && expr2
||	逻辑或	双目	expr1 || expr2
!	逻辑非	单目	!expr

变量 a 和 b 的逻辑运算如表 3.4 所示。

表 3.4　逻辑运算结果

a	b	a && b	a || b	!a	!b
0	0	0	0	1	1
0	非 0	0	1	1	0
非 0	0	0	1	0	1
非 0	非 0	1	1	0	0

说明

用 1 代表真，用 0 代表假。

【例 3.01】 求逻辑表达式的值（实例位置：资源包 \ 源码 \03\3.01）

```
01  #include<iostream>
02  using namespace std;
03  void main()
04  {
05      int i=5, j=8, k=12, l=4, x1, x2;
06      x1=i>j&&k>l;                      // 先进行 " 大于 " 和 " 小于 " 运算，再进行 " 与 " 运算
07      x2=!(i>j)&&k>l;                   // 运算顺序 :i>j, !, K>l, &&
08      printf("%d, %d\n", x1, x2);
09  }
```

程序运行结果如图 3.1 所示。

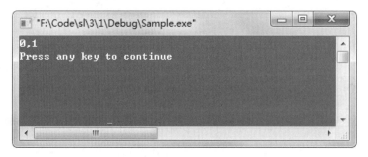

图 3.1　运算结果

3.1.4　赋值运算符

在程序中常常遇到的符号 "=" 就是赋值运算符，作用就是将一个数值赋给一个变量。

赋值运算符分为简单赋值运算符和复合赋值运算符，复合运算符又称为带有运算的赋值运算符，简单运算符就是给变量赋值的运算符。例如：

> 变量 = 表达式

等号 "=" 就是简单赋值运算符。

C++ 提供了很多复合赋值运算符，如表 3.5 所示。

表 3.5　赋值运算符

操 作 符	功　　能	目　　数	用　　法
+=	加法赋值	双目	expr1 += expr2
−=	减法赋值	双目	expr1 −= expr2

操 作 符	功 能	目 数	用 法
*=	乘法赋值	双目	expr1 *= expr2
/=	除法赋值	双目	expr1 /= expr2
%=	模运算赋值	双目	expr1 % = expr2
<<=	左移赋值	双目	expr1 <<= expr2
>>=	右移赋值	双目	expr1 >>= expr2
&=	按位与运算并赋值	双目	expr1 &= expr2
| =	按位或运算并赋值	双目	expr1 |= expr2
^=	按位异或运算并赋值	双目	expr1 ^= expr2

复合赋值运算符都有等同的简单赋值运算符和其他运算的组合。复合赋值运算符都是双目运算符，C++ 采用这种运算符可以更高效地进行加运算，编译器在生成目标代码时能够直接优化，可以使程序代码更小。这种书写形式也非常简洁，使得代码更紧凑。

复合赋值运算符将运算结果返回，作为表达式的值，同时把操作数 1 对应的变量设为运算结果值。例如：

```
int a=6;
a*=5;
```

运算结果是：a= 30。a*=5 等价于 a=a*5，a*5 的运算结果作为临时变量赋给了变量 a。

3.1.5　sizeof 运算符

sizeof 运算符是一个很像函数的运算符，也是唯一一个用到字母的运算符。该运算符有两种形式：

```
sizeof（类型说明符）
sizeof（表达式）
```

功能是返回指定的数据类型或表达式值的数据类型在内存中占用的字节数。

说明

由于 CPU 寄存器的位数不同，同种数据类型占用的内存字节数目就可能不同。

例如：

```
sizeof(char)
```

返回 1，说明 char 类型占用 1 个字节。

43

```
sizeof(void*)
```

返回 4，说明 void 类型的指针占用 4 个字节。

```
sizeof(66)
```

返回 4，说明数字 66 占用 4 个字节。

3.1.6　条件运算符

条件运算符是 C++ 中仅有的一个三目运算符，该运算符需要 3 个运算数对象，形式如下：

```
< 表达式 1>？< 表达式 2>:< 表达式 3>
```

表示式 1 是一个逻辑值，可以为真或假。若表达式 1 为真，则运算结果是表达式 2，如果表达式 1 为假，则运算结果是表达式 3。这个运算相当于一个 if 语句。

3.1.7　逗号运算符

C++ 中的逗号 "," 也是一种运算符，称为逗号运算符。逗号运算符的优先级别最低，结合方向自左至右，其功能是把两个表达式连接起来组成一个表达式。逗号运算符是一个多目运算符，并且操作数的个数不限定，可以将任意多个表达式组成一个表达式。

例如：

```
x, y, z
a=1, b=2
```

【例 3.02】　逗号运算符应用（实例位置：资源包 \ 源码 \03\3.02）

```
01  #include<iostream>
02  using namespace std;
03  void main()
04  {
05      int a=4, b=6, c=8, res1, res2;          // 定义变量
06      res1=a, res2=b+c;                       // 计算 res1 和 res2 的值
07      for(int i=0, j=0; i<2; i++)             // 循环两次
08      {
09          printf("y=%d, x=%d\n", res1, res2); // 输出 res1 和 res2 的值
10      }
11  }
```

程序运行结果如图 3.2 所示。

实例中多处用到了逗号表达式，变量赋初值时、for 循环语句中、printf 打印语句中。其中语句

"res1=a, res2=b+c;" 比较难理解，res2 等于整个逗号表达式的值，也就是表达式 2 的值，res1 是第一个表达式的值。

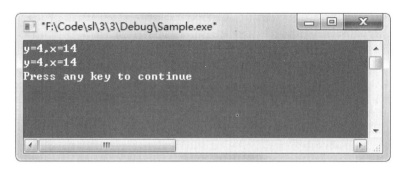

图 3.2 运行结果

逗号表达式的注意事项：

（1）逗号表达式可以嵌套。

> 表达式 1, (表达式 2, 表达式 3)

嵌套的逗号表达式可以转换成扩展形式，扩展形式如下：

> 表达式 1, 表达式 2, …表达式 n

整个逗号表达式的值等于表达式 n 的值。

（2）程序中使用逗号表达式，通常是要分别求逗号表达式内各表达式的值，并不一定要求整个逗号表达式的值。

（3）并不是在所有出现逗号的地方都组成逗号表达式，如在变量说明中，函数参数表中逗号只是用作各变量之间的间隔符。

3.2 结合性和优先级

视频讲解

运算符优先级决定了在表达式中各个运算符执行的先后顺序。高优先级运算符要先于低优先级运算符进行运算。例如根据先乘除后加减的原则；在优先级相同的情况下，则按从左到右的顺序进行计算。当表达式中出现了括号时，会改变优先级。先计算括号中的子表达式值，再计算整个表达式的值。

运算符的结合方式有两种，左结合和右结合。左结合表示运算符优先与其左边的标识符结合进行运算，例如加法运算；右结合表示运算符优先与其右边的表示符结合，例如单目运算符"+"和"-"。

同一优先级的优先级别相同，运算次序由结合方向决定。例如 1*2/3，"*"和"/"的优先级别相同，其结合方向自左向右，等价于 (1*2)/3。

运算符的优先级与结合性如表 3.6 所示。

表 3.6　运算符优先级

操 作 符	名　称	优 先 级	结 合 性
( )	圆括号		
[ ]	下标		
->	取类或结构分量	1（最高）	→
.	取类或结构成员		
!	逻辑非		
~	按位取反		
++	自增1		
－－	自减1		
－	取负	2	←
&	取地址		
*	取内容		
（类型）	强制类型转换		
sizeof	长度计算		
*	乘		
/	除	3	→
%	整数取模		
+	加	4	→
－	减		
<<	左移	5	→
>>	右移		
<	小于		
<=	小于等于	6	→
>	大于		
>=	大于等于		
==	恒等	7	→
!=	不等于		
&	按位与	8	→
~	按位异或	9	→
		按位或	10	→
&&	逻辑与	11	→

操 作 符	名　　称	优 先 级	结 合 性
||	逻辑或	12	→
?:	条件	13	←
=	赋值	14	←
/=	/ 运算并赋值		
%=	% 运算并赋值		
*=	* 运算并赋值		
−=	− 运算并赋值		
>>=	>> 运算并赋值		
<<=	<< 运算并赋值		
&=	& 运算并赋值		
^	^ 运算并赋值		
|=	| 运算并赋值		
,	逗号（顺序求值）	15（最低）	→

3.3　表　达　式

视频讲解

3.3.1　认识表达式

表达式在 C++ 中也同样重要，它是 C++ 的主体。在 C++ 中，表达式由操作符和操作数组成。根据表达式所含操作符的个数，可以把表达式分为简单表达式和复杂表达式两种，简单表达式是只含有一个操作符的表达式，而复杂表达式是包含两个或两个以上操作符的表达式，例如：

```
13+14                    /* 简单表达式 */
(iNumber+3)*Bate−2       /* 复杂表达式 */
```

带运算符的表达式根据运算符的不同，可以分成算术表达式、关系表达式、逻辑表达式、条件表达式和赋值表达式等几类。

3.3.2　表达式中的类型转换

变量的数据类型转换的方法有两种，一种是隐式转换，一种是强制转换。

1. 隐式转换

隐式转换发生在不同数据类型的量混合运算时，由编译系统自动完成。

隐式转换遵循以下规则：

（1）若参与运算量的类型不同，则先转换成同一类型，然后进行运算。赋值时会把赋值类型和被赋值类型转换成同一类型，一般赋值号右边量的类型将转换为左边量的类型。如果右边量的数据类型长度比左边长时，将丢失一部分数据，这样会降低精度，丢失的部分按四舍五入向前舍入。

（2）转换按数据由低到高顺序执行，以保证精度不降低。

隐式类型转换的顺序如图 3.3 所示。

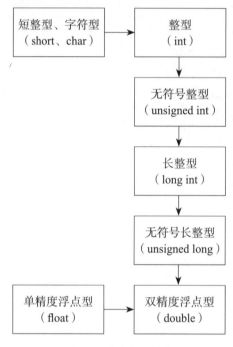

图 3.3　隐式类型转换

【例 3.03】　隐式类型转换（实例位置：资源包 \ 源码 \03\3.03）

```
01   #include<iostream>
02   using namespace std;
03   void main()
04   {
05       double result;
06       char a='k';
07       int b=10;
08       float e=1.515;
09       result=(a+b)−e;        // 字符型加整型减单精度浮点型
10       printf("%f\n", result);   // 输出结果
11   }
```

程序运行结果如图 3.4 所示：

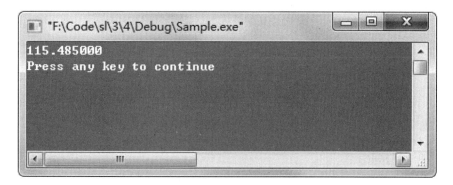

图 3.4 隐式类型转换

2. 强制类型转换

强制类型转换是通过类型转换运算来实现的，其一般形式为：

类型说明符（表达式）

或

（类型说明符）表达式

其功能是把表达式的运算结果强制转换成类型说明符所表示的类型。
例如：

(float) x;

表示把 x 转换为单精度型。

(int)(x+y);

表示把 x+y 的结果转换为整型。

int(1.3)

表示一个整数。
强制类型转换后不改变数据说明时对该变量定义的类型。例如：

double x;
(int)x;

x 仍为双精度类型。
使用强制转换的优点是编译器不必自动进行两次转换，而由程序员负责保证类型转换的正确性。

【例 3.04】 强制类型转换应用（实例位置：资源包 \ 源码 \03\3.04）

```
01  #include<iostream>
02  using namespace std;
03  void main()
04  {
05      float i, j;
06      int k;
07      i=60.25;
08      j=20.5;
09      k=(int)i+(int)j;        // 强制转换 i 和 j 为整型，并求和
10      cout << k << endl;      // 输出 k 的值
11  }
```

程序运行结果如图 3.5 所示。

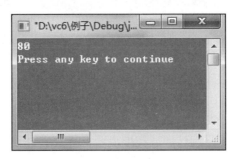

图 3.5　运行结果图

视频讲解

3.4　判断左值与右值

　　C++ 中的每个语句、表达式的结果分为左值与右值两类。左值指的是内存当中持续储存的数据，而右值是临时储存的结果。

　　在程序中，我们声明过的独立的变量都是左值，例如：

```
int  k;
short  p;
char  a;
```

又如：

```
int a = 0;
int b = 2;
int c = 3;
a = c–b;
b = a++;
c = ++a;
c––;
```

c–b 是一个储存表达式结果的临时数据，它的结果将被复制到 a 中，它是一个右值。a++ 自增的过程实质上是一个临时变量执行了表达式，而 a 的值已经自增了。++a 恰好相反，它是自增之后的 a，是一个左值。由此可见，c–– 是一个右值。

左值都可以出现在表达式等号的左边，所以成为左值，若表达式的结果不是一个左值，那么表达式的值一定是个右值。

3.5　小　　结

本章介绍了 C++ 语言中的运算符，以及由运算符组成的表达式和语句，不同运算符有不同的运算规则，掌握这些规则是开发程序的关键。运算符的相关规则关系到程序的运算结果，运算符的优先级是开发人员必须掌握的，学习时要多加注意。与运算符相关的表达式及语句，都是程序的基本组成部分，要理解各语句之间的关系。

3.6　实　　战

3.6.1　招聘开始啦

有两位男性应聘者：一位 25 岁，一位 32 岁。该公司招聘信息中有一个要求，即男性应聘者的年龄范围为 23~30 岁，判断这两名应聘者是否满足这个要求，运行结果如图 3.6 所示。（**实例位置：资源包 \ 源码 \03\ 实战 \01**）

图 3.6　应聘要求

3.6.2　货车载物量

一辆货车运输箱子，载货区宽 2m，长 4m，一个箱子宽 1.5m，长 1.5m，请问载货区一层可以放多少个箱子？运行结果如图 3.7 所示。（**实例位置：资源包 \ 源码 \03\ 实战 \02**）

图 3.7　货车载物量

第 **4** 章

位运算

（ 视频讲解：10 分钟）

　　C 语言可用来代替汇编语言完成大部分编程工作，也就是说 C 语言能支持汇编语言做大部分的运算，因此 C 语言完全支持按位运算，这也是 C 语言的一个特点，正是这个特点使 C 语言的应用更加广泛。

　　学习摘要：

　　➤➤　位与字节

　　➤➤　位运算操作符

　　➤➤　循环移位

视频讲解

4.1　位 与 字 节

在前面章节中介绍过数据在内存中是以二进制的形式存放的，下面将具体介绍位与字节之间的关系。

位是计算机存储数据的最小单位。一个二进制位可以表示两种状态（0 和 1），多个二进制位组合起来便可表示多种信息。

一个字节通常是由 8 位二进制数组成，当然有的计算机系统是由 16 位组成，本书中提到的一个字节指的是由 8 位二进制组成的。如图 4.1 所示，8 位占一个字节，16 位占两个字节。

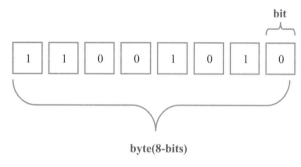

图 4.1　字节与位

多学两招

本书中所使用的运行环境是 Visual C++ 6.0，所以如果定义一个基本整型数据，它在内存中占 4 个字节，也就是 32 位；如果定义一个字符型，则在内存中占一个字节，也就是 8 位。不同的数据类型占用的字节数不同，因此占用的二进制位数也不同。

视频讲解

4.2　位运算操作符

位运算符有位逻辑与、位逻辑或、位逻辑异或和取反运算符，其中位逻辑与、位逻辑或、位逻辑异或为双目运算符，取反运算符为单目运算符。位运算如表 4.1 所示。

表 4.1　位运算操作符

操作符	功　　能	目　　数	用　　法
&	位逻辑与	双目	expr1 & expr2
|	位逻辑或	双目	expr1 | expr2
^	位逻辑异或	双目	expr1 ^ expr2
~	取反运算符	单目	~expr

4.2.1 "与"运算符

与运算符"&"是双目运算符，功能是使参与运算的两数各对应的二进位相"与"。只有对应的两个二进位均为 1 时，结果才为 1，否则为 0，如表 4.2 所示。

表 4.2 "与"运算符

a	b	a&b
0	0	0
0	1	0
1	0	0
1	1	1

【例 4.01】 将两个人的年龄进行"与"运算（**实例位置：资源包 \ 源码 \04\4.01**）

在本实例中，定义两个变量，分别代表两个人的年龄，将这两个变量进行"与"运算，具体代码如下：

```
01  #include<stdio.h>                              /* 包含头文件 */
02  void main()                                    /* 主函数 main*/
03  {
04      unsigned result;                           /* 定义无符号变量 */
05      int age1, age2;                            /* 定义变量 */
06      printf("please input age1:");              /* 提示输入年龄 1*/
07      scanf("%d", &age1);                        /* 输入年龄 1*/
08      printf("please input age2:");              /* 提示输入年龄 2*/
09      scanf("%d", &age2);                        /* 输入年龄 2*/
10      printf("age1=%d, age2=%d", &age1, age2);   /* 显示年龄 */
11      result = age1&age2;                        /* 计算 " 与 " 运算的结果 */
12      printf("\n age1&age2=%u\n", result);       /* 输出计算结果 */
13  }
```

程序运行结果如图 4.2 所示。

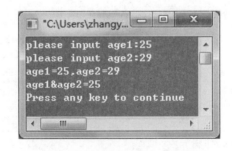

图 4.2　将两个年龄进行"与"运算

实例01的计算过程如下：

	0 0 0 0 0 0 0 0 0 0 0 1 1 0 0 1	十进制数	25
&	0 0 0 0 0 0 0 0 0 0 0 1 1 0 1 1	十进制数	29
	0 0 0 0 0 0 0 0 0 0 0 1 1 0 0 1	十进制数	25

通过上面的运算会发现按位"与"的一个用途就是清零，要将原数中为1的位置为0，只需使与其进行"与"操作的数所对应的位置为0，便可实现清零操作。

"与"操作的另一个用途就是取特定位，可以通过"与"的方式取一个数中的某些指定位。

4.2.2 "或"运算符

或运算符"|"是双目运算符，功能是使参与运算的两个数各对应的二进位相"或"，只要对应的两个二进位有一个为1，结果位就为1，如表4.3所示。

表4.3　"或"运算符

a	b	a|b
0	0	0
0	1	1
1	0	1
1	1	1

例如，17|31的算式如下：

	0 0 0 0 0 0 0 0 0 0 0 1 0 0 0 1	十进制数	17
|	0 0 0 0 0 0 0 0 0 0 0 1 1 1 1 1	十进制数	31
	0 0 0 0 0 0 0 0 0 0 0 1 1 1 1 1	十进制数	31

从上式可以发现十进制数17的二进制数的后5位是10001，而十进制数31对应的二进制数的后5位是11111，将这两个数执行"或"运算之后得到的结果是31，也就是将17的二进制数的后5位中是0的位变成了1，因此可以总结出这样一个规律，即要想使一个数的后6位全为1，只需和数据63的二进制按位"或"；同理，若要使后5位全为1，只需和数据31的二进制按位"或"即可，其他依此类推。

📖**多学两招**

如果要将一个二进制数的某几位设置为1，只需将该数与一个这几位都是1的二进制数执行"或"操作便可。

【例 4.02】 将数字 0xEFCA 与本身进行"或"运算（**实例位置：资源包 \ 源码 \04\4.02**）

在本实例中，定义一个变量，将其赋值 0xEFCA，再与本身进行"或"运算，具体代码如下：

```
01  #include<stdio.h>              /* 包含头文件 */
02  int main()                     /* 主函数 main*/
03  {
04      int a=0xEFCA, result;      /* 定义变量 */
05      result = a|a;              /* 计算或运算的结果 */
06      printf("a|a=%X\n", result);/* 输出结果 */
07      return 0;                  /* 程序结束 */
08  }
```

程序运行结果如图 4.3 所示。

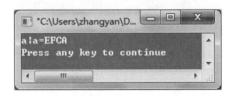

图 4.3　0xEFCA 与本身进行"或"运算

实例 02 的计算过程如下：

$$
\begin{array}{llll}
1\,1\,1\,0\,1\,1\,1\,1\ 1\ 1\ 0\ 0\,1\,0\ 1\,0 & \text{十六进制数} & 0xEFCA \\
| & & & \\
1\,1\,1\,0\,1\,1\,1\,1\ 1\ 1\ 0\ 0\,1\,0\ 1\,0 & \text{十六进制数} & 0xEFCA \\
\hline
1\,1\,1\,0\,1\,1\,1\,1\ 1\ 1\ 0\ 0\,1\,0\ 1\,0 & \text{十六进制数} & 0xEFCA
\end{array}
$$

4.2.3　"取反"运算符

"取反"运算符"~"为单目运算符，具有右结合性。其功能是对参与运算的数的各二进位按位求反，即将 0 变成 1，1 变成 0。如 ~86 是对 86 进行按位求反：

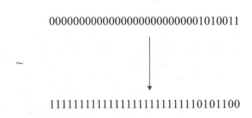

00000000000000000000000001010011

~

11111111111111111111111110101100

注意

　　在进行"取反"运算的过程中，切不可简单地认为一个数取反后的结果就是该数的相反数（即 ~25 的值是 –25），这是错误的。

【例 4.03】 将自己年龄的取反输出（**实例位置：资源包 \ 源码 \04\4.03**）

在控制台输入自己的年龄，将输入的年龄进行取反，具体代码如下：

```
01  #include<stdio.h>              /* 包含头文件 */
02  void main()                    /* 主函数 main*/
03  {
04  unsigned result;               /* 定义无符号变量 */
05  int a;                         /* 定义变量 */
06  printf("please input a:");     /* 提示输入一个数 */
07  scanf("%d", &a);               /* 输入数据 */
08  printf("a=%d", a);             /* 显示输入的数据 */
09  result =~a;                    /* 对 a 取反 */
10  printf("\n~a=%o\n", result);   /* 显示结果 */
11  }
```

程序运行结果如图 4.4 所示。

图 4.4　将自己年龄取反运算

实例 03 的执行过程如下：

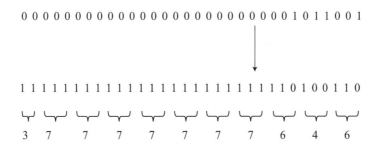

 注意

实例 03 最后是以八进制的形式输出的。

4.2.4 "异或"运算符

异或运算符 "^" 是双目运算符。其功能是使参与运算的两数各对应的二进位相 "异或"，当对应的两个二进位数相异时结果为 1，否则结果为 0，如表 4.4 所示。

表 4.4 "异或"运算符

a	b	a^b
0	0	0
0	1	1
1	0	1
1	1	0

例如，107^127 的算式如下：

$$0\ 0\ 0\ 0\ 0\ 0\ 0\ 0\ 0\ 1\ 1\ 0\ 1\ 0\ 1\ 1$$

$$\wedge$$

$$0\ 0\ 0\ 0\ 0\ 0\ 0\ 0\ 0\ 1\ 1\ 1\ 1\ 1\ 1\ 1$$

$$0\ 0\ 0\ 0\ 0\ 0\ 0\ 0\ 0\ 0\ 0\ 1\ 0\ 1\ 0\ 0$$

从上面算式可以看出，"异或"操作的一个主要用途就是能使特定的位翻转，如果要将 107 的后 7 位翻转，只需与一个后 7 位都是 1 的数进行"异或"操作即可。

"异或"操作的另一个主要用途，就是在不使用临时变量的情况下实现两个变量值的互换。

例如 x=9，y=4，将 x 和 y 的值互换可用如下方法实现：

```
x=x^y;
y=y^x;
x=x^y;
```

其具体运算过程如下：

$$0\ 0\ 0\ 0\ 0\ 0\ 0\ 0\ 0\ 0\ 0\ 0\ 1\ 0\ 0\ 1\ (x)$$

$$\wedge$$

$$0\ 0\ 0\ 0\ 0\ 0\ 0\ 0\ 0\ 0\ 0\ 0\ 0\ 1\ 0\ 0\ (y)$$

$$0\ 0\ 0\ 0\ 0\ 0\ 0\ 0\ 0\ 0\ 0\ 0\ 1\ 1\ 0\ 1\ (x)$$

$$\wedge$$

$$0\ 0\ 0\ 0\ 0\ 0\ 0\ 0\ 0\ 0\ 0\ 0\ 0\ 1\ 0\ 0\ (y)$$

$$0\ 0\ 0\ 0\ 0\ 0\ 0\ 0\ 0\ 0\ 0\ 0\ 1\ 0\ 0\ 1\ (y)$$

$$\wedge$$

$$0\ 0\ 0\ 0\ 0\ 0\ 0\ 0\ 0\ 0\ 0\ 0\ 1\ 1\ 0\ 1\ (x)$$

$$0\ 0\ 0\ 0\ 0\ 0\ 0\ 0\ 0\ 0\ 0\ 0\ 0\ 1\ 0\ 0\ (x)$$

【例 4.04】　计算 a^b 的值（实例位置：资源包 \ 源码 \04\4.04）

在控制台上输入两个数分别赋给变量 a 和 b，将 a 与 b 进行异或运算，具体代码如下：

```
01  #include<stdio.h>                    /* 包含头文件 */
02  void main()                          /* 主函数 main*/
03  {
04      unsigned result;                 /* 定义无符号数 */
05      int a, b;                         /* 定义变量 */
06      printf("please input a:");        /* 提示输入数据 a*/
07      scanf("%d", &a);                  /* 输入数据 a*/
08      printf("please input b:");        /* 提示输入数据 b*/
09      scanf("%d", &b);                  /* 输入数据 b*/
10      printf("a=%d, b=%d", a, b);       /* 显示数据 a, b*/
11      result = a^b;                     /* 求 a 与 b" 异或 " 的结果 */
12      printf("\na^b=%u\n", result);     /* 输出结果 */
13  }
```

程序运行结果如图 4.5 所示。

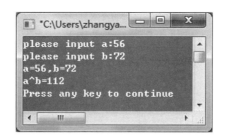

图 4.5　a 与 b "异或" 结果运行图

实例 04 的执行过程如下：

$$
\begin{array}{r}
0\ 0\ 0\ 0\ 0\ 0\ 0\ 0\ 0\ 0\ 1\ 1\ 1\ 0\ 0\ 0 \\
\wedge \qquad\qquad\qquad\qquad\qquad\qquad \\
0\ 0\ 0\ 0\ 0\ 0\ 0\ 0\ 0\ 1\ 0\ 0\ 1\ 0\ 0\ 0 \\
\hline
0\ 0\ 0\ 0\ 0\ 0\ 0\ 0\ 0\ 1\ 1\ 1\ 0\ 0\ 0\ 0
\end{array}
$$

多学两招

"异或" 运算经常被用到一些比较简单的加密算法中。

4.2.5　"左移" 运算符

"左移" 运算符 "<<" 是双目运算符。其功能是把 "<<" 左边的运算数的各二进位全部左移若干位，由 "<<" 右边的数指定移动的位数，高位丢弃，低位补 0。

如 a<<2，即把 a 的各二进位向左移动两位。假设 a=39，那么 a 在内存中的存放情况如图 4.6 所示。

| 0 | 0 | 0 | 0 | 0 | 0 | 0 | 0 | 0 | 0 | 0 | 0 | 0 | 0 | 0 | 0 | 0 | 0 | 0 | 0 | 0 | 0 | 0 | 0 | 0 | 1 | 0 | 0 | 1 | 1 | 1 |

图 4.6　39 在内存中的存储情况

若将 a 左移两位，则在内存中的存储情况如图 4.7 所示。a 左移两位后由原来的 39 变成了 156。

| 0 | 0 | 0 | 0 | 0 | 0 | 0 | 0 | 0 | 0 | 0 | 0 | 0 | 0 | 0 | 0 | 0 | 0 | 0 | 0 | 0 | 0 | 0 | 1 | 0 | 0 | 1 | 1 | 1 | 0 | 0 |

图 4.7　39 左移两位

说明

实际上左移一位相当于该数乘以 2，将 a 左移两位相当于 a 乘以 4，即 39 乘以 4，但这种情况只限于移出位不含 1 的情况。若是将十进制数 64 左移两位则移位后的结果将为 0（01000000->00000000），这是因为 64 在左移两位时将 1 移出了（注意这里的 64 是假设以一个字节（即 8 位）存储的）。

【例 4.05】 将 15 进行左移（**实例位置：资源包 \ 源码 \04\4.05**）

本实例首先将 15 左移两位，再将这个结果左移 3 位，输出结果。具体代码如下：

```c
01  #include<stdio.h>              /* 包含头文件 */
02  void main()                    /* 主函数 main*/
03  {
04  int x=15;                      /* 定义变量 */
05  x=x<<2;                        /*x 左移两位 */
06  printf("the result1 is:%d\n", x);
07  x=x<<3;                        /*x 左移 3 位 */
08  printf("the result2 is:%d\n", x);   /* 显示结果 */
09  }
```

程序运行结果如图 4.8 所示。

图 4.8　15 左移运算结果运行图

实例 05 的执行过程如下：

15 在内存中的存储情况如图 4.9 所示。

| 0 | 0 | 0 | 0 | 0 | 0 | 0 | 0 | 0 | 0 | 0 | 0 | 0 | 0 | 0 | 0 | 0 | 0 | 0 | 0 | 0 | 0 | 0 | 0 | 0 | 0 | 0 | 0 | 1 | 1 | 1 | 1 |

图 4.9　15 在内存中的存储情况

15 左移两位后变为 60，其存储情况如图 4.10 所示。

| 0 | 0 | 0 | 0 | 0 | 0 | 0 | 0 | 0 | 0 | 0 | 0 | 0 | 0 | 0 | 0 | 0 | 0 | 0 | 0 | 0 | 0 | 0 | 0 | 0 | 0 | 0 | 1 | 1 | 1 | 0 | 0 |

图 4.10　15 左移两位

60 左移 3 位变成 480，其存储情况如图 4.11 所示。

| 0 | 0 | 0 | 0 | 0 | 0 | 0 | 0 | 0 | 0 | 0 | 0 | 0 | 0 | 0 | 0 | 0 | 0 | 0 | 0 | 0 | 0 | 0 | 1 | 1 | 1 | 1 | 0 | 0 | 0 | 0 | 0 |

图 4.11　60 左移 3 位

4.2.6　"右移"运算符

右移运算符">>"是双目运算符。其功能是把">>"左边的运算数的各二进位全部右移若干位，">>"右边的数指定移动的位数。

例如，a>>2，即把 a 的各二进位向右移动两位，假设 a=00000110，右移两位后为 00000001，a 由原来的 6 变成了 1。

📝 **说明**

在进行右移时对于有符号数需要注意符号位问题，当为正数时，最高位补 0；而为负数时，最高位是补 0 还是补 1 取决于编译系统的规定。移入 0 的称为"逻辑右移"，移入 1 的称为"算术右移"。

【例 4.06】 将 30 和 –30 分别进行右移（实例位置：资源包 \ 源码 \04\4.06）

将 30 和 –30 分别右移 3 位，将所得结果分别输出，再将该结果分别右移两位，并输出右移后的结果。具体代码如下：

```
01  #include<stdio.h>                          /* 包含头文件 */
02  void main()                                /* 主函数 main*/
03  {
04  int x=30, y=–30;                           /* 定义变量 */
05  x=x>>3;                                     /*x 右移 3 位 */
06  y=y>>3;                                     /*y 右移 3 位 */
07  printf("the result1 is:%d, %d\n", x, y);   /* 显示结果 */
08  x=x>>2;                                     /*x 右移两位 */
09  y=y>>2;                                     /*y 右移两位 */
10  printf("the result2 is:%d, %d\n", x, y);   /* 显示结果 */
11  }
```

程序运行结果如图 4.12 所示。

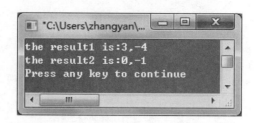

图 4.12　30 与 –30 右移运算结果运行图

实例 06 的执行过程如下：

30 在内存中的存储情况如图 4.13 所示。

| 0 | 0 | 0 | 0 | 0 | 0 | 0 | 0 | 0 | 0 | 0 | 0 | 0 | 0 | 0 | 0 | 0 | 0 | 0 | 0 | 0 | 0 | 0 | 0 | 0 | 0 | 0 | 1 | 1 | 1 | 1 | 0 |

图 4.13　30 在内存中的存储情况

30 右移 3 位变成 3，其存储情况如图 4.14 所示

| 0 | 0 | 0 | 0 | 0 | 0 | 0 | 0 | 0 | 0 | 0 | 0 | 0 | 0 | 0 | 0 | 0 | 0 | 0 | 0 | 0 | 0 | 0 | 0 | 0 | 0 | 0 | 0 | 0 | 0 | 1 | 1 |

图 4.14　30 右移 3 位

–30 在内存中的存储情况如图 4.15 所示。

| 1 | 1 | 1 | 1 | 1 | 1 | 1 | 1 | 1 | 1 | 1 | 1 | 1 | 1 | 1 | 1 | 1 | 1 | 1 | 1 | 1 | 1 | 1 | 1 | 1 | 1 | 1 | 0 | 0 | 0 | 1 | 0 |

图 4.15　–30 在内存中的存储情况

–30 右移 3 位变成 –4，其存储情况如图 4.16 所示。

| 1 | 1 | 1 | 1 | 1 | 1 | 1 | 1 | 1 | 1 | 1 | 1 | 1 | 1 | 1 | 1 | 1 | 1 | 1 | 1 | 1 | 1 | 1 | 1 | 1 | 1 | 1 | 1 | 1 | 1 | 0 | 0 |

图 4.16　–30 右移 3 位

3 右移两位变成 0，而 –4 右移两位则变成 –1。

📖 **多学两招**

从上面的过程中可以发现在 Visual C++ 6.0 中负数进行的右移实质上就是算术右移。

视频讲解

4.3　循环移位

前面讲过了向左移位和向右移位，这里将介绍循环移位的相关内容。什么是循环移位呢？循环移

位就是将移出的低位放到该数的高位或者将移出的高位放到该数的低位。那么该如何来实现这个过程呢？这里先介绍如何实现循环左移。

循环左移的过程如图 4.17 所示。

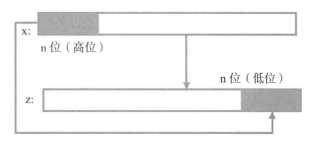

图 4.17 循环左移

实现循环左移的过程如下：

将 x 的左端 n 位先放到 z 中的低 n 位中，如图 4.17 所示。由以下语句实现：

```
z=x>>(32–n);
```

将 x 左移 n 位，其右面低 n 位补 0。由以下语句实现：

```
y=x<<n;
```

将 y 与 z 进行按位"或"运算。由以下语句实现：

```
y=y|z;
```

【例 4.07】 变成实现循环左移（**实例位置：资源包 \ 源码 \04\4.07**）

实现循环左移具体要求如下：首先从键盘中输入一个八进制数，然后输入要移位的位数，最后将移位的结果显示在屏幕上。具体代码如下：

```
01   #include <stdio.h>                                    /* 包含头文件 */
02   left(unsigned value, int n)                           /* 自定义左移函数 */
03   {
04     unsigned z;
05       z = (value >> (32–n)) | (value << n);             /* 循环左移的实现过程 */
06       return z;
07   }
08   void main()                                           /* 主函数 main*/
09   {
10       unsigned a;                                       /* 定义无符号型变量 */
11       int n;                                            /* 定义变量 */
12       printf("please input a number:\n");               /* 输出提示信息 */
13       scanf("%o", &a);                                  /* 输入一个八进制数 */
14       printf("please input the number of displacement(>0):\n");
15       scanf("%d", &n);                                  /* 输入要移位的位数 */
16       printf("the result is %o\n", left(a, n));         /* 将左移后的结果输出 */
17   }
```

程序运行结果如图 4.18 所示。

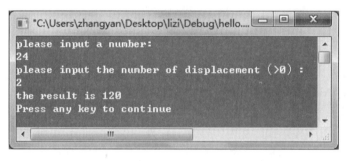

图 4.18　循环左移结果运行图

循环右移的过程如图 4.19 所示。

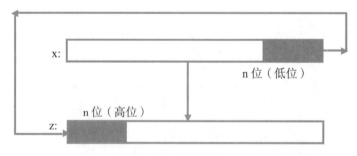

图 4.19　循环右移

将 x 的右端 n 位先放到 z 中的高 n 位中，如图 4.19 所示。由以下语句实现：

```
z=x<<(32–n);
```

将 x 右移 n 位，其左端高 n 位补 0。由以下语句实现：

```
y=x>>n;
```

将 y 与 z 进行按位或运算。由以下语句实现：

```
y=y|z;
```

【例 4.08】 编程实现循环右移（**实例位置：资源包 \ 源码 \04\4.08**）

实现循环右移的具体要求如下：首先从键盘中输入一个八进制数，然后输入要移位的位数，最后将移位的结果显示在屏幕上。具体代码如下：

```
01  #include <stdio.h>                                      /* 包含头文件 */
02  right(unsigned value, int n)                            /* 自定义右移函数 */
03  {
04      unsigned z;


05      z = (value << (32–n)) | (value >> n);               /* 循环右移的实现过程 */
06      return z;
07  }
08  void main()                                             /* 主函数 main*/
09  {
10      unsigned a;                                         /* 定义变量 */
11      int n;
12      printf("please input a number:\n");                 /* 输出提示信息 */
13      scanf("%o", &a);                                    /* 输入一个八进制数 */
14      printf("please input the number of displacement(>0):\n");
15      scanf("%d", &n);                                    /* 输入要移位的位数 */
16      printf("the result is %o\n", right(a, n));          /* 将右移后的结果输出 */
17  }
```

程序运行结果如图 4.20 所示。

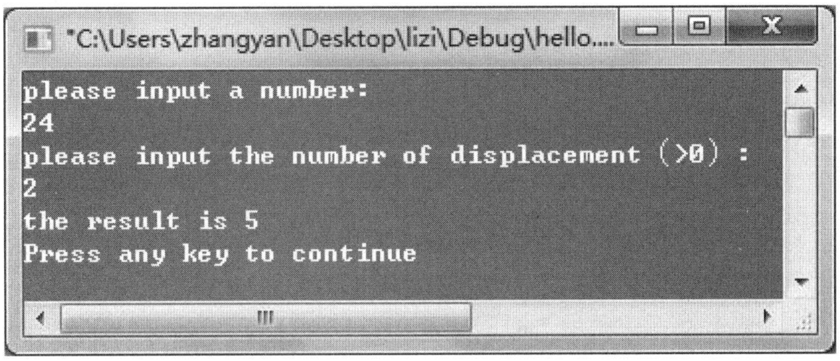

图 4.20　循环右移结果运行图

4.4 小　　结

本章主要介绍了与（&）、或（|）、取反（~）、异或（^）、左移（<<）、右移（>>）6 种位运算符，利用位运算可以完成汇编语言的某些功能，如置位、位清零、移位等。

4.5 实　　战

4.5.1　加密数据

用户创建完新账户后，服务器为保护用户隐私，使用"异或"运算对用户密码进行二次加密，计算公式为"加密数据 = 原始密码 ^ 加密算子"，已知加密算子为整数 79，请问用户密码 459137 经过加密后的值是多少？运行结果如图 4.21 所示。（**实例位置：资源包 \ 源码 \04\ 实战 \01**）

图 4.21　加密数据

4.5.2　将自己身高数据右移

在控制台输入自己身高，然后循环右移 3 位输出结果。运行结果如图 4.22 所示。（**实例位置：资源包 \ 源码 \04\ 实战 \02**）

图 4.22　身高循环右移

第 5 章

条件判断语句

（📹 视频讲解：1 小时 37 分钟）

　　生活中，常常会遇到选择问题，例如：午餐吃什么，下班选择什么交通工具回家等类似的问题，选择是我们每天无形中都在做的事情，它对我们生活来说比较重要。而对于 C++ 来说，为了解决一些类似问题，同样也需要选择。本章将详细介绍 C++ 中的选择流程结构（又叫条件判断），让你不再为选择犯难。

学习摘要：

▸▸ **决策分支**

▸▸ **判断语句**

▸▸ **使用条件运算符进行判断**

▸▸ **switch 语句**

▸▸ **判断语句的嵌套**

视频讲解

5.1 决 策 分 支

计算机的主要功能是提供用户计算功能，但在计算的过程中会遇到各种各样的情况，针对不同的情况会有不同的处理方法，这就要求程序开发语言要有处理决策的能力。汇编语言使用判断指令和跳转指令实现决策，高级语言使用选择判断语句实现决策。

一个决策系统就是一个分支结构，这种分支结构就像一个树形结构，每到一个节点都需要做决定，就像人走到十字路口，是向前走，还是向左走或是向右走都需要做决定。不同的分支代表不同的决定。例如十字路口的分支结构如图 5.1 所示。

图 5.1　十字路口分支结构

为描述决策系统的流通，设计人员开发了流程图。流程图使用图形方式描述系统不同状态的不同处理方法。开发人员使用流程图表现程序的结构。

主要的流程图符号如图 5.2 所示。

使用流程图描述十字路口转向的决策，利用方位做决定，判断是否是南方，如果是南方向前行，如果不是南方，寻找南方。如图 5.3 所示。

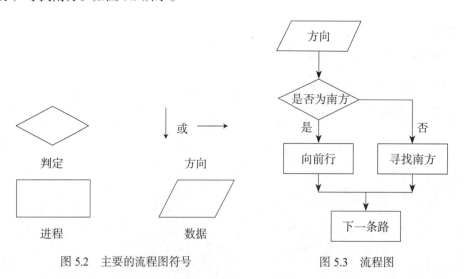

图 5.2　主要的流程图符号　　　　　　图 5.3　流程图

程序中使用选择判断语句来做决策，选择判断是编程语言的基础语句，在 C++ 语言中有 3 种形式选择判断语句，同时提供了 switch 语句，简化多分支决策的处理。下面对选择判断语句进行介绍。

说明

选择判断语句可以简称为判断语句，有的书中也称其为分支语句。

5.2 判 断 语 句

视频讲解

5.2.1 第一种形式的判断语句

C++ 语言中使用 if 关键字来组成判断语句，第一种判断语句的形式如下：

```
if( 表达式 )
    语句
```

表达式一般为关系表达式，表达式的运算结果应该是真或假（true 或 false）。如果表达式为真，执行语句，如果表达式的值为假就跳过，执行下一条语句。用流程图表示第一种判断语句如图 5.4 所示。

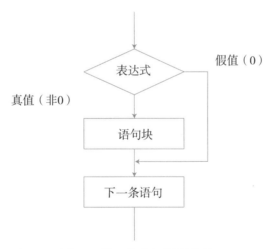

图 5.4 第一种形式的判断语句

【例 5.01】 判断输入数是否为奇数（**实例位置：资源包 \ 源码 \05\5.01**）

```
01  #include <iostream>
02  using namespace std;
03  void main()
04  {
05      int iInput;
06      cout << "Input a value:" << endl;
07      cin >> iInput;                        // 输入一整型数
08      if(iInput%2!=0)
09          cout << "The value is odd number" << endl;
10  }
```

用流程图来描述判断语句的执行过程，如图 5.5 所示。

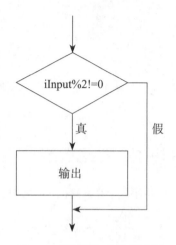

图 5.5　判断语句的执行过程

程序分两步执行。

（1）定义一个整型变量 iInput，然后使用 cin 获得用户输入的整型数据。

（2）对变量 iInput 的值与 2 进行"%"运算，如果运算结果不为 0，表示用户输入的是奇数，是奇数就输出字符串"The value is odd number"。如果运算结果为 0，则不进行任何输出，程序执行完毕。

 说明

> 整数与 2 进行"%"运算，结果只有 0 或 1 两种情况。

要注意第一种形式的判断语句的书写格式。

判断语句：

```
if(a>b)
   max=a;
```

可以写成：

```
if(a>b)   max=a;
```

但不建议使用"if(a>b) max=a;"这种书写方式，这种方式不便于阅读。

判断形式中的语句可以是复合语句，也就是说可以用花括号括起多条简单语句。例如：

```
if(a>b)
{
   tmp=a;
   b=a;
   a=tmp;
}
```

5.2.2　第二种形式的判断语句

第二种形式的判断语句使用了 else 关键字。第二种判断语句形式如下：

```
if( 表达式 )
    语句 1;
else
    语句 2;
```

表达式是一个关系表达式，表达式的运算结果应该是真或假(true 或 false)，如果表达式的值为真，执行语句 1，为假则执行语句 2。

第二种形式的判断语句相当于汉语里的"如果……那么……"，用流程图表示第二种判断语句，如图 5.6 所示。

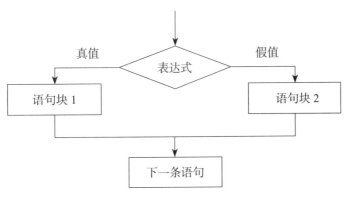

图 5.6　第二种判断语句

【例 5.02】　根据分数判断是否优秀（**实例位置：资源包 \ 源码 \05\5.02**）

```
01  #include <iostream>
02  using namespace std;
03  void main()
04  {
05      int iInput;
06      cin >> iInput;
07      if(iInput>90)
08          cout << "It is Good" << endl;
09      else
10          cout << "It is not Good" << endl;
11  }
```

用流程图来描述判断语句的执行过程，如图 5.7 所示。

程序需要和用户交互，用户输入一个数值，将该数值赋值给 iInput 变量，然后判断用户输入的数据是否大于 90，如果大于 90，输出字符串"It is Good"，否则输出字符串"It is not Good"。

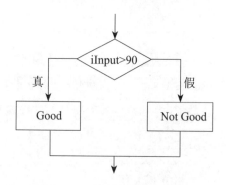

图 5.7　判断语句的执行过程

5.2.3　第三种形式的判断语句

第三种形式的判断语句是可以进行多次判断的语句，每判断一次就缩小一定的检查范围，它的形式如下：

```
if( 表达式 1)
    语句 1;
else if( 表达式 2)
    语句 2;
else if( 表达式 3)
    语句 3
    …
else if( 表达式 m)
    语句 m;
else
    语句 n;
```

表达式一般为关系表达式，表达式的运算结果应该是真或假（true 或 false）。如果表达式为真，执行语句，如果表达式的值为假就跳过，执行下一条语句。用流程图表示第三种判断语句，如图 5.8 所示。

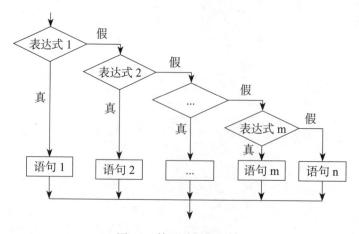

图 5.8　第三种判断语句

注意

else if 之间有一个空格，elseif 连着写是错误的；else if 前必须要有 if 语句。

【例 5.03】 根据成绩划分等级（**实例位置：资源包 \ 源码 \05\5.03**）

```cpp
01  #include <iostream>
02  using namespace std;
03  void main()
04  {
05      int iInput;
06      cin >> iInput;
07      if(iInput>=90)
08      {
09          cout << "very good" <<endl;
10      }
11      else if(iInput>=80&& iInput<90)
12      {
13          cout << "good" <<endl;
14      }
15      else if(iInput>=70 && iInput <80)
16      {
17          cout << "good" <<endl;
18      }
19      else if(iInput>=60 && iInput <70)
20      {
21          cout << "normal" <<endl;
22      }
23      else if(iInput<60)
24      {
25          cout << "failure" <<endl;
26      }
27  }
```

程序需要用户输入整型数值，然后判断数值是否大于 90，如果大于 90，输出"very good"字符串，否则继续判断，判断是否小于 90 大于 80，如果小于 90 大于 80，输出"good"字符串，否则继续判断，依此类推，最后判断是否小于 60，如果小于 60，输出"failure"字符串，最后没有使用 else 再进行判断。

视频讲解

5.3 使用条件运算符进行判断

条件运算符是一个三目运算符，它能像判断语句一样完成判断。例如：

```cpp
max=(iA > iB)?iA:iB;
```

首先比较 iA 和 iB 的大小，如果 iA 大于 iB 就取 iA 的值，否则取 iB 的值。

可以将条件运算符改为判断语句。例如：

```
if(iA > iB)
    max= iA;
else
    max= iB;
```

【例 5.04】 用条件运算符完成判断数的奇偶性（**实例位置：资源包 \ 源码 \05\5.04**）

```
01    #include<iostream>
02    using namespace std;
03    void main()
04    {
05        int iInput;
06        cout << "Input number" << endl;
07        cin >> iInput;                              // 从键盘中输入一个数
08        (iInput%2!=0) ? cout << "The value is odd number": cout << "The value is even number";
09        cout << endl;
10    }
```

该程序使用条件运算符完成判断数的奇偶性，比使用判断语句时的代码要简洁。程序同样完成由用户输入整型数，然后和 2 进行 "%" 运算，如果运算结果不为 0，是奇数，否则是偶数。

视频讲解

5.4 switch 语句

C++ 语言提供了一种用于多分支选择的 switch 语句。可以使用 if 判断语句做多分支结构程序，但当分支足够多的时候，if 判断语句会造成代码容易混乱，可读性也很差，如果使用不当就会产生表达式上的错误，所以建议在仅有两个分支或分支数少的时候使用 if 判断语句，而在分支比较多的时候使用 switch 语句。

switch 语句的一般形式：

```
switch( 表达式 )
{
case 常量表达式 1:
    语句 1;
    break;
case 常量表达式 2:
    语句 2;
    break;
    …
case 常量表达式 m:
    语句 m;
    break;
```

```
default:
    语句 n;
}
```

以上语句的含义是：switch 后面括号中的表达式就是要进行判断的条件。在 switch 的语句块中，使用 case 关键字表示检验条件符合的各种情况，其后的语句是相应的操作。其中还有一个 default 关键字，作用是如果没有符合条件的情况，那么执行 default 后的默认情况语句。如图 5.9 是 switch 语句流程。

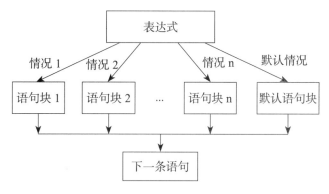

图 5.9　switch 语句流程

【例 5.05】　根据输入的字符输出字符串（**实例位置：资源包 \ 源码 \05\5.05**）

```
01  #include <iostream>
02  #include <iomanip>
03  using namespace std;
04  void main()
05  {
06      char iInput;
07      cin >> iInput;
08      switch (iInput)
09      {
10      case 'A':
11      cout << "very good" << endl;
12      break;
13      case 'B':
14      cout << "good" << endl;
15      break;
16      case 'C':
17      cout << "normal" << endl;
18      break;
19      case 'D':
20      cout << "failure" << endl;
21      break;
22      default:
23          cout << "input error" << endl;
24      }
25  }
```

程序需要用户输入一个字符，当用户输入字符'A'时，向屏幕输出"very good"字符串；输入字符'B'时，向屏幕输出"good"字符串；输入字符'C'时，向屏幕输出"normal"字符串；输入字符'D'时，向屏幕输出"failure"字符串；输入其他字符时，向屏幕输出"input error"字符串。

【例5.06】 根据输入的字符输出字符串（**实例位置：资源包 \ 源码 \05\5.06**）

switch 语句中每个 case 语句都使用"break;"语句跳出，该语句可以省略。由于程序默认执行程序是顺序执行，当语句匹配成功后，其后面的每条 case 语句都会被执行，而不进行判断。例如：

```cpp
01  #include <iostream>
02  using namespace std;
03  void main()
04  {
05      int iInput;
06      cin >> iInput;
07      switch(iInput)
08      {
09      case 1:
10          cout << "Monday" << endl;
11      case 2:
12          cout << "Tuesday" << endl;
13      case 3:
14          cout << "Wednesday" << endl;
15      case 4:
16          cout << "Thursday" << endl;
17      case 5:
18          cout << "Friday" << endl;
19      case 6:
20          cout << "Saturday" << endl;
21      case 7:
22          cout << "Sunday" << endl;
23      default:
24          cout << "Input error" << endl;
25      }
26  }
```

当输入 1 时，程序运行如图 5.10 所示。

当输入 7 时，程序运行如图 5.11 所示。

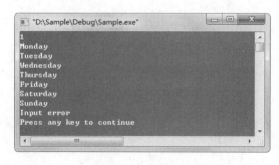

图 5.10　运行结果 1

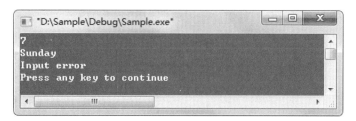

图 5.11　运行结果 2

程序想要实现根据输入的 1~7 中的任意整型数，然后输出整型数对应的英文星期名称，但由于 switch 语句中的各 case 分句没有及时使用 "break;" 语句跳出，导致意想不到的结果输出。

5.5　判断语句的嵌套

视频讲解

前面讲过 3 种形式的判断语句，这 3 种形式的判断语句都可以嵌套判断语句。例如，在第一种形式的判断语句中嵌套第二种形式的判断语句。形式如下：

```
if( 表达式 1)
{
   if( 表达式 2)
     语句 1;
   else
     语句 2;
}
```

在第二种形式的判断语句中嵌套第二种形式的判断语句。形式如下：

```
if( 表达式 1)
{
   if( 表达式 2)
     语句 1;
   else
     语句 2;
}
else
{
   if( 表达式 2)
     语句 1;
   else
     语句 2;
}
```

判断语句可以有多种嵌套方式，可以根据具体需要进行设计，但一定要注意逻辑关系的正确处理。

【例 5.07】 判断是否是闰年（实例位置：资源包 \ 源码 \05\5.07）

```cpp
01  #include <iostream>
02  using namespace std;
03  void main()
04  {
05      int iYear;
06      cout << "please input number" << endl;
07      cin >> iYear;
08      if(iYear%4==0)
09      {
10          if(iYear%100==0)
11          {
12              if(iYear%400==0)
13                  cout << "It is a leap year" << endl;
14              else
15                  cout << "It is not a leap year" << endl;
16          }
17          else
18              cout << "It is a leap year" << endl;
19      }
20      else
21          cout << "It is not a leap year" << endl;
22  }
```

判断闰年的方法是看该年份能否被 4 整除、不能被 100 整除但能被 400 整除。程序使用判断语句对这 3 个条件逐一判断，先判断年份能否被 4 整除，即 iYear%4==0，如果不能整除输出字符串 "It is not a leap year"，如果能整除，继续判断能否被 100 整除，即 iYear%100==0，如果不能整除输出字符串 "It is a leap year"，如果能整除，继续判断能否被 400 整除，即 iYear%400==0，如果能整除输出字符串 "It is a leap year"，不能整除输出字符串 "It is not a leap year"。

5.6　小　　结

本章主要讲解了 C++ 语言中各种形式的分支语句，每种形式的语句都可以用另外一种格式代替，这增加了开发程序的灵活性。如果是简单的判断建议用条件运算符，如果是分支较多的逻辑判断，建议使用 swtich 语句，还要特别注意判断语句的书写格式，避免产生二义性。

5.7　实　　战

5.7.1　模拟上班签到场景

一位职工早上上班打卡，她的工位号是 13，密码是 111，输入正确的工号和密码会出现 "谢谢，已签到"的字样，请在控制台模拟此场景。运行结果图如图 5.12 所示。（**实例位置：资源包 \ 源码 \ 05\ 实战 \01**）

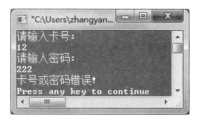 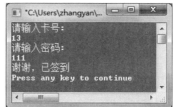

图 5.12 模拟签到

5.7.2 出租车计费问题

计程车计费标准，在 3 公里内起步价为 6 元，超出 3 公里按每公里 2 元收费，计算坐计程车所花费用。运行结果如图 5.13 所示。（**实例位置：资源包 \ 源码 \05\ 实战 \02**）

 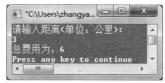

图 5.13 出租车费用

第 6 章

循环语句

（📹视频讲解：1 小时 24 分钟）

循环控制就是控制程序重复执行，当不符合循环条件时停止循环。使用循环结构可以使程序代码更加简洁，减少冗余。掌握循环结构是程序设计的最基本要求，本章主要介绍了 while 循环、do...while 循环和 for 循环语句，这 3 种循环语句可以相互转换，达到同一目标可以运用多种方法。

学习摘要：

➠ while 和 do...while 循环
➠ for 循环语句
➠ 循环控制
➠ 循环的嵌套

视频讲解

6.1 while 和 do...while 循环

6.1.1 while 循环

学校举办运动会，其中一个项目就是 800m 短跑，如果学校操场一圈是 200m，如图 6.1 所示，那么就需要循环跑 4 圈。其中 4 圈就是一个条件，当满足这个 4 圈的条件时，就不再继续跑。

图 6.1 学校操场

在 C++ 中，实现这样的循环就可以使用 while 语句，其语法形式如下：

> while(表达式) 语句

表达式一般是一个关系表达式或一个逻辑表达，其表达式的值应该是一个逻辑值真或假（true 和 false），当表达式的值为真时开始循环执行语句，当表达式的值为假时退出循环，执行循环外的下一条语句。循环每次都是执行完语句后回到表达式处重新开始判断，重新计算表达式的值，一旦表达式的值为假时就退出循环，为真时就继续执行语句。while 循环可以用流程来演示执行过程，如图 6.2 所示。

语句可以是复合语句，也就是用花括号括起多条简单语句，花括号及其所包括的语句，被称为循环体，循环主要指循环执行循环体的内容。

【例 6.01】 使用 while 循环计算从 1 到 10 的累加（实例位置：资源包 \ 源码 \06\6.01）

1 到 10 的累加就是计算 1+2+…+10，需要有一个变量从 1 变化到 10，将该变量命名为 i，还需要另外一个临时变量不断和该变量进行加法运算，并记录运算结果，将临时变量命名为 sum，变量 i 每增加 1 时，就和变量 sum 进行一次加法运算，变量 sum 记录的是累加的结果。程序需要使用循环语句，使用 while 循环需要将循环语句的结束条件设置为 i<=10，循环流程如图 6.3 所示。

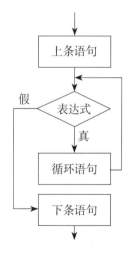

图 6.2 while 循环

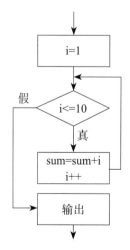

图 6.3 while 循环计算从 1 到 10 的累加

程序代码如下：

```
01  #include <iostream>
02  using namespace std;
03  void main()
04  {
05      int sum=0, i=1;
06      while(i<=10)
07      {
08          sum=sum+i;
09          i++;
10      }
11      cout << "the result:" << sum << endl;
12  }
```

程序运行结果如图 6.4 所示。

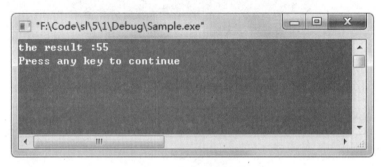

图 6.4　程序运行结果

程序先对变量 sum 和 i 进行初始化，while 循环语句的表示式是 i<=10，所要执行的循环体是一个复合语句，是由 "sum=sum+i;" 和 "i++;" 两条简单语句完成，语句 "sum=sum+i;" 完成累加，语句 "i++;" 完成由 1 到 10 的递增变化。

使用 while 循环的注意事项：

（1）表达式不可以为空，表达式为空不合法。

（2）表达式可以用非 0 代表逻辑值真（true），用 0 代表逻辑值假（false）。

（3）循环体中必须有改变条件表达式值的语句，否则将成为死循环。

例如，下面代码是一个无限循环语句：

```
while(1)
{
...
}
```

例如，下面代码是一个不会进行循环的语句：

```
while(0)
{
```

```
    ...
}
```

6.1.2 do...while 循环

do...while 循环语句的一般形式如下：

```
do
{
    语句
} while( 表达式 )
```

do 为关键字，必须与 while 配对使用。do 与 while 之间的语句称为循环体，该语句同样是用花括号 "{}" 括起来的复合语句。循环语句中的表达式与 while 语句中的相同，也多为关系表达式或逻辑表达式。但特别值得注意的是 do...while 语句后要有分号 ";"。do...while 循环可以用流程来演示执行过程，如图 6.5 所示。

do...while 循环的执行顺序是执行循环体的内容，然后判断表达式的值，如果表达式的值为真就跳到循环体处继续执行循环体，循环一直到表达式的值为假，表达式的值为假时跳出循环，执行下一条语句。

【例 6.02】 使用 do...while 循环计算从 1 到 10 的累加。（**实例位置：资源包 \ 源码 \06\6.02**）

1 到 10 的累加就是计算 1+2+…+10，前面的例子使用 while 循环语句实现了 1 到 10 的累加，do...while 循环和 while 循环实现累加的循环体语句相同，只是执行循环体的先后顺序不同，程序执行顺序如图 6.6 所示。

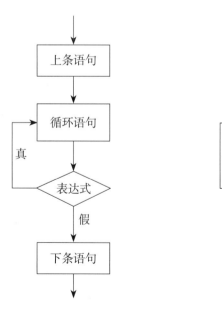

图 6.5　do...while 循环　　　图 6.6　do...while 循环计算 1 到 10 的累加

程序代码如下：

```
01  #include <iostream>
02  using namespace std;
03  void main()
04  {
05      int sum=0, i=1;
06      do
07      {
08          sum=sum+i;
09          i++;
10      }while(i<=10);
11      cout << "the result:" << sum << endl;
12  }
```

 说明

程序运行结果与实例 6.01 的运行结果一样。

　　程序使用变量 sum 作为记录累加的结果，变量 i 完成由 1 到 10 的变化，程序先将变量 sum 初始化为 0，将变量 i 初始化为 1，先执行循环体变量 sum 和变量 i 的加法运算，并将运算结果保存到变量 sum，然后变量 i 进行自加运算，接着判断循环条件，看是否变量 i 的值已经大于 10 了，如果变量 i 大于 10 就跳出循环，大于或等于 10 就继续执行循环体语句。

　　do...while 循环的注意事项：

（1）循环先执行循环体，如果循环条件不成立，循环体已经执行一次了，使用时注意变量变化。

（2）表达式不可以为空，表达式为空不合法。

（3）表达式可以用非 0 代表逻辑值真（true），用 0 代表逻辑值假（false）。

（4）循环体中必须有改变条件表达式值的语句，否则将成为死循环。

（5）注意循环语句后要有分号 ";"。

视频讲解

6.2　for 循环语句

　　for 循环是 C 语言中最常用、最灵活的一种循环结构，for 循环既能够用于循环次数已知的情况，又能够用于循环次数未知的情况，本节将对 for 循环的使用进行详细讲解。

6.2.1　for 循环的一般形式

　　for 循环语句的一般格式如下：

for(表达式 1; 表达式 2; 表达式 3) 语句

☑ 表达式 1：该表达式通常是一个赋值表达式，负责设置循环的起始值，也就是给控制循环的变量赋初值。

☑ 表达式 2：该表达式通常是一个关系表达式，用控制循环的变量和循环变量允许的范围值进行比较。

☑ 表达式 3：该表达式通常是一个赋值表达式，对控制循环的变量进行增大或减小。

☑ 语句：语句仍然是复合语句。

for 循环语句的执行过程如下：

（1）先求解表达式 1。

（2）求解表达式 2，若其值为真，则执行 for 语句中指定的内嵌语句，然后执行（3）。若表达式 2 值为 0，则结束循环，转到（5）。

（3）求解表达式 3。

（4）返回（2）继续执行。

（5）循环结束，执行 for 语句下面的一个语句。

上面的 5 个步骤也可以用图 6.7 表示。

【例 6.03】 使用 for 循环计算从 1 到 10 的累加（**实例位置：资源包 \ 源码 \06\6.03**）

for 循环不同于 while 循环和 do...while 循环，它有 3 个表达式，需要正确设置这 3 个表达式。计算累加需要一个能由 1 到 10 递增变化的变量 i 和一个记录累加和的变量 sum，for 循环的表达式中可以对变量进行初始化，以及实现变量由 1 到 10 的递增变化。循环执行顺序如图 6.8 所示。

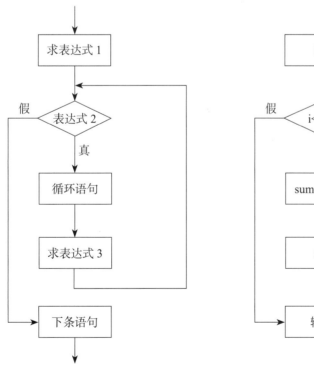

图 6.7　for 循环执行过程

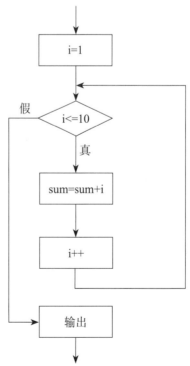

图 6.8　for 循环执行顺序

程序代码如下：

```
01  #include <iostream>
02  using namespace std;
03  void main()
04  {
05      int sum=0;
06      int i;
07      for(i=1;i<=10;i++)              //for 循环语句
08          sum+=i;
09      cout << "the result:" << sum << endl;
10  }
```

 说明

程序运行结果与例 6.01 的运行结果一样。

程序中 "for(i=1; i<=10; i++) sum+=i;" 就是一个循环语句，"sum+=i" 是循环体语句，其中 i 就是控制循环的变量，i=1 是表达式 1，i<=10 是表达式 2，i++ 是表达式 3，"sum +=i;" 是语句；表达式 1 将循环控制变量 i 赋初始值为 1，表达式 2 中 10 是循环变量允许的范围，也就是说 i 不能大于 10，大于 10 时将不执行语句 "sum +=i;"。语句 "sum +=i;" 是使用了带运算的赋值语句，它等同于语句 "sum = sum +i;"。"sum +=i" 语句一共执行了 10 次，i 的值是从 1 到 10 变化。

for 循环的注意事项如下：

（1）for 语句可以在表达式 1 中直接声明变量。例如：

在表达式外声明变量。

```
01  #include <iostream>
02  using namespace std;
03  void main()
04  {
05      int sum=0, i;                  // 在表达式外声明变量
06      for(i=0; i<=10; i++)
07          sum+=i;
08      cout <<sum << endl;
09  }
```

在表达式内声明变量。

```
01  #include <iostream>
02  using namespace std;
03  void main()
04  {
05      for(int i=0, sum=0;i<=10;i++)   // 在循环语句中声明变量
06          sum+=i;
07      cout <<sum << endl;
08  }
```

在循环语句中声明变量，也相当于在函数内声明了变量，如果在表达式 1 中声明两个相同变量，编译器将报错。

```
01  void main()
02  {
03      for(int i=0, sum=0; i<=10; i++)      // 在循环语句中声明变量
04          sum+=i;
05      for(int i=0, sum=0; i<=10; i++)      // 不合法，编译器报错
06          sum+=i;
07      cout <<sum << endl;
08  }
```

6.2.2　for 循环的变体

for 循环在具体使用时，有很多种变体形式，比如，可以省略"表达式 1"、省略"表达式 2"、省略"表达式 3"或者 3 个表达式都省略，下面分别对 for 的常用变体形式进行讲解。

1. 省略"表达式 1"的情况

如果省略表达式 1，且控制变量在循环外声明了并赋初值，程序能编译通过并且正确运行。例如：

```
01  #include <iostream>
02  using namespace std;
03  void main()
04  {
05      int sum=0;
06      int i=0;                             // 将循环控制变量拿到循环语句外声明并赋初值
07      for(;i<=10; i++)
08          sum+=i;
09      cout <<sum << endl;
10  }
11
```

程序仍是计算从 1 到 10 累加的。

如果控制变量在循环外声明了但没有赋初值，程序能编译通过，但运行结果不是用户所期待的。因为编译器会为变量赋一个默认的初值，该初值一般为一个比较大的负数，所以会造成运行结果不正确。

2. 省略"表达式 2"的情况

省略了表达 2 也就是省略了循环判断语句，没有循环的终止条件，循环变成无限循环。

3. 省略"表达式 3"的情况

省略表达式 3 后循环也是无限循环，因为控制循环的变量永远都是初始值，永远符合循环条件。

4. 省略"表达式 1"和"表达式 3"的情况

for 循环语句如果省略表达式 1 和表达式 3，就和 while 循环一样了。例如：

```
01  #include <iostream>
02  using namespace std;
03  void main()
04  {
05      int sum=0;
06      int i=0;
07      for(;i<=10;)
08      {
09          sum=sum+i;
10          i++;
11      }
12      cout << "the result:" << sum << endl;
13  }
```

5. 3 个表达式都省略的情况

for 循环语句如果省略 3 个表达式，就会变成无限循环。无限循环就是死循环，它会使程序进入瘫痪状态。使用循环时，建议使用计数控制，也就是说循环执行到指定次数，就跳出循环。例如：

```
01  void main()
02  {
03      int iCount=0;                        // 声明用于计数的变量
04      for(;;)
05      {
06          ...
07          iCount++;                        // 每循环一次，计数器加一
08          if(iCount>200000)                // 如果循环次数大于 200000 跳出循环
09              return;
10      }
11      cout << "the loop end" << endl;
12  }
```

视频讲解

6.3　循　环　控　制

循环控制包含两方面的内容，一方面是控制循环变量的变化方式，一方面是控制循环的跳转。控制循环的跳转需要用到 break 和 continue 两个关键字，这两条跳转语句的跳转效果不同，break 是中断循环，continue 是跳出本次循环体的执行。

6.3.1　控制循环的变量

无论是 for 循环还是 while，do...while 循环，都需要循环一个控制循环的变量，while，do...while 循环的控制变量变化可以是显式的也可以是隐式的。例如在读取文件时，在 while 循环中循环读取文件内容，但程序中没有出现控制变量。代码如下：

```
01 #include <iostream>
02 #include <fstream>
03 using namespace std;
04 void main()
05 {
06     ifstream ifile("test.dat", std::ios::binary);
07     if(!ifile.fail())
08     {
09         while(!ifile.eof())                    // 判断文件是否结束
10         {
11             char ch;
12             ifile.get(ch);                     // 获取文件内容
13             if(!ifile.eof())                   // 如果是文件结束，就不进行最后输出
14                 std::cout << ch;
15         }
16     }
17 }
```

程序中 while 循环中的表达式是判断文件指针是否指向文件末尾，如果文件指针指向文件末尾，就跳出循环，起始程序中控制循环的变量是文件的指针，文件的指针在读取文件时不断变化。

for 循环的循环控制变量的变化方式有两种，一个是递增方式，一个是递减方式。使用递增方式还是递减方式和变量的初值和范围值的比较有关。

➢　如果初值大于限定范围的值，表达式 2 是大于关系（＞）判定的不等式，使用递减方式。

➢　如果初值小于限定的范围值，表达式 2 是小于关系（＜）判定的不等式，使用递增方式。

前文使用 for 循环计算 1 到 10 累计和使用的是递增方式，也可以使用递减方式计算 1 到 10 累计和。代码如下：

```
01 #include <iostream>
02 using namespace std;
03 void main()
04 {
05     int sum=0;                          // 定义存储累加和变量
06     for(int i=10; i>=1; i--)
07         sum+=i;                         // 进行累加
08     cout << "the result:"<<sum << endl;
09 }
```

程序中 for 循环的表达式 1 中声明变量并赋初值 10，表达式 2 中限定范围的值就是 1，不等式是

循环控制变量 i 是否大于等于 1，如果小于 1 就停止循环，循环控制变量就是由 10 到 1 递减变化。程序输出结果仍是 the result:55。

6.3.2　break 语句

使用 break 语句可以跳出 switch 结构。在循环结构中，同样也可用 break 语句跳出当前循环体，从而中断当前循环。

在 3 种循环语句中使用 break 语句的形式如图 6.9 所示。

```
while (...)        do              for
{                 {               {
    ...               ...             ...
    break;            break;          break;
    ...               ...             ...
}                 }while (...);   }
```

图 6.9　break 语句的使用形式

【例 6.04】　使用 break 跳出循环（**实例位置：资源包 \ 源码 \06\6.04**）

```
01  #include <iostream>
02  using namespace std;
03  void main()
04  {
05      int i, n, sum;
06      sum=0;
07      cout<< "input 10 number" << endl;
08      for(i=1; i<=10; i++)
09      {
10          cout<< i<< ":";
11          cin >> n;
12          if(n<0)                     // 判断输入是否为负数
13              break;
14          sum+=n;                     // 对输入的数进行累加
15      }
16      cout << "The Result:" << sum << endl;
17  }
```

程序中需要用户输入 10 个数，然后计算 10 个数的和。当输出数为负数时，就停止循环不再进行累加，输出前面累加结果。例如输入 4 次数字 1，最后输入数字 −1，程序运行结果如图 6.10 所示。

注意

如果遇到循环嵌套的情况，break 语句将只会使程序流程跳出包含它的最内层的循环结构，只跳出一层循环。

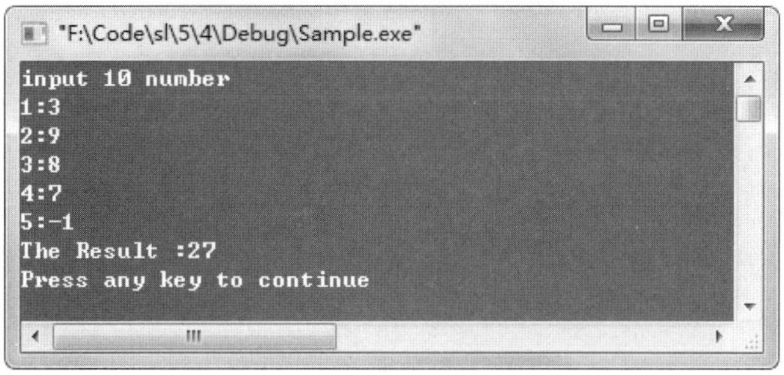

图 6.10 运行结果

6.3.3 continue 语句

continue 语句是针对 break 语句的补充。continue 不是立即跳出循环体,而是跳过本次循环结束前的语句,回到循环的条件测试部分,重新开始执行循环。在 for 循环语句中遇到 continue 后,首先执行循环的增量部分,然后进行条件测试。在 while 和 do...while 循环中,continue 语句使控制直接回到条件测试部分。

在 3 种循环语句中使用 continue 语句的形式如图 6.11 所示。

```
while (...)          do                  for
{                   {                   {
    ...                 ...                 ...
    continue;           continue;           continue;
    ...                 ...                 ...
}                   }while (...);       }
```

图 6.11 continue 语句的使用形式

【例 6.05】 使用 continue 跳出循环 (**实例位置:资源包 \ 源码 \06\6.05**)

```cpp
01 #include <iostream>
02 using namespace std;
03 void main()
04 {
05     int i, n, sum;
06     sum=0;
07     cout<< "input 10 number" << endl;
08     for(i=1; i<=10; i++)
09     {
10         cout<< i<< ":" <<";
11         cin >> n;
12         if(n<0)                          // 判断输入是否为负数
13             continue;
14         sum+=n;                          // 对输入的数进行累加
15     }
16     cout << "The Result:"<< sum << endl;
17 }
```

程序中需要用户输入 10 个数，然后计算 10 个数的和。当输出数为负数时，不执行 "sum+=n;" 语句，也就是不对负数进行累加。例如输入 10 个数全为 1，输出结果为 10。

视频讲解

6.4　循环的嵌套

循环有 while, do...while 和 for 这 3 种方式，这 3 种循环可以相互嵌套。例如，在 for 循环中套用 for 循环。

```
for(...)
{
    for(...)
    {
        ...
    }
}
```

在 while 循环中套用 while 循环。

```
while(...)
{
    while(...)
    {
        ...
    }
}
```

在 while 循环中套用 for 循环。

```
while(...)
{
    for(...)
    {
        ...
    }
}
```

【例 6.06】　打印三角形（实例位置：资源包 \ 源码 \06\6.06）
使用嵌套的 for 循环来输出由字符 "*" 组成的三角形。

```
01  #include <iostream>
02  using namespace std;
03  void main()
04  {
05      int i, j, k;
06      for (i = 1; i <= 5; i++)                      // 控制行数
```

```
07    {
08        for (j = 1; j <= 5–i; j++)              // 控制空格数
09            cout << " ";
10        for (k = 1; k <= 2 *i – 1; k++)        // 控制打印 "*" 号的数量
11            cout << "*";
12        cout << endl;
13    }
14 }
```

程序中一共输出 5 行字符，最外面的 for 循环控制输出的行数，嵌套的第一个循环控制字符 "*" 前的空格数，第二个 for 循环控制输出字符 "*" 的个数。第一个循环随着行数的增加，字符 "*" 前的空个数越来越少，第二个循环输出和行号有关的奇数个字符 "*"。程序运行结果如图 6.12 所示。

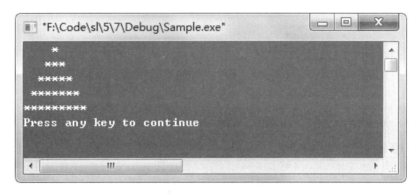

图 6.12　运行结果

6.5　小　　结

本章主要介绍了 for，while，do...while 这 3 种循环，3 种循环中使用比较灵活的是 for 循环，比较简单的是 while 循环。同样一个目标使用 3 种循环都可以实现，最终选择哪种循环来实现要根据每个开发人员对需求的理解，但一般建议使用 for 循环。

6.6　实　　战

6.6.1　模拟自动售货机

自动售卖机有三种饮料，价格分别为 3 元、5 元、7 元。自动售卖机仅支持 1 元硬币支付，请编写该售卖机自动收费系统。运行结果如图 6.13 所示。（**实例位置：资源包 \ 源码 \06\ 实战 \01**）

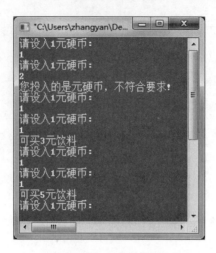

图 6.13　自动售货机

6.6.2　蜗牛爬井

有一口井深 10m，一只蜗牛从井底向井口爬，白天向上爬 2m，晚上向下滑 1m，问多少天可以爬到井口？运行结果如图 6.14 所示。（**实例位置：资源包 \ 源码 \06\ 实战 \02**）

图 6.14　蜗牛爬井

第 7 章

函数

（📹 视频讲解：2 小时 41 分钟）

程序是由函数组成的，一个函数就是程序中的一个模块。函数可以相互调用，可以将相互联系密切的语句都放到一个函数内，也可以将复杂的函数分解成多个子函数。函数本身也有很多特点，熟练掌握函数的特点可以将程序的结构设计得更合理。

学习摘要：

▸▸ 函数概念

▸▸ 函数参数及返回值

▸▸ 函数调用

▸▸ 变量作用域

▸▸ 重载函数

▸▸ 内联函数

7.1 函 数 概 述

函数就是可以完成某个工作的代码块，函数根据功能可以分为字符函数、日期函数、数学函数、图形函数、内存函数等。一个程序可以只有一个主函数，但不可以没有函数。

7.1.1 函数的定义

函数定义的一般形式如下：

```
类型标识符 函数名（形式参数列表）
{
    语句
}
```

类型标识符：用来标识函数的返回值类型，可以根据函数的返回值判断函数的执行情况，通过返回值也可以获取想要的数据。类型标识符可以是整型、字符型、指针型、对象的数据类型。

形式参数列表：由各种类型变量组成的列表，各参数之间用逗号间隔，在进行函数调用时，主调函数对变量进行赋值。

关于函数定义的一些说明：

（1）形式参数列表可以为空，这样就定义了不需要参数的函数。例如：

```
int ShowMessage()
{
    int i=0;
    cout << i << endl;
    return 0;
}
```

函数 ShowMessage 通过 cout 流输出变量 i 的值。

（2）函数后面的花括号表示函数体，在函数体内进行变量的声明和添加实现语句。

7.1.2 函数的声明

调用一个函数前必须先声明函数的返回值类型和参数类型。例如：

```
int SetIndex(int i);
```

函数声明被称为函数原型，函数声明时可以省略变量名。例如：

```
int SetIndex(int);
```

下面通过实例来介绍如何在程序中声明、定义和使用函数。

【例 7.01】　声明、定义和使用函数（**实例位置：资源包 \ 源码 \07\7.01**）

```
01  #include <iostream>
02  using namespace std;
03  void ShowMessage();                      // 函数声明语句
04  void ShowAge();                          // 函数声明语句
05  void ShowIndex();                        // 函数声明语句
06  void main()
07  {
08      ShowMessage();                       // 函数调用语句
09      ShowAge();                           // 函数调用语句
10      ShowIndex();                         // 函数调用语句
11  }
12  void ShowMessage()
13  {
14      cout << "HelloWorld!" << endl;
15  }
16  void ShowAge()
17  {
18      int iAge=23;
19      cout << "age is:" << iAge << endl;
20  }
21  void ShowIndex()
22  {
23      int iIndex=10;
24      cout << "Index is:" << iIndex << endl;
25  }
```

运行结果如图 7.1 所示。

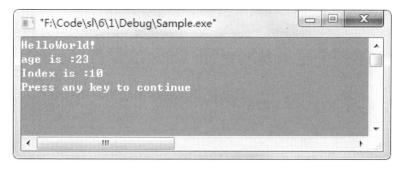

图 7.1　运行结果

　　程序定义和声明了 ShowMessage，ShowAge，ShowIndex，并进行了调用，通过函数中的输出语句进行输出。

视频讲解

7.2 函数参数及返回值

7.2.1 空函数

没有参数和返回值，函数的作用域也为空的函数就是空函数。

```
void setWorkSpace(){ }
```

调用此函数时，什么工作也不做，没有任何实际意义。在主函数 main 中调用 setWorkSpace 函数时，这个函数没有起到任何作用。例如：

```
void setWorkSpace(){ }
void main()
{
    setWorkSpace();
}
```

空函数存在的意义是：在程序设计中往往需要根据确定若干模块，分别由一些函数来实现。而在第一阶段只设计最基本的模块，其他一些次要功能或锦上添花的功能则在以后需要时陆续补上。在编写程序的开始阶段，可以在将来准备扩充功能的地方写上一个空函数，这些函数没有开发完成，先占一个位置，以后用一个编好的函数代替它。这样做，程序的结构清楚，可读性好，以后扩充新功能方便，对程序结构影响不大。

7.2.2 形参与实参

函数定义时如果参数列表为空，说明函数是无参函数；如果参数列表不为空，就称为带参数函数，带参数函数中的参数如果在函数声明和定义时被称为形式参数，简称形参，在函数被调用时被赋予具体值，具体的值被称为实际参数，简称实参。形参与实参如图 7.2 所示。

```
//        形参      形参
int function(int a, int b);

void main()
{
    //        实参      实参
    function(3,        4);
}
int function(int a, int b)
{
    return a + b;
}
```

图 7.2 形参与实参

实参与形参的个数应相等，类型应一致。实参与形参按顺序对应，函数被调用时会一一传递数据。形参与实参的区别：

（1）在定义函数中指定的形参，在未出现函数调用时，它们并不占用内存中的存储单元。只有在发生函数调用时，函数的形参才被分配内存单元，在调用结束后，形参所占的内存单元也被释放。

（2）实参应该是确定的值。在调用时将实参的值赋值给形参，如果形参是指针类型，就将地址值传递给形参。

（3）实参与形参的类型应相同。

（4）实参与形参之间是单项传递，只能由实参传递给形参，而不能由形参传回来给实参。

实参与形参之间存在一个分配空间和参数值传递的过程，这个过程是在函数调用时发生的，C++支持引用型变量，引用型变量则没有值传递的过程，这将在后文讲到。

7.2.3　默认参数

在调用有参函数时，如果经常需要传递同一个值到调用函数，在定义函数时，可以为参数设置一个默认值，这样在调用函数时可以省略一些参数，此时程序将采用默认值作为函数的实际参数。下面的代码定义了一个具有默认值参数的函数。

```
void OutputInfo(const char* pchData = "One world, one dream!")
{
    cout << pchData << endl;                    // 输出信息
}
```

【例 7.02】　调用默认参数的函数（**实例位置：资源包 \ 源码 \07\7.02**）

实例输出两行字符串，一行是函数默认参数，一行是通过传字符串实参。程序代码如下：

```
01  #include <iostream>
02  using namespace std;
03  void OutputInfo(const char* pchData = "One world, one dream!")
04  {
05      cout << pchData << endl;                    // 输出信息
06  }
07  void main()
08  {
09      OutputInfo();                               // 利用默认值作为函数实际参数
10      OutputInfo("Beijing 2008 Olympic Games!");  // 直接传递实际参数
11  }
```

程序运行如图 7.3 所示。

图 7.3　调用默认参数的函数

在定义函数默认值参数时，如果函数具有多个参数，应保证默认值参数出现在参数列表的右方，没有默认值的参数出现在参数列表的左方，即默认值参数不能出现在非默认值参数的左方。例如，下面的函数定义是非法的。

```
01   int GetMax(int x, int y=10, int z)        // 非法的函数定义，默认参数 y 出现在参数 z 的左方
02   {
03       if (x < y)                            // x 与 y 进行比较
04           x = y;                            // 赋值
05       if (x < z)                            // x 与 z 进行比较
06           x = z;                            // 赋值
07       return x;                             // 返回 x
08   }
```

程序中默认值参数 y 出现在非默认值参数 z 的左方，导致了编译错误。正确的做法是将默认值参数放置在参数列表的右方。例如：

```
01   int GetMax(int x, int y, int z=10)        // 定义默认值参数
02   {
03       if (x < y)                            // x 与 y 进行比较
04           x = y;                            // 赋值
05       if (x < z)                            // x 与 z 进行比较
06           x = z;                            // 赋值
07       return x;                             // 返回 x
08   }
```

7.2.4 可变参数

库函数 printf 就是一个可变参数，它的参数列表会显示"..."省略号。printf 函数原型格式如下：

```
_CRTIMP int_cdecl printf(const char *, ...);
```

省略号参数代表的含义是函数的参数是不固定的，可以传递一个或多个参数。对于 printf 函数来说，可以输出一项信息，也可以同时输出多项信息。例如：

```
printf("%d\n", 2008);                                      // 输出一项信息
printf("%s–%s–%s\n", "Beijing", "2008", "Olympic Games");  // 输出多项信息
```

声明可变参数的函数和声明普通函数一样，只是参数列表中有一个"..."省略号。例如：

```
void OutputInfo(int num, ...)                              // 定义省略号参数函数
```

对于可变参数的函数，在定义函数时需要一一读取用户传递的实际参数。可以使用 va_list 类型和 va_start、va_arg、va_end 3 个宏读取传递到函数中的参数值。使用可变参数需要引用 STDARG.H 头文件。下面以一个具体的示例介绍可变参数的函数的定义及使用。

【例 7.03】 定义省略号形式的函数参数（**实例位置：资源包 \ 源码 \07\7.03**）

```
01  #include <iostream>
02  #include <STDARG.H>                              // 需要包含该头文件
03  using namespace std;
04  void OutputInfo(int num, ...)                    // 定义一个省略号参数的函数
05  {
06      va_list arguments;                           // 定义 va_list 类型变量
07      va_start(arguments, num);
08      while(num--)                                  // 读取所有参数的数据
09      {
10          char* pchData = va_arg(arguments, char*);  // 获取字符串数据
11          int iData = va_arg(arguments, int);        // 获取整型数据
12          cout<< pchData << endl;                    // 输出字符串
13          cout << iData << endl;                     // 输出整数
14      }
15      va_end(arguments);
16  }
17
18  void main()
19  {
20      OutputInfo(2, "Beijing", 2008, "Olympic Games", 2008);   // 调用 OutputInfo 函数
21  }
```

程序运行结果如图 7.4 所示。

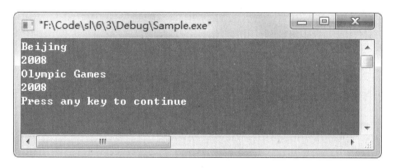

图 7.4　可变参数

7.2.5　返回值

函数的返回值是指函数被调用之后，执行函数体中的程序段所取得的并返回给主调函数的值，函数的返回值通过 return 语句返回给主调函数。函数调用并返回值的过程如图 7.5 所示。

return 语句一般形式如下：

```
return（表达式）;
```

语句将表达式的值返回给主调函数。

图 7.5　函数调用并返回值

关于返回值的说明：

（1）函数返回值的类型和函数定义中函数的类型标识符应保持一致。如果两者不一致，则以函数类型为准，自动进行类型转换。

（2）如函数值为整型，在函数定义时可以省去类型标识符。

（3）在函数中允许有多个 return 语句，但每次调用只能有一个 return 语句被执行，因此只能返回一个函数值。

（4）不返回函数值的函数，可以明确定义为空类型，类型标识符为 void。例如：

```
void ShowIndex()
{
    int iIndex=10;
    cout << "Index is:" << iIndex << endl;
}
```

（5）类型标识符为 void 的函数不能进行赋值运算及值传递。例如：

```
i= ShowIndex();                    // 不能进行赋值
SetIndex(ShowIndex);               // 不能进行值传递
```

说明

为了降低程序出错的概率，凡不要求返回值的函数都应定义为空类型。

视频讲解

7.3　函 数 调 用

声明完函数后就需要在源代码中调用该函数。整个函数的调用过程被称为函数调用。标准 C++ 是一种强制类型检查的语言，在调用函数前，必须把函数的参数类型和返回值类型告知编译。

在调用函数时，有时需要向函数传递参数，如图 7.6 所示。

图 7.6　函数传递参数

函数调用的一些说明：

（1）首先被调用的函数必须是已经存在的函数（是库函数或用户自己定义的函数）。

（2）如果使用库函数，还需要将库函数对应的头文件引入，这需要使用预编译指令 #include。

（3）如果使用用户自定义函数，一般还应该在调用该函数之前对被调用的函数做声明。

7.3.1　传值调用

主调函数和被调用函数之间有数据传递关系，换句话说，主调函数将实参数值复制给被调用函数的形参处，这种调用方式被称为传值调用，如果传递的实参是结构体对象，值传递方式的效率是低下的，可以通过传指针或使用变量的引用来替换传值调用。传值调用是函数调用的基本方式。

【例 7.04】　使用传值调用（**实例位置：资源包 \ 源码 \07\7.04**）

```
01  #include <iostream.h>
02  void swap(int a, int b)
03  {
04      int tmp;
05      tmp=a;
06      a=b;
07      b=tmp;
08
09  }
10  void main()
11  {
12      int x, y;
13      cout << " 输入两个数 " << endl;
14      cin >> x;
15      cin >> y;
16
17      if(x<y)
18          swap(x, y);
19      cout << "x=" << x <<endl;
20      cout << "y=" << y <<endl;
21  }
```

程序运行结果如图 7.7 所示。

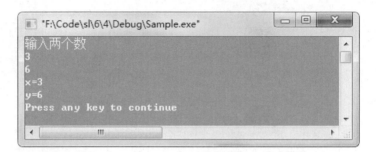

图 7.7　使用传值调用

程序本意是想实现当 x 小于 y 时交换 x 和 y 的值，但结果并没有实现，主要原因是调用 swap 函数时复制了变量 x 和 y 的值，而并非变量本身。如果将函数 swap 在调用处展开，程序本意就可以实现。代码修改如下：

```
01  #include <iostream>
02  using namespace std;
03  void main()
04  {
05      int x, y;
06      cout << " 输入两个数 " << endl;
07      cin >> x;
08      cin >> y;
09      int tmp;
10      if(x<y)
11      {
12          tmp=x;
13          x=y;
14          y=tmp;
15      }
16      cout << "x=" << x <<endl;
17      cout << "y=" << y <<endl;
18  }
```

程序运行如图 7.8 所示。

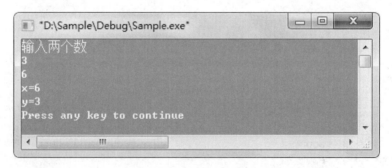

图 7.8　展开函数调用

程序代码是开发人员模拟函数调用时展开 swap 函数的代码，函数的调用就是由编译器来完成代码的展开工作，但不是真的展开，而是移动 swap 函数处执行，执行过程类似展开。使用函数调用时要注意函数调用时有值传递过程。通过函数调用的方式实现交换变量的值，可以通过使用指针传地址和变量引用的方式实现，这在后面的章节会讲到。

函数调用中发生的数据传递是单向的，只能把实参的值传递给形参，在函数调用过程中，形参的值发生改变，实参的值不会发生变化。

7.3.2　嵌套调用

在自定义函数中调用其他自定义函数，这种调用方式称为嵌套调用。例如：

```
01  #include <iostream>
02  using namespace std;
03  void  ShowMessage()                    /* 定义函数 */
04  {
05      cout <<"The ShowMessage function" << endl;
06  }
07
08  void  Display()
09  {
10      ShowMessage();                      /* 嵌套调用 */
11  }
12
13  void main()
14  {
15      Display();
16  }
```

在函数嵌套调用时要注意，不要在函数体内定义函数，如下代码是错误的：

```
01  int main()
02  {
03      void  Display()                     /* 错误，不能在函数内进行定义函数 */
04      {
05          cout << "I want to show the Nesting function" << endl;
06      }
07      return 0;
08  }
09
```

嵌套调用对调用的层数是没有要求的，但个别的编译器可能会有一些限制，使用时应注意。

7.3.3　递归调用

直接或间接调用自己的函数被称为递归函数（recursive funciton）。

使用递归方法解决问题的特点是：问题描述清楚、代码可读性强、结构清晰，代码量比使用非递归方法少。缺点是递归程序的运行效率比较低，无论是从时间角度还是从空间角度都比非递归程序差。对于时间复杂度和空间复杂度要求较高的程序，使用递归函数调用要慎重。

递归函数必须定义一个停止条件，否则函数永远递归下去。

【例 7.05】 汉诺塔问题（实例位置：资源包 \ 源码 \07\7.05）

有 3 个立柱垂直矗立在地面，给这 3 个立柱分别命名为 A，B，C。开始的时候立柱 A 上有 4 个圆盘，这 4 个圆盘大小不一，并且按从小到大的顺序依次摆放在立柱 A 上，如图 7.9 所示。现在的问题是要将立柱 A 上的 4 个圆盘移到立柱 C 上，并且每次只允许移动一个圆盘，在移动过程中始终保持大盘在下，小盘在上。

分析程序：

先假设移动 4 个圆盘，立柱 A 上的圆盘按由上到下的顺序分别命名为 a，b，c，d，如图 7.9 所示。

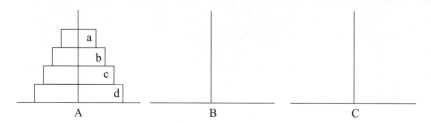

图 7.9　圆盘原始状态

先考虑将 a 和 b 移动到立柱 C 上。移动顺序是 a → B，b → C，a → C，移动结果如图 7.10 所示。

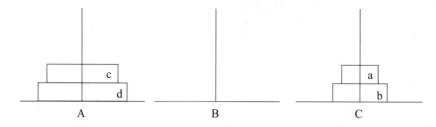

图 7.10　移动两个圆盘到目标

如果要将 c 也移动到 C 上，就要暂时将 c 移动到 B，然后再移动 a 和 b。移动顺序是 c → B，a → A，b → B，a → B，d → c，移动结果如图 7.11 所示。

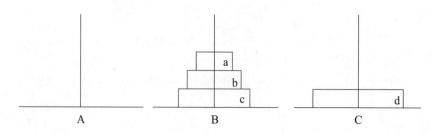

图 7.11　移动 3 个圆盘到目标

最后是完成 4 个圆盘的移动，移动顺序是 a → C，b → A，a → A，c → C，a → B，b → C，

a→C。

总结一下：

要将 4 个圆盘移动到指定立柱总共需要移动 15 次。

在移动过程中将两个圆盘移动到指定立柱需要移动 3 次，分别是 a→B，b→C，a→C。

在移动过程中将 3 个圆盘移动到指定立柱需要移动 7 次，分别是 a→B，b→C，a→C，c→B，a→A，b→B，a→B。

移动次数可以总结为是 2^n-1 次。

在移动过程中可以将 a，b，c 3 个圆盘看成是一个圆盘，移动 4 个圆盘的过程就像是在移动两个圆盘。还可以将 a，b，c 这 3 个圆盘中的 a，b 两个圆盘看成是一个圆盘，移动 3 个圆盘也像是在移动两个圆盘。可以使用递归的思路来移动 n 个圆盘。

移动 n 个圆盘可以分成 3 个步骤：

（1）把 A 上的 n–1 个圆盘移到 B 上；

（2）把 A 上的一个圆盘移到 C 上；

（3）把 B 上的 n–1 个圆盘移到 C 上。

程序代码如下：

```
01  #include <iostream>
02  #include <iomanip>
03  using namespace std;
04  long lCount;
05  void move(int n, char x, char y, char z)        // 将 n 个圆盘从 x 针借助 y 针移到 z 针上
06  {
07      if(n==1)
08        cout << "Times:" << setw(2) << ++lCount << " " << x << "–>" << z << endl;
09      else
10      {
11        move(n–1, x, z, y);
12        cout << "Times:" << setw(2) << ++lCount << " " << x << "–>" << z <<endl;
13        move(n–1, y, x, z);
14      }
15  }
16  void main()
17  {
18      int n;
19      lCount=0;
20      cout << "please input a number" << endl;
21      cin >> n;
22      move(n, 'a', 'b', 'c');
23  }
```

程序运行结果如图 7.12 所示。

输入数字 3，表示移动 3 个圆盘，程序打印出挪动 3 个圆盘的步骤。

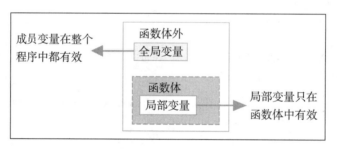

图 7.12　运行结果

视频讲解

7.4　变量作用域

根据变量声明的位置可以将变量分为局部变量及全局变量，在函数体内定义的变量称为局部变量，在函数体外定义的变量称为全局变量。变量的有效范围如图 7.13 所示。

```
成员变量在整个          函数体外
程序中都有效           全局变量  ←

                    函数体
                    局部变量  →  局部变量只在
                                函数体中有效
```

图 7.13　变量的有效范围

【例 7.06】　定义局部变量和全局变量（**实例位置：资源包 \ 源码 \07\7.06**）

```cpp
01  #include <iostream>
02  using namespace std;
03  int iTotalCount;                    // 全局变量
04  int GetCount();
05  void main()
06  {
07      int iTotalCount=100;            // 局部变量
08      cout << iTotalCount << endl;
09      cout << GetCount() << endl;
10  }
11  int GetCount()
12  {
13      iTotalCount=200;                // 给全局变量赋值
14      return iTotalCount;
15  }
```

程序运行结果如图 7.14 所示。

图 7.14 局部变量与全局变量

变量都有它的生命期，全局变量在程序开始的时候创建并分配空间，在程序结束的时候释放内存并销毁；局部变量是在函数调用的时候创建，并在栈中分配内存，在函数调用结束后销毁并释放。

7.5 重 载 函 数

视频讲解

定义同名的变量，程序会编译出错，定义同名的函数也带来冲突的问题，但 C++ 中使用了名字重组的技术，通过函数的参数类型来识别函数，所谓重载函数就是指多个函数具有相同的函数标识名，而参数类型或参数个数不同。函数调用时，编译器以参数的类型及个数来区分调用哪个函数。下面实例定义了重载函数。

【例 7.07】 使用重载函数（**实例位置：资源包 \ 源码 \07\7.07**）

```
01 #include <iostream>
02 using namespace std;
03 int Add(int x, int y)                // 定义第一个重载函数
04 {
05     cout << "int add" << endl;       // 输出信息
06     return x + y;                    // 设置函数返回值
07 }
08 double Add(double x, double y)       // 定义第二个重载函数
09 {
10     cout << "double add" << endl;    // 输出信息
11     return x + y;                    // 设置函数返回值
12 }
13 int main()
14 {
15     int ivar = Add(5, 2);            // 调用第一个 Add 函数
16     float fvar = Add(10.5, 11.4);    // 调用第二个 Add 函数
17     return 0;
18 }
```

程序运行如图 7.15 所示。

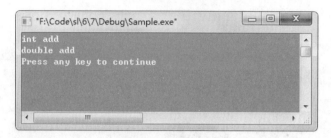

图 7.15　函数重载

程序中定义了两个相同函数名标识符的函数，函数名都为 add，在 main 调用 add 函数时实参类型不同，语句"int ivar = Add(5, 2);"的实参类型是整型，语句"float fvar = Add(10.5, 11.4);"的实参类型是双精度，编译器可以区分这两个函数，会正确调用相应的函数。

在定义重载函数时，应注意函数的返回值类型不作为区分重载函数的一部分。下面的函数重载是非法的。

```cpp
int Add(int x, int y)                    // 定义一个重载函数
{
    return x + y;
}
double Add(int x, int y)                 // 定义一个重载函数
{
    return x + y;
}
```

视频讲解

7.6　内　联　函　数

通过 inline 关键字可以把函数定义为内联函数，编译器会在每个调用该函数的地方展开一个函数的副本。

在下面的程序中创建了一个 IntegerAdd 函数，并进行了调用。

```cpp
01  #include <iostream>
02  using namespace std;
03  inline int IntegerAdd(int x, int y);
04  void main()
05  {
06      int a;
07      int b;
08      int iresult=IntegerAdd(a, b);
09  }
10  int IntegerAdd(int x, int y)
11  {
12      return x+y;
13  }
```

ShowMessage 函数被定义为内联函数，其执行代码如下：

```
01  #include <iostream>
02  using namespace std;
03  inline int IntegerAdd(int x, int y);
04  void main()
05  {
06      int a;
07      int b;
08      int iresult= a+b;
09  }
```

使用内联函数可以减少函数调用带来的开销（在程序所在文件内移动指针寻找调用函数地址带来的开销），但它只是一种解决方案，编译器可以忽略内联的声明。

应该在函数实现代码很简短或者调用该函数次数相对较少的情况下将函数定义为内联函数，一个递归函数不能在调用点完全展开，一个一千行代码的函数也不大可能在调用点展开，内联函数只能在优化程序时使用。在抽象数据类设计中，它对支持信息隐藏起着主要作用。

如果某个内联函数要作为外部全局函数，即它将被多个源代码文件使用，那么就把它定义在头文件里，在每个调用该 inline 函数的源文件中包含该头文件，这种方法保证对每个 inline 函数只有一个定义，防止在程序的生命周期中引起无意的不匹配。

7.7　小　　结

本章主要介绍函数的使用，使用函数要了解函数的返回值、函数的参数以及函数的调用方式。变量的作用域和函数有关，函数的递归调用可以帮助开发人员设计出思路明了的程序，内联函数可以提高程序的运算效率，函数重载则解决了代码复用中函数名冲突的问题。

7.8　实　　战

7.8.1　模拟生兔子

设一对大兔子每月生一对小兔子，每对新生兔在出生一个月后又下崽，假若兔子都不死亡。问：一对兔子一年能繁殖成多少对兔子？运行结果如图 7.16 所示。（**实例位置：资源包 \ 源码 \07\ 实战 \01**）

图 7.16　模拟生兔子

7.8.2　警察抓小偷

　　电影中，当嫌疑人被警方抓捕时，警方都会对嫌疑人说"你有权保持沉默，但你说的每一句话都会成为呈堂证供"。使用方法的重载在控制台上输出嫌疑人可选择的状态。运行结果如图 7.17 所示。**（实例位置：资源包 \ 源码 \07\ 实战 \02）**

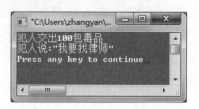

图 7.17　警察抓小偷

第 8 章

数组

（🎬 视频讲解：1 小时 9 分钟）

在编写程序的过程中，经常会遇到使用很多数据的情况，处理每一个数据都要有一个相对应的变量，如果每一个变量都要单独进行定义则很烦琐，使用数组就可以解决这种问题。本章致力于使读者掌握一维数组、二维数组以及字符数组的知识。

学习摘要：

- ▸ 一维数组
- ▸ 二维数组
- ▸ 字符数组

视频讲解

8.1　一　维　数　组

8.1.1　一维数组的声明

在程序设计中，将同一数据类型的数据按一定形式有序地组织起来，这些有序数据的集合就称为数组。一个数组有一个统一的数组名，可以通过数组名和下标来唯一确定数组中的元素。

一维数组的声明形式如下：

数据类型　数组名 [常量表达式]

例如：

```
int a [10];                          // 声明一个整型数组，有 10 个元素
char name [128];                     // 声明一个字符数组，数组有 128 个元素
float price [20];                    // 声明一个浮点数组，数组有 20 个元素
```

使用数组的说明：

（1）数组名的定名规则和变量名相同。

（2）数组名后面的括号是方括号，方括号内是常量表达式。

（3）常量表达式表示元素的个数，即数组的长度。

（4）定义数组的常量表达式不能是变量，因为数组的大小不能动态定义。

```
int a [i];                           // 不合法
```

8.1.2　一维数组的引用

数组引用的一般形式如下：

数组名 [下标]

例如：

```
int a [10];                          // 声明数组
```

a [0]、a [1]、a [2]、a [3]、a [4]、a [5]、a [6]、a [7]、a [8]、a [9]，是对数组 a 中 10 个元素的引用。

一维数组引用的说明：

（1）数组元素的下标起始值为 0 而不是 1。

（2）a [10] 是不存在的数组元素，引用 a [10] 非法。

注意

　　a［10］属于下标越界，下标越界容易造成程序瘫痪。

8.1.3　一维数组的初始化

数组元素初始化的方式有两种，一种是对单个元素逐一赋值，另一种是使用聚合方式赋值。

（1）单一数组元素赋值

a［0］=0 就是对单一数组元素赋值，也可以通过变量控制下标的方式进行赋值，例如：

```
01    char a [3];
02    a [0]='a';
03    a [2]='c';
04    int i=0;
05    cout << a [i] << endl;
```

（2）聚合方法赋值

数组不仅可以逐一对数组元素赋值，还可以通过大括号进行多个元素的赋值。例如：

```
int a [12]={1, 2, 3, 4, 5, 6, 7,, 8, 9, 10, 11, 12};
```

或

```
int a []={1, 2, 3, 4, 5, 6, 7,, 8, 9, 10, 11, 12};        // 编译器能够获得数组元素个数
```

或

```
int a [12]={1, 2, 3, 4, 5, 6, 7};        // 前 7 个元素被赋值，后面 5 个元素的值为 0
```

下面通过实例来看一下如何为一维数组的数组元素赋值。

【例 8.01】　一维数组赋值（实例位置：资源包 \ 源码 \08\8.01）

```
01  #include <iostream>
02  using namespace std;
03  void main()
04  {
05      int i, a [10];
06      // 利用循环，分别为 10 个元素赋值
07      for(i=0;i<10;i++)
08          a [i]=i;
09      // 将数组中的 10 个元素输出到显示设备
10      for(i=0;i<10;i++)
11          cout << a [i] << endl;
12  }
```

程序运行如图 8.1 所示。

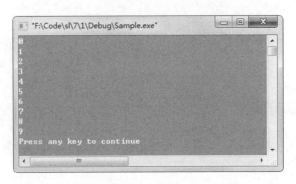

图 8.1　一维数组赋值

程序实现通过 for 循环将 int a［10］定义的数组中的每个元素赋值，然后再循环通过 cout 函数将数组中的元素值输出到显示设备。

视频讲解

8.2　二　维　数　组

8.2.1　二维数组的声明

二维数组声明的一般形式为：

数据类型 数组名［常量表达式 1］［常量表达式 2］

例如：

```
int a [3] [4];                    // 声明具有 3 行 4 列元素的整型数组
float myArray [4] [5];            // 声明具有 4 行 5 列元素的浮点数组
```

一个一维数组描述的是一个线性序列，二维数组则描述的是一个矩阵。常量表达式 1 代表行的数量，常量表达式 2 代表列的数量。

二维数组可以看作是一种特殊的一维数组，如图 8.2 所示，虚线左侧为三个一维数组的首元素，二维数组是由 A［0］，A［1］，A［2］这 3 个一维数组组成，每个一维数组都包含 4 个元素。

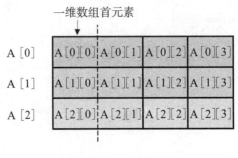

图 8.2　二维数组

使用数组的说明：

（1）数组名的定名规则和变量名相同。

（2）二维数组有两个下标，所以要有两个中括号。

```
int a [3, 4]                                    // 不合法
int a [3:4]                                     // 不合法
```

（3）下标运算符中的整数表达式代表数组每一个维的长度，它们必须是正整数，其乘积确定了整个数组的长度。

例如：

```
int a [3] [4]
```

其长度就是 $3 \times 4 = 12$。

（4）定义数组的常量表达式不能是变量，因为数组的大小不能动态定义。

```
int a [i] [j];                                  // 不合法
```

8.2.2　二维数组元素的引用

二维数组元素的引用形式为：

```
数组名 [ 下标 ] [ 下标 ]
```

二维数组元素的引用和一维数组基本相同。例如：

```
a [2−1] [2*2−1]                                 // 合法
a [2, 3], a [2−1, 2*2−1]                        // 不合法
```

8.2.3　二维数组的初始化

二维数组元素初始化的方式和一维数组相同，也分为单个元素逐一的赋值和使用聚合方式赋值。例如：

```
myArray [0] [1]=12;                             // 单个元素初始化
int a [3] [4]={1, 2, 3, 4, 5, 6, 7, 8, 9, 10, 11, 12};      // 使用聚合方式赋值
```

使用聚合方式给数组赋值等同于分别对数组中的每个元素进行赋值。例如：

```
int a [3] [4]={1, 2, 3, 4, 5, 6, 7, 8, 9, 10, 11, 12};
```

等同于执行如下语句：

```
a [0] [0]=1; a [0] [1]=2; a [0] [2]=3; a [0] [3]=4;
```

a [1] [0]=5; a [1] [1]=6; a [1] [2]=7; a [1] [3]=8;
a [2] [0]=9; a [2] [1]=10; a [2] [2]=11; a [2] [3]=12;

二维数组中元素排列的顺序是按行存放，即在内存中先顺序存放第一行的元素，再存放第二行的元素。例如 "int a [3] [4]={1, 2, 3, 4, 5, 6, 7, 8, 9, 10, 11, 12};" 语句的赋值顺序如下：

➢ 先给第一行元素赋值：a [0] [0]→a [0] [1]→a [0] [2]→a [0] [3]
➢ 再给第二行元素赋值：a [1] [0]→a [1] [1]→a [1] [2]→a [1] [3]
➢ 最后给第三行元素赋值：a [2] [0]→a [2] [1]→a [2] [2]→a [2] [3]

数组元素的位置以及对应数值如图 8.3 所示。

A [0]	A[0][0]	A[0][1]	A[0][2]	A[0][3]
A [1]	A[1][0]	A[1][1]	A[1][2]	A[1][3]
A [2]	A[2][0]	A[2][1]	A[2][2]	A[2][3]

数组位置

1	2	3	4
5	6	7	8
9	10	11	12

数值位置

图 8.3　数组位置对应的数值

使用聚合方式赋值，还可以按行进行赋值，例如：

int a [3] [4]={{1, 2, 3, 4}, {5, 6, 7, 8}, {9, 10, 11, 12}};

二维数组可以只对前几个元素赋值。例如：

a [3] [4]={1, 2, 3, 4};   // 相当于给第一行赋值，其余数组元素全为 0

数组元素是左值，可以出现在表达式中，也可以对数组元素进行计算，例如：

b [1] [2]=a [2] [3]/2;

下面通过实例来熟悉一下二维数组的操作，实例将实现将二维数组中行数据和列数据相互对换的功能。

【例 8.02】 将二维数组行列对换（**实例位置：资源包 \ 源码 \08\8.02**）

```
01  #include <iostream>
02  #include <iomanip>
03  using namespace std;
04  int fun(int array [3] [3])
05  {
06      int i, j, t;
07      for(i=0; i<3; i++)
```

```
08       for(j=0; j<i; j++)
09       {
10          t=array [i] [j];
11          array [i] [j]=array [j] [i];
12          array [j] [i]=t;
13       }
14       return 0;
15 }
16 void main()
17 {
18    int i, j;
19    int array [3] [3]={{1, 2, 3}, {4, 5, 6}, {7, 8, 9}};
20    cout << "Converted Front" <<endl;
21    for(i=0; i<3; i++)
22    {
23       for(j=0; j<3; j++)
24          cout << setw(7) << array [i] [j];
25       cout<< endl;
26    }
27    fun(array);
28    cout << "Converted result" <<endl;
29    for(i=0; i<3; i++)
30    {
31       for(j=0; j<3; j++)
32          cout << setw(7) << array [i] [j];
33       cout<< endl;
34    }
35 }
```

程序运行如图 8.4 所示。

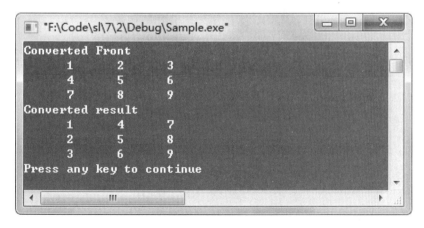

图 8.4　将二维数组行列对换

程序首先输出二维数组 array 中的元素，然后调用自定义函数 fun 将数组中的行元素转换为列元素，最后输出转换后的结果。

视频讲解

8.3 字 符 数 组

用来存放字符数据的数组是字符数组，字符数组中的一个元素存放一个字符。字符数组具有数组的共同属性。由于字符串应用广泛，C 和 C++ 专门为它提供了许多方便的用法和函数。

（1）声明一个字符数组

```
char pWord [11];
```

（2）字符数组赋值方式

数组元素逐一赋值。

```
pWord [0]='H' pWord [1]='E' pWord [2]='L' pWord [3]='L'
pWord [4]='O' pWord [5]=' ' pWord [6]='W' pWord [7]='O'
pWord [8]='R' pWord [9]='L' pWord [10]='D'
```

使用聚合方式赋值。

```
char pWord []={'H', 'E', 'L', 'L', 'O', ' ', 'W', 'O', 'R', 'L', 'D'};
```

如果花括号中提供的初值个数大于数组长度，则按语法错误处理。如果初值个数小于数组长度，则只将这些字符赋给数组中前面那些元素，其余的元素自动定义为空字符。如果提供的初值个数与预定的数组长度相同，在定义时可以省略数组长度，系统会自动根据初值个数确定数组长度。

（3）字符数组的一些说明

聚合方式只能在数组声明的时候使用。例如：

```
char pWord  [5];
pWord={'H', 'E', 'L', 'L', 'O'};           // 错误
```

字符数组不能给字符数组赋值。

```
char a [5]= {'H', 'E', 'L', 'L', 'O'};
char b [5];
a=b;                                       // 错误
a [0]=b [0];                               // 正确
```

（4）字符串和字符串结束标志

字符数组常作字符串使用，作为字符串要有字符串结束符 "\0"。

可以使用字符串为字符数组赋值。例如：

```
char a []= "HELLO WORLD";
```

等同于：

```
char a []= "HELLO WORLD\0";
```

字符串结束符"\0"主要告知字符串处理函数字符串已经结束了，不需要再输出了。

下面通过实例来看一下使用字符串结束符"\0"和不使用字符串结束符"\0"的区别。

【例 8.03】 使用字符串结束符"\0"防止出现非法字符（**实例位置：资源包 \ 源码 \08\8.03**）

使用字符串结束符"\0"的程序，代码如下：

```
01  #include<iostream>
02  using namespace std;
03  void main()
04  {
05      int i;
06      char array [12];
07      array [0]='a';
08      array [1]='b';
09      array [2]='\0';
10      printf("%s\n", array);
11  }
```

程序运行如图 8.5 所示。

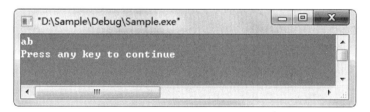

图 8.5　使用字符串结束符"\0"

printf 函数使用"%s"格式可以输出字符串，如果字符串中没有结束符，函数会按整个字符数组输出。array 字符数组中只有前两个字符初始化了，所以未使用字符串结束符"\0"的程序会出现乱码。

（5）字符串处理函数

☑　strcat 函数

字符串连接函数 strcat 格式如下：

```
strcat（字符数组名 1，字符数组名 2）
```

把字符数组 2 中的字符串连接到字符数组 1 中字符串的后面，并删去字符串 1 后的串结束标志"\0"。

下面通过实例使用 strcat 函数将两个字符串连接在一起。

【例 8.04】 连接字符串（**实例位置：资源包 \ 源码 \08\8.04**）

```
01  #include<iostream>
02  #include<string>
```

```
03  using namespace std;
04  void main()
05  {
06      char str1 [30], str2 [20];
07      cout<<"please input string1:"<< endl;
08      gets(str1);
09      cout<<"please input string2:"<<endl;
10      gets(str2);
11      strcat(str1, str2);
12      cout <<"Now the string1 is:"<<endl;
13      puts(str1);
14  }
```

程序运行结果如图 8.6 所示。

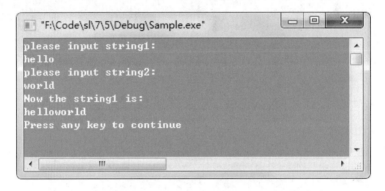

图 8.6　连接字符串

说明

在使用 strcat 函数的时候要注意，字符数组 1 的长度要足够大，否则不能装下连接后的字符串。

☑　strcpy 函数

字符串复制函数 strcpy 格式：

strcpy(字符数组 1，字符数组 2)

把"字符数组 2"中的字符串拷贝到"字符数组 1"中。字符串结束标志"\0"也一同拷贝。

说明

① "字符数组 2"应有足够的长度，否则不能全部装入所拷贝的字符串。

② "字符数组 1"必须写成数组名形式，而"字符数组 2"可以是字符数组名，也可以是一个字符串常量，这时相当于把一个字符串赋予一个字符数组。

为了使读者更好地了解 strcpy 函数，下面通过实例使用 strcpy 函数来实现字符串拷贝的功能。

【例 8.05】　字符串拷贝（**实例位置：资源包 \ 源码 \08\8.05**）

```
01  #include<iostream>
02  #include<string>
03  using namespace std;
04  void main()
05  {
06      char str1 [30], str2 [20];
07      cout<<"please input string1:"<< endl;
08      gets(str1);
09      cout<<"please input string2:"<<endl;
10      gets(str2);
11      strcpy(str1, str2);
12      cout<<"Now the string1 is:\n"<<endl;
13      puts(str1);
14  }
```

程序运行结果如图 8.7 所示。

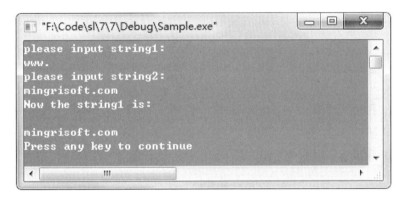

图 8.7　字符串拷贝

说明

　　strcpy 函数实质上是用"字符数组 2"中的字符串覆盖字"符数组 1 中"的内容，而 strcat 函数则不存在覆盖等问题，只是单纯地将"字符数组 2"中的字符串连接到"字符数组 1"中的字符串后面。

☑　strcmp 函数
字符串比较函数 strcmp 格式如下：

strcmp(字符数组名 1，字符数组名 2)

按照 ASCII 码顺序比较两个数组中的字符串，并由函数返回值返回比较结果。
➢　字符串 1= 字符串 2，返回值为 0。
➢　字符串 1> 字符串 2，返回值为一正数。

➢ 字符串 1<字符串 2，返回值为一负数。

下面通过实例来看一下如何使用 strcmp 函数对字符串进行比较。

【例 8.06】 字符串比较（**实例位置：资源包 \ 源码 \08\8.06**）

```cpp
01  #include<iostream>
02  #include <string>
03  using namespace std;
04
05  #include<string>
06  void main()
07  {
08      char str1 [30], str2 [20];
09      int i=0;
10      cout<<"please input string1:"<< endl;
11      gets(str1);
12      cout<<"please input string2:"<<endl;
13      gets(str2);
14      i=strcmp(str1, str2);
15      if(i>0)
16      cout <<"str1>str2"<<endl;
17      else
18      if(i<0)
19      cout <<"str1<str2"<<endl;
20      else
21      cout <<"str1=str2"<<endl;
22  }
```

程序运行如图 8.8 所示。

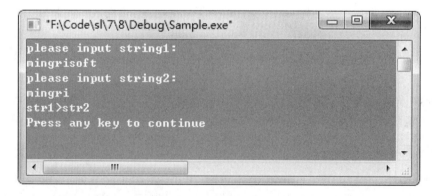

图 8.8 字符串比较

☑ strlen 函数

获取字符串长度函数 strlen 格式如下：

strlen（字符数组名）

获取字符串的实际长度（不含字符串结束标志"\0"），函数返回值为字符串的实际长度。

下面通过实例调用 strlen 函数来实现获取字符串长度的功能。

【例 8.07】　获取字符串长度（**实例位置：资源包 \ 源码 \08\8.07**）

```
01  #include<iostream>
02  #include <string>
03  using namespace std;
04  void main()
05  {
06      char str1 [30], str2 [20];
07      int len1, len2;
08      cout<<"please input string1:"<< endl;
09      gets(str1);
10      cout<<"please input string2:"<<endl;
11      gets(str2);
12      len1=strlen(str1);
13      len2=strlen(str2);
14      cout <<"the length of string1 is:"<< len1 <<endl;
15      cout <<"the length of string2 is:"<< len2 <<endl;
16  }
```

程序运行结果如图 8.9 所示。

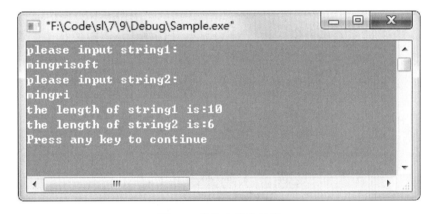

图 8.9　获取字符串长度

8.4　小　　结

数组类型是构造类型的一种，数组中的每一个元素都属于同一种类型。本章介绍了有关一维数组、二维数组、字符数组的定义和引用，使读者可以对数组有个充分的认识，然后还介绍了 C++ 标准函数库中常用的字符串处理函数的使用。

8.5 实 战

8.5.1 打印出"心"形图案

利用二维数组打印出"心"形图案。运行结果如图8.10所示。（**实例位置：资源包 \ 源码 \08\ 实战 \01**）

图8.10 "心"形图案

8.5.2 模拟银行取钱

判断用户输入的密码是否是6位，运行结果如图8.11所示。（**实例位置：资源包 \ 源码 \08\ 实战 \02**）

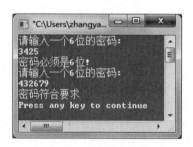

图8.11 模拟银行取钱

第 9 章

指针和引用

（ 视频讲解：2 小时 37 分钟 ）

指针可以操作内存数据的变量，引用则是变量的别名。数组的首地址可以看作是指针，而通过指针也可以操作数组，指针和引用在函数的参数传递时可以替代。指针是一个双刃剑，能够带来效率的提升，也会给程序带来意想不到的灾难。

学习摘要：

➤➤ 指针

➤➤ 指针与数组

➤➤ 指针在函数中的作用

➤➤ 指针数组

➤➤ 引用

视频讲解

9.1 指 针

9.1.1 变量与指针

系统的内存就像是带有编号的小房间，如果想使用内存就需要得到房间号。如图 9.1 所示，定义一个整型变量 i，它需要 4 个字节，所以编译器为变量 i 分配了编号从 4001 到 4004 的房间，每个房间代表一个字节。

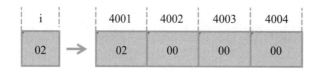

图 9.1 整型变量 i

各个变量连续地存储在系统的内存中，如图 9.2 所示，两个整型变量 i 和 j 存储在内存中。

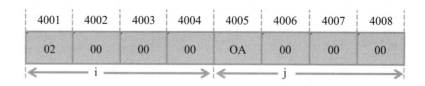

图 9.2 整型变量 i 和 j

在程序代码中是通过变量名来对内存单元进行存取操作，但是代码经过编译后已经将变量名转换为该变量在内存的存放地址，对变量值的存取都是通过地址进行的。

由于通过地址能访问指定的内存存储单元，可以说地址"指向"该内存单元，例如房间号 4001 指向系统内存中的一个字节。地址可以形象的称为指针，意思是通过指针能找到内存单元。一个变量的地址称为该变量的指针。如果有一个变量专门用来存放另一个变量的地址，它就是指针变量。在 C++ 语言中，有专门用来存放内存单元地址的变量类型，就是指针类型。

指针是一种数据类型，通常所说的指针就是指针变量，它是一个专门用来存放地址的变量，而变量的指针主要指变量在内存中的地址。变量的地址在编写代码时无法获取，只有在程序运行时才可以得到。

（1）指针的声明

声明指针的一般形式如下：

数据类型标识符 * 指针变量名

例如：

```
int *p_iPoint;                    // 声明一个整型指针
float *a, *b                      // 声明两个浮点指针
```

（2）指针的赋值

指针可以在声明的时候赋值，也可以后期赋值。

☑ 在初始化时赋值

```
int i=100;
int *p_iPoint=&i;
```

☑ 在后期赋值

```
int i=100;
p_iPoint =&i;
```

说明

通过变量名访问一个变量是直接的，而通过指针访问一个变量是间接的。

（3）关于指针使用的说明

☑ 指针变量名是 p，而不是 *p。

p=&i 的意思是取变量 i 的地址赋给指针变量 p。

下面的实例可以获取变量的地址，并将获取的地址输出出来。

【例 9.01】 输出变量的地址值（**实例位置：资源包\源码\09\9.01**）

```
01  #include <iostream>
02  using namespace std;
03  void main()
04  {
05      int a=100;                // 定义一个变量 a
06      int *p=&a;                // 定义一个指针变量 p 并初始化
07      printf("%d\n", p);        // 按十进制输出 a 的地址
08  }
```

程序运行结果如图 9.3 所示。

图 9.3 输出变量的地址值

实例可以通过 printf 函数直接将地址值输出出来。由于变量是由系统分配空间，所以变量的地址不是固定不变的。

注意

> 在定义一个指针之后，一般要使指针有明确的指向。与常规的变量未赋值相同，没有明确指向的指针不会引起编译器出错，但是对于指针则可能导致无法预料的或者隐藏的灾难性后果，所以指针一定要赋值。

☑ 指针变量不可以直接赋值。例如：

```
int a=100;
int *p;
p=100;
```

编译不能通过，有"error C2440: '=': cannot convert from 'const int' to 'int *'"错误提示。
如果强行赋值，使用指针运算符"*"提取指针所指变量时会出错。例如：

```
int a=100;
int *p;
p=(int*)100;          // 通过强制转换将 100 赋值给指针变量
printf("%d", p);      // 输出地址，能够输出地址
printf("%d", *p);     // 输出指针指向的值，出错语句
```

☑ 不能将 *p 当变量使用。例如：

```
int a=100;
int *p;
*p=100;               // 指针没有获得地址
printf("%d", p);      // 输出地址，出错语句
printf("%d", *p);     // 输出指针指向的值，出错语句
```

上面代码可以编译通过，但运行时会弹出错误对话框，如图 9.4 所示。

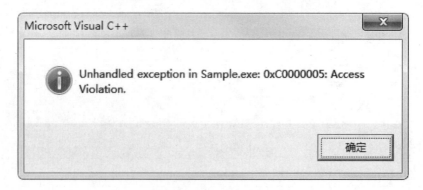

图 9.4　错误提示

9.1.2　指针运算符和取地址运算符

"*"和"&"是两个运算符,"*"取值运算符,"&"是取地址运算符。

取地址运算符,如图 9.5 所示,变量 i 的值为 100,存储在内存地址为 4009 的地方,取地址运算符"&"使指针变量 p 得到地址 4009。

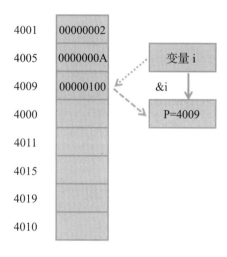

图 9.5　取地址

指针运算符,如图 9.6 所示,指针变量存储的是地址编号 4009,指针通过指针运算符可以得到地址处的内容。

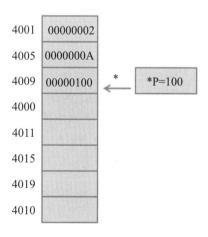

图 9.6　通过地址取值

下面的实例通过指针实现输出指针对应的数值的功能。

【例 9.02】 输出指针对应的数值(实例位置:资源包 \ 源码 \09\9.02)

```
01  #include <iostream>
```

```
02  using namespace std;
03  void main()
04  {
05      int a=100;
06      int *p=&a;
07      cout << "a=" << a <<endl;
08      cout << "*p=" << *p <<endl;
09  }
```

运行结果如图 9.7 所示。

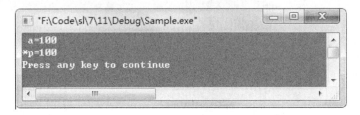

```
"F:\Code\sl\7\11\Debug\Sample.exe"

a=100
*p=100
Press any key to continue
```

图 9.7　输出指针对应的数值

声明并初始化指针变量时同时用到了 "*" 和 "&" 这两个运算符。例如：

```
int *p=&a;
```

该语句等同于如下语句：

```
int *p;
p = &a;
```

技巧

"&*p" 和 "*&a" 的区别："&" 和 "*" 的运算符优先级别相同，按自右而左的方向结合，因此 "&*p" 是先进行 "*" 运算，"*p" 相当于变量 a；再进行 "&" 运算，"&*p" 就相当于取变量 a 的地址。"*&a" 是先计算 "&" 运算符，"&a" 就是取变量 a 的地址，然后计算 "*" 运算，"*&a" 就相当于取变量 a 所在地址的值，实际就是变量 a。

9.1.3　指针运算

指针变量存储的是地址值，对指针进行运算就等于对地址进行运算。下面通过实例来使读者了解指针的运算。

【例 9.03】 输出指针运算后的地址值（实例位置：资源包 \ 源码 \09\9.03）

```
01  #include <iostream>
02  using namespace std;
```

```
03  void main()
04  {
05      int a=100;
06      int *p=&a;
07      printf("address:%d\n", p);
08      p++;
09      printf("address:%d\n", p);
10      p--;
11      printf("address:%d\n", p);
12      p--;
13      printf("address:%d\n", p);
14  }
```

程序运行如图 9.8 所示。

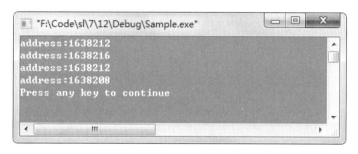

图 9.8　输出指针运算后地址值

程序首先输出的是指向变量 a 的指针地址值 1638212，然后对指针分别进行自加运算、自减运算、自减运算，输出的结果分别是 1638216，1638212，1638208。

说明

> 定义指针变量时必须指定一个数据类型。指针变量的数据类型用来指定该指针变量所指向数据的类型。

9.1.4　指向空的指针与空类型指针

指针可以指向任何数据类型的数据，包括空类型（void）：

```
void * p;                              //定义一个指向空类型的指针变量
```

空类型指针可以接受任何类型的数据，当使用它时，我们可以将其强制转化为所对应数据类型。

【例 9.04】　空类型指针的使用（**实例位置：资源包 \ 源码 \09\9.04**）

```
01  #include <iostream>
02  using namespace std;
03  int main()
```

```
04  {
05      int *pI = NULL;
06      int i = 4;
07      pI = &i;
08      float f = 3.333f;
09      bool b =true;
10      void *pV = NULL;
11      cout<<" 依次赋值给空指针 "<<endl;
12      pV = pI;
13      cout<<"pV = pI --------"<<*(int*)pV<<endl;
14      cout<<"pV = pI --------- 转为 float 类型指针 "<<*(float*)pV<<endl;
15      pV = &f;
16      cout<<"pV = &f --------"<<*(float*)pV<<endl;
17      cout<<"pV = &f ------- 转为 int 类型指针 "<<*(int*)pV<<endl;
18      return 0;
19  }
```

执行结果如图 9.9 所示。

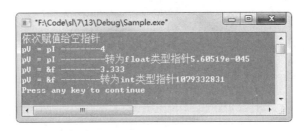

图 9.9　执行结果

可以看到空指针赋值后，转化为对应类型的指针才能得到我们所期望的结果。若将它转换为其他类型的指针，得到的结果将不可预知，非空类型指针同样具有这样的特性。在本实例中，出现了一个符号 NULL。它表示空值。空值无法用输出语句表示，而且赋值为空的指针无法被使用，直到它被赋予其他的值。

9.1.5　指向常量的指针与指针常量

同其他数据类型一样，指针也有常量，使用 const 关键字形式如下：

```
int i =9;
int * const p = &i;
*p = 3;
```

将关键字 const 放在标识符前，表示这个数据本身是常量，而数据类型是 int* 即整型指针。与其他常量一样，指针常量必须初始化。我们无法改变它的内存指向，但是可以改变它指向内存的内容。
若将关键字 const 放到指针类型的前方，形式如下：

```
int i =9;
```

```
int cosnt* p = &i;
```

这是指向常量的指针，虽然它所指向的数据可以通过赋值语句进行修改，但是通过该指针修改内存内容的操作是不被允许的。

当 const 以如下形式使用时：

```
int i =9;
int cosnt* const p = &i;
```

该指针是一个指向常量的指针常量。既不可以改变它的内存指向，也不可以通过它修改指向内存的内容。

视频讲解

9.2　指针与数组

9.2.1　指针与一维数组

系统需要提供一定量连续的内存来存储数组中的各元素，内存都有地址，指针变量就是存放地址的变量，如果把数组的地址赋给指针变量，就可以通过指针变量来引用数组。引用数组元素有两种方法：下标法和指针法。

通过指针引用数组，就要先声明一个数组，再声明一个指针。

```
int a [10];
int * p;
```

然后通过 "&" 运算符获取数组中元素的地址，再将地址值赋给指针变量。

```
p=&a [0];
```

把 a [0] 元素的地址赋给指针变量 p，即 p 指向 a 数组的第 0 号元素，如图 9.10 所示。

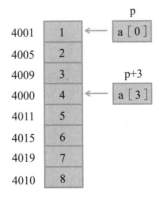

图 9.10　指针指向数组元素

135

下面通过实例使读者了解指针和数组间的操作，实例将实现通过指针变量获取数组中元素的功能。

【例 9.05】 通过指针变量获取数值中的元素（**实例位置：资源包 \ 源码 \09\9.05**）

```cpp
01 #include <iostream>
02 using namespace std;
03 void main()
04 {
05     int i, a [10];
06     int *p;
07     // 利用循环，分别为 10 个元素赋值
08     for(i=0; i<10; i++)
09         a [i]=i;
10     // 将数组中的 10 个元素输出到显示设备
11     p=&a [0];
12     for(i=0; i<10; i++, p++)
13         cout << *p << endl;
14 }
```

运行结果如图 9.11 所示。

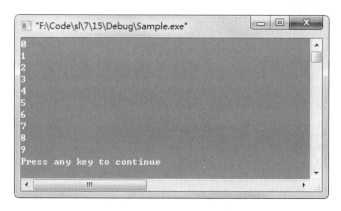

图 9.11　通过指针变量获取数组中元素

如果指针变量 p 已指向数组中的一个元素，则 p+1 指向同一数组中的下一个元素。

☑　p+i 和 a+i 是 a [i] 的地址。a 代表首元素的地址，a+i 也是地址，对应数组元素 a [i]。

☑　(p+i) 或 *(a+i) 是 p+i 或 a+i 所指向的数组元素，即 a [i]。

（1）程序中使用指针获取数组首元素的地址，也可以将数组名赋值给指针，然后通过指针访问数组。

（2）程序中使用数组地址来进行计算，a+i 表示数组 a 中的第 i 个元素，然后通过指针运算符就可以获得数组元素的值。

```cpp
01 #include <iostream>
02 using namespace std;
03 void main()
04 {
```

```
05    int i, a [10];
06    int *p;
07    // 利用循环，分别为 10 个元素赋值
08    for(i=0; i<10; i++)
09       a [i]=i;
10    // 将数组中的 10 个元素输出到显示设备
11    p=a;                                   //p 指向 a 的首地址
12    for(i=0; i<10; i++)
13       cout << *(a+i) << endl;             // 指针向后移动 i 个单位，取出其中的值并输出
14 }
```

指针操作数组的一些说明：

（1）*(p--) 相当于 a［i--］，先对 p 进行"*"运算，再使 p 自减。

（2）*(++p) 相当于 a［++i］，先使 p 自加，再进行"*"运算。

（3）*(--p) 相当于 a［--i］，先使 p 自减，再进行"*"运算。

9.2.2　指针与二维数组

可以将一维数组的地址赋给指针变量，同样也可以将二维数组的地址赋给指针变量，因为一维数组的内存地址是连续的，二维数组的内存地址也是连续的，可以将二维数组看成是一维数组。二维数组各元素的地址如图 9.12 所示。

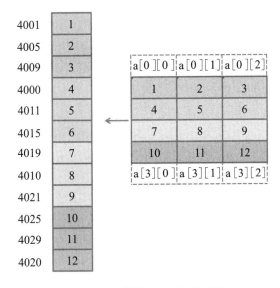

图 9.12　二维数组各元素的地址

使用指针引用二维数组和引用一维数组相同。首先声明一个二维数组和一个指针变量：

```
int a [4] [3];
int * p;
```

a［0］是二维数组的第一个元素的地址，可以将该地址值直接赋给指针变量。

```
p=a [0];
```

此时使用指针 p 就可以引用二维数组中的元素了。

为了更好地操作二维数组，下面通过实例来实现使用指针变量遍历二维数组的功能。

【例 9.06】 使用指针变量遍历二维数组（实例位置：资源包 \ 源码 \09\9.06）

```
01  #include <iostream>
02  #include <iomanip>
03  using namespace std;
04  void main()
05  {
06      int a [4] [3]={1, 2, 3, 4, 5, 6, 7, 8, 9, 10, 11, 12};
07      int *p;
08      p=a [0];
09      for(int i=0; i<sizeof(a)/sizeof(int); i++)        //i<48/4, 循环 12 次
10      {
11          cout << "address:";
12          cout << a [i];
13          cout << "is";
14          cout << *p++ << endl;
15      }
16  }
```

程序运行如图 9.13 所示。

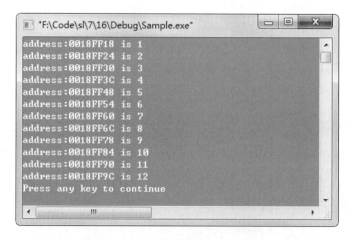

图 9.13　使用指针变量遍历二维数组

程序中通过 *p 对二维数组中的所有元素都进行了引用，如果想对二维数组中某一行中的某一元素进行引用，就需要将二维数组不同行的首元素地址赋给指针变量。如图 9.14 所示可以将 4 个行首元素地址赋给变量 p。

a 代表二维数组的地址，通过指针运算符可以获取数组中的元素。

（1）a+n 表示第 n 行的首地址。

（2）&a［0］［0］既可以看作数组 0 行 0 列的首地址，同样还可以看作是二维数组的首地址。&a［m］［n］就是第 m 行 n 列元素的地址。

（3）&a［0］是第 0 行的首地址，当然 &a［n］就是第 n 行的首地址。

（4）a［0］+n，表示第 0 行第 n 个元素地址。

（5）*(*(a+n)+m) 表示第 n 行第 m 列元素。

（6）*(a［n］+m) 表示第 n 行第 m 列元素。

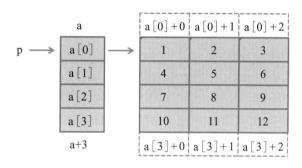

图 9.14　指针指向二维数组

9.2.3　指针与字符数组

字符数组是一个一维数组，使用指针同样也可以引用字符数组。引用字符数组的指针为字符指针，字符指针就是指向字符型内存空间的指针变量，其一般的定义语句如下：

```
char *p;
```

字符数组就是一个字符串，通过字符指针可以指向一个字符串。

语句：

```
char *string="www.mingri.book";
```

等价于下面两个语句：

```
char *string;
string="www.mingri.book";
```

为了使读者更好地了解指针与字符数组间的操作，通过下面实例来实现连接两个字符数组的功能。

【例 9.07】　通过指针偏移连接两个字符串（**实例位置：资源包 \ 源码 \09\9.07**）

```
01  #include<iostream>
02  using namespace std;
03  void main()
04  {
```

```
05      char str1 [50], str2 [30], *p1, *p2;
06      p1=str1;                        // 让两个指针分别指向两个数组
07      p2=str2;
08      cout << "please input string1:"<< endl;
09      gets(str1);                     // 给 str1 赋值
10      cout << "please input string2:"<< endl;
11      gets(str2);                     // 给 str2 赋值
12      while(*p1!='\0')
13      p1++;                           // 把 p1 移动到 str1 的末尾
14      while(*p2!='\0')
15      *p1++=*p2++;                     // 取 p2 指向的值赋到 p1 指向的地址（str1 的末尾），即连接 str1 和 str2
16      *p1='\0';
17      cout << "the new string is:"<< endl;
18      puts(str1);                     // 输出新的 str1
19      }
```

程序运行如图 9.15 所示。

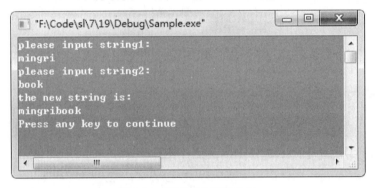

图 9.15　连接两个字符数组

视频讲解

9.3　指针在函数中的应用

9.3.1　传递地址

　　以前所接触到的函数都是按值传递参数，也就是说实参传递进函数体内后，生成的是实参的副本。在函数内改变副本的值并不影响到实参。而指针传递参数时，指针变量产生了副本，但副本与原变量所指向的内存区域是同一个。对指针副本指向的变量进行改变，就是改变原指针变量所指向的变量。

　　【例 9.08】　调用自定义函数交换两个变量值（**实例位置：资源包 \ 源码 \09\9.08**）

```
01  #include <iostream>
02  using namespace std;
03  void swap(int *a, int *b)            // 交换 a，b 指向的两个地址的值（指针传递）
```

```
04  {
05      int tmp;                          // 定义一个临时变量
06      tmp=*a;                           // 把 a 指向的值赋给 tmp
07      *a=*b;                            // 把 b 指向的值赋到 a 指向的位置
08      *b=tmp;                           // 把 tmp 赋给 b 指向的位置
09  }
10  void swap(int a, int b)               // 交换 a，b 的值（值传递）
11  {
12      int tmp;
13      tmp=a;
14      a=b;
15      b=tmp;
16  }
17  void main()
18  {
19      int x, y;
20      int *p_x, *p_y;                   // 定义两个整型指针
21      cout << "input two number" << endl;
22      cin >> x;                         // 给 x，y 赋值
23      cin >> y;
24      p_x=&x;p_y=&y;                    // 两个指针分别指向 x，y 的地址
25      cout<<" 按指针传递参数交换 "<<endl;
26      swap(p_x, p_y);                   // 执行的是参数列表都为指针的 swap 函数
27      cout << "x=" << x <<endl;
28      cout << "y=" << y <<endl;
29      cout<<" 按值传递参数交换 "<<endl;
30      swap(x, y);                       // 执行的是参数列表为整型变量的 swap 函数
31      cout << "x=" << x <<endl;
32      cout << "y=" << y <<endl;
33  }
```

程序运行如图 9.16 所示。

图 9.16　调用自定义函数交换两变量值

从图 9.16 中结果可以看出，使用指针传递参数的函数真正的实现了 x 与 y 的交换，而按值传递函数只是交换了 x 与 y 的副本。

9.3.2　指向函数的指针

指针变量也可以指向一个函数。一个函数在编译时被分配给一个入口地址，这个函数入口地址就称为函数的指针。可以用一个指针变量指向函数，然后通过该指针变量调用此函数。

一个函数可以带回一个整型值、字符值、实型值等，也可以带回指针型的数据，即地址。其概念与以前类似，只是带回的值的类型是指针类型而已。返回指针值的函数简称为指针函数。

定义指针函数的一般形式为：

类型名 * 函数名（参数表列）;

例如，定义一个具有两个参数和一个返回值的函数的指针：

```
int sum(int x, int y)          // 定义一个函数
int *a(int, int);              // 定义一个函数指针
a = sum;                       // 让函数指针 a 指向函数 sum
```

函数指针能指向返回值与参数列表的函数，当使用函数指针时形式如下：

```
int c, d;                      // 定义两个整型变量
(*a)(c, d);                    // 调用指针 a 指向的函数，并传参
```

下面通过实例实现使用指针函数进行平均值计算的功能。

【例 9.9】　使用指针函数进行平均值计算（**实例位置：资源包 \ 源码 \09\9.9**）

使用指针函数进行平均值计算的代码如下。

```
01  #include <iostream>
02  #include <iomanip>
03  using namespace std;
04  int avg(int a, int b);
05  void main()
06  {
07      int iWidth, iLenght, iResult;
08      iWidth=10;
09      iLenght=30;
10      int (*pFun)(int, int);      // 定义函数指针
11      pFun=avg;
12
13      iResult=(*pFun)(iWidth, iLenght);
14      cout << iResult <<endl;
15  }
16  int avg(int a, int b)
17  {
18      return (a+b)/2;
19  }
```

指针 pFun 是指向 avg 函数的函数指针，调用 pFun 函数指针，就和调用函数 avg 一样。

9.3.3 从函数中返回指针

当我们定义一个返回指针类型的函数时，形式如下：

```
int* function( 参数列表 )
{
    …;                                    // 执行过程
    return  p;
}
```

p 是一个指针变量，也可以是形式如 &value 的地址值。当函数返回一个指针变量，我们得到的是地址值。值得注意的是，返回指针的内存内容并不随返回的地址一样经过复制成为临时变量。如果操作不当，后果将难以预料。

【例 9.10】 指针作返回值（**实例位置：资源包 \ 源码 \09\9.10**）

```
01  #include <iostream>
02  using std::cout;
03  using std::endl;
04  int* pointerGet(int* p)
05  {
06      int i = 9;
07      cout<<" 函数体中 i 的地址 "<<&i<<endl;
08      cout<<" 函数体中 i 的值 :"<<i<<endl;
09      p = &i;
10      return p;
11  }
12  int main()
13  {
14      int* k = NULL;
15      cout<<"k 的地址 :"<<k<<endl;                  // 输出 k 的初始地址
16      cout<<" 执行函数，将 k 赋予函数返回值 "<<endl;
17      k = pointerGet(k);                           // 调用函数获得一个指向变量 i 的地址的指针
18      cout<<"k 的地址 :"<<k<<endl;                  // 输出 k 的新地址（i 的地址）
19      cout<<"k 所指向内存的内容 :"<<*k<<endl;        // 输出一个随机数
20  }
```

执行结果如图 9.17 所示。

图 9.17 执行结果

可以看到，函数返回的是函数中定义的 i 的地址。函数执行后，i 的内存被销毁，值变成了一个不可预知的数。

注意

值为 NULL 的指针地址为 0，但并不意味着这块内存可以使用。将指针赋值为 NULL 也是基于安全而考虑的，以后的章节我们还将详细讨论内存的安全问题。

9.4 指针数组

视频讲解

数组中的元素均为指针变量的数组称为指针数组，一维指针数组的定义形式为：

类型名 * 数组名 [数组长度]；

例如：

int *p [4];

指针数组中的数组名也是一个指针变量，该指针变量为指向指针的指针。
例如：

int *p [4];
int a=1;
*p [0]=&a;

p 是一个指针数组，它的每一个元素是一个指针型数据（其值为地址），指针数组 p 的第一个值是变量 a 的地址。指针数组中的元素可以使用指向指针的指针来引用。例如：

int *(*p);

"*" 运算符表示 p 是一个指针变量，*(*p) 表示指向指针的指针，"*" 运算符的结合性是从右到左，因此语句 "int *(*p);" 可写成 "int **p;"。

指向指针的指针获取指针数组中的元素和利用指针获取一维数组中的元素方法相同，如图 9.18 所示。

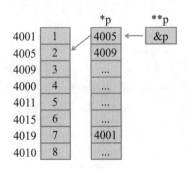

图 9.18　指向指针的指针

第一次指针 "*" 运算获取到的是一个地址值，再进行一次指针 "*" 运算，就可以获取到具体值。

【例 9.11】　用指针数值中各个元素分别指向若干个字符串（**实例位置：资源包 \ 源码 \09\9.11**）

```
01  #include <iostream>
02  using namespace std;
03  void sort(char *name [], int n)              // 对字符串进行排序
04  {
05      char *temp;
06      int i, j, k;
07      for(i=0; i<n-1; i++)
08      {
09          k=i;
10          for(j=i+1; j<n; j++)
11          if(strcmp(name [k], name [j])>0) k=j;
12          if(k!=i)
13          {
14              temp=name [i]; name [i]=name [k]; name [k]=temp;
15          }
16      }
17  }
18  void print(char *name [], int n)             // 输出字符串数组中的元素
19  {
20      int i=0;
21      char *p;
22      p=name [0];
23      while(i<n)
24      {
25          p=*(name+i++);
26          cout<<p<<endl;
27      }
28  }
29  int main( )
30  {
31      char *name []={"mingri", "soft", "C++", "mr"};   // 定义指针数组
32      int n=4;
33      sort(name, n);
34      print(name, n);
35      return 0;
36  }
```

程序运行如图 9.19 所示。

程序中的 print 函数中，数组名 name 代表该指针数组首元素的地址，name+i 是 name［i］的地址。由于 name［i］的值是地址（即指针），因此 name+i 就是指向指针型数据的指针。还可以设置一个指针变量 p，它指向指针数组的元素。p 就是指向指针型数据的指针变量，它所指向的字符串如图 9.20 所示。

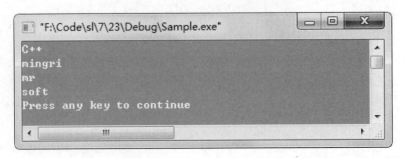

图 9.19　用指针数组中各个元素分别指向若干个字符串

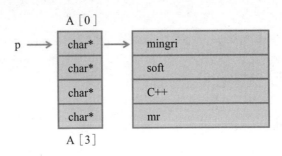

图 9.20　p 所指向的字符串

利用指针变量访问另一个变量就是间接访问。如果在一个指针变量中存放一个目标变量的地址，这就是单级间址。指向指针的指针用的是"二级间址"方法，还有"三级间址"和"四级间址"，但二级间址应用最为普遍。

视频讲解

9.5　引　　用

9.5.1　引用概述

在 C++11 标准中提出了左值引用的概念，如果不加特殊声明。一般认为引用指的都是左值引用。

引用实际上是一种隐式指针，它为对象建立一个别名，通过操作符"&"来实现。"&"是取地址操作符，通过它可以获得地址。

引用的形式如下：

数据类型 & 表达式 ;

例如：

```
01  int a=10;
02  int & ia=a;
03  ia=2;
```

上面代码定义了一个引用变量 ia，它是变量 a 的别名，对 ia 的操作与对 a 的操作完全一样。ia=2 把 2 赋给 a，&ia 返回 a 的地址。执行 ia=2 和执行 a=2 等价。

使用引用的说明：

（1）一个 C++ 引用被初始化后，无法使用它再去引用另一个对象，它不能被重新约束。

（2）引用变量只是其他对象的别名，对它的操作与原来对象的操作具有相同作用。

（3）指针变量与引用有两点主要区别：一是指针是一种数据类型，而引用不是一个数据类型，指针可以转换为它所指向变量的数据类型，以便赋值运算符两边的类型相匹配，而在使用引用时，系统要求引用和变量的数据类型必须相同，不能进行数据类型转换。二是指针变量和引用变量都用来指向其他变量，但指针变量使用的语法要复杂一些；而在定义了引用变量后，其使用方法与普通变量相同。

（4）引用应该初始化，否则会报错。

编译器会报出 "references must be initialized" 这样的错误，造成编译不能通过。

9.5.2　使用引用传递参数

在 C++ 语言中，函数参数的传递方式主要有两种，分别为值传递和引用传递。所谓值传递，是指在函数调用时，将实际参数的值赋值一份传递到调用函数中，这样如果在调用函数中修改了参数的值，其改变不会影响到实际参数的值。而引用传递则恰恰相反，如果函数按引用方式传递，在调用函数中修改了参数的值，其改变会影响到实际参数。

【例 9.12】　通过引用交换数值（**实例位置：资源包 \ 源码 \09\9.12**）

```
01  #include <iostream>
02  using namespace std;
03  void swap(int & a, int & b)
04  {
05      int tmp;
06      tmp=a;
07      a=b;
08      b=tmp;
09  }
10  void main()
11  {
12      int x, y;
13      cout << " 请输入 x" << endl;
14      cin >> x;
15      cout << " 请输入 y" << endl;
16      cin >> y;
17      cout<<" 通过引用交换 x 和 y"<<endl;
18      swap(x, y);
19      cout << "x=" << x <<endl;
20      cout << "y=" << y <<endl;
21  }
```

程序运行如图 9.21 所示。

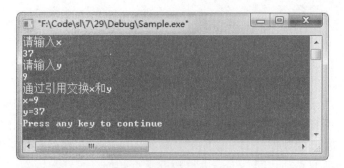

图 9.21　通过引用交换数值

程序中自定义函数 swap，函数定义了两个引用参数，用户输入两个值，如果第一次输入的数值比第二次输入的数值小，则调用 swap 函数交换用户输入的数值。如果使用值传递方式，swap 函数就不能实现交换。

9.5.3　数组作为函数参数

在函数调用过程中，有时需要传递多个参数，如果传递的参数都是同一类型，则可以通过数组的方式来传递参数，作为参数的数组可以是一维数组，也可以是多维数组。使用数组作函数参数最典型的就是 main 函数。带参数的 main 函数形式如下：

```
main(int argc, char *argv [])
```

main 函数中的参数可以获取程序运行的命令参数，命令参数就是执行应用程序时后面带的参数。例如在 CMD 控制台执行 dir 命令，可以带上 /w 参数，"dir /w"命令是以多列的形式显示出文件夹内的文件名。main 函数中参数 argc 是获取命令参数的个数，argv 是字符指针数组，可以获取具体的命令参数。

【例 9.13】　获取命令参数（实例位置：资源包 \ 源码 \09\9.13）

```
01  #include<iostream>
02  using namespace std;
03  void main(int argc, char *argv [])
04  {
05      cout << "the list of parameter:" << endl;
06      while(argc>1)
07      {
08          ++argv;
09          cout << *argv << endl;
10          --argc;
11      }
12  }
```

上面代码在工程 sample 中将生成 sample.exe 应用程序，在执行 sample.exe 时在后面加上参数，程序就会输出命令参数。例如执行命令及运行结果如图 9.22 所示。

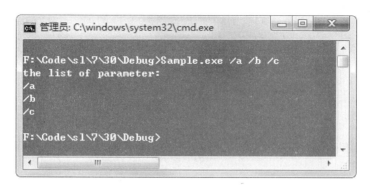

图 9.22　获取命令参数

程序执行时输入命令参数 "/a /b /c"，程序运行以后将 3 个命令参数输出，每个参数都是以空格隔开，应用程序后有 3 个空格，代表程序有 3 个命令参数，argc 的值就为 3。

9.6　小　　结

指针是 C++ 中的难点，它可以控制变量，可以操作数组，可以指向函数，所以一定要理解指针的基本用法。本章讲述的都是指针的基本用法，要从概念上区分指针与变量，要区分指针和数组首元素，既要学会指针传递参数，也要学会使用引用传递参数。

9.7　实　　战

9.7.1　寻找第一个元音字母

输出 "wonderful" 中第一个元音字母，运行结果如图 9.23 所示。（**实例位置：资源包 \ 源码 \09\ 实战 \01**）

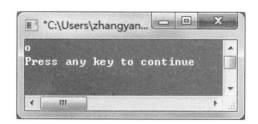

图 9.23　第一个元音字母

9.7.2　哪个灯亮着

假设数字 0 表示灯泡没亮，数字 1 表示灯泡亮着，有 6 个灯泡排列成一行组成一个一维数组

a{1,0,0,1,0,0}，查找倒数第一个亮着的灯泡位置，并显示该灯泡前一个灯泡是否亮着。运行结果如图 9.24 所示。（**实例位置：资源包 \ 源码 \09\ 实战 \02**）

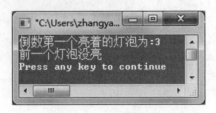

图 9.24　灯亮的情况

9.7.3　模拟年龄增长情况

写一个函数 AddAge，该函数的参数为某人的年龄，每调一次，使这个人"长一岁"。运行结果如图 9.25 所示。（**实例位置：资源包 \ 源码 \09\ 实战 \03**）

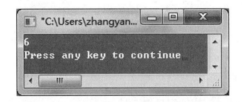

图 9.25　年龄增长

第 10 章

结构体

（ 📹 视频讲解：1 小时 1 分钟）

迄今为止，程序中所用的都是基本类型的数据。在编写程序时，简单的变量类型是不能满足程序中各种复杂数据的要求的，因此 C++ 还提供了构造类型的数据。构造类型数据是由基本类型按照一定规则组成的。

本章致力于使读者了解结构体的概念，掌握如何定义结构体及其使用方式。学会定义结构体数组及结构体指针以及包含结构的结构。最后结合结构体的具体应用进行更为深刻的理解。

学习摘要：

▸▸ **结构体**

▸▸ **重命名数据类型**

▸▸ **结构体与函数**

▸▸ **结构体数组**

视频讲解

10.1 结 构 体

10.1.1 结构体定义

整型、长整型、字符型、浮点型这些数据类型只能记录单一的数据，这些数据类型只能被称作基础数据类型。如果要描述一个人的信息，就需要定义多个变量来记录这些信息，例如，身高需要一个变量，体重需要一个变量，姓名需要一个变量，年龄需要一个变量。如果有一个类型可以将这些变量包含在一起，则会大大减少程序代码的离散性，使程序代码阅读更加符合逻辑。结构体则是实现这一功能的类型。

结构体的定义如下：

```
struct    结构体类型名
{
    成员类型    成员名；
};
```

struct 就是定义结构体的关键字。结构体类型名是一种标识符，该标识符代表一个新的变量。结构体使用花括号将成员括起来，每个成员都有自己的类型，成员类型可以是常规的基础类型，也可以是自定义类型，同时还可以是一个类类型。

例如定义一个简单员工信息的结构体。

```
01  struct PersonInfo
02  {
03      int index;
04      char name [30];
05      short age;
06  };
```

结构体类型名是 PersonInfo，在结构体中定义了 3 个不同类型的变量。这 3 变量就好像是 3 个球放到了一个盒子里，只要能找到这个盒子就能找到这 3 个球。同样，找到名字为 PersonInfo 的结构体，就可以找到结构体下的变量。这 3 个变量的数据类型各不相同，有字符串型，有整型，分别定义了员工的编号、姓名和年龄。

说明

给结构体下个定义，就是由多个不同类型的数据组成的数据集合。而数组是相同元素的集合。

10.1.2 结构体变量

结构体是一个构造类型，前面只是定义了结构体，形成一个新的数据类型，还需要使用该数据类型来定义变量。结构体变量有两种声明形式。

第一种声明形式是在定义结构体后，使用结构体类型名声明。例如：

```
01  struct PersonInfo
02  {
03      int index;
04      char name [30];
05      short age;
06  };PersonInfo pInfo;
```

另一种是定义结构体时直接声明，例如：

```
01  struct PersonInfo
02  {
03      int index;
04      char name [30];
05      short age;
06  } pInfo;
```

直接声明结构体变量时，可以声明多个变量。例如：

```
01  struct PersonInfo
02  {
03      int index;
04      char name [30];
05      short age;
06  } pInfo1, pInfo2;
```

10.1.3 结构体成员及初始化

引用结构体成员有两种方式，一种是声明结构体变量后，通过成员运算符“.”引用，一种是声明结构体指针变量，使用指向“->”运算符引用。

（1）使用成员运算符“.”引用结构体成员，一般形式如下：

结构体变量名 . 成员名

例如：

```
01  struct PersonInfo
02  {
03      int index;
04      char name [30];
05      short age;
06  } pInfo;
07  pInfo.index
08  pInfo.name
09  pInfo.age
```

引用到结构体成员后，就可以分别对结构体成员进行赋值，对于每个结构体成员就和使用普通变量一样。

下面通过实例来看一下如何为结构体成员赋值。

【例 10.01】 为结构体成员赋值（**实例位置：资源包 \ 源码 \10\10.01**）

```cpp
01  #include <iostream>
02  using namespace std;
03  void main()
04  {
05      struct PersonInfo
06      {
07          int index;
08          char name [30];
09          short age;
10      } pInfo;
11      pInfo.index=0;
12      strcpy(pInfo.name, " 张三 ");
13      pInfo.age=20;
14      cout << pInfo.index << endl;
15      cout << pInfo.name << endl;
16      cout << pInfo.age << endl;
17  }
```

程序运行结果如图 10.1 所示。

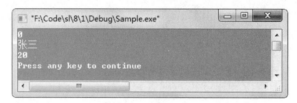

图 10.1　运行结果

程序分别为引用结构体的每个成员，然后赋值，其中为字符数组赋值需要使用 strcpy 字符串复制函数。结构体可以在定义时直接对结构体变量赋值，例如：

```cpp
01  struct PersonInfo
02  {
03      int index;
04      char name [30];
05      short age;
06  } pInfo={0, " 张三 ", 20};
```

（2）在定义结构体时，可以同时声明结构体指针变量，例如：

```cpp
01  struct PERSONINFO
02  {
```

```
03    int index;
04    char name [30];
05    short age;
06  }*pPersonInfo;
```

如果要引用指针结构体变量的成员，需要使用指向 "–>" 运算符。一般形式如下：

结构体指针变量 –> 成员名

例如：

```
01  pPersonInfo–> index
02  pPersonInfo–> name
03  pPersonInfo–> age
```

注意

指针结构体指针变量只有初始化后才可以使用。

下面通过实例来看一下如何通过结构体指针变量来引用结构体成员。

【例 10.02】 使用结构体指针变量引用结构体成员（**实例位置：资源包 \ 源码 \10\10.02**）

```
01  #include <iostream>
02  using namespace std;
03  void main()
04  {
05      struct PERSONINFO
06      {
07          int index;
08          char name [30];
09          short age;
10      }*pPersonInfo, pInfo={0, " 张三 ", 20};
11      pPersonInfo=&pInfo;
12      cout << pPersonInfo–>index << endl;
13      cout << pPersonInfo–>name << endl;
14      cout << pPersonInfo–>age << endl;
15  }
```

程序运行结果如图 10.2 所示。

图 10.2　运行结果

10.1.4　结构体的嵌套

定义完结构体后就形成一个新的数据类型，C++ 语言在定义结构体时可以声明其他已定义好的结构体变量，也可以在定义结构体时定义子结构体。

（1）在结构体中定义子结构体

```
01  struct PersonInfo
02  {
03      int index;
04      char name [30];
05      short age;
06      struct WorkPlace
07      {
08          char Address [150];
09          char PostCode [30];
10          char GateCode [50];
11          char Street [100];
12          char Area [50];
13      };
14  };
```

（2）在定义时声明其他已定义好的结构体变量

```
01  struct WorkPlace
02  {
03      char Address [150];
04      char PostCode [30];
05      char GateCode [50];
06      char Street [100];
07      char Area [50];
08  };
09  struct PersonInfo
10  {
11      int index;
12      char name [30];
13      short age;
14      WorkPlace myWorkPlace;
15  };
```

通过上面的两种形式都可以完成结构体的嵌套，下面通过第一种方式来实现结构体的嵌套，实例如下。

【例 10.03】　使用嵌套的结构体（实例位置：资源包 \ 源码 \10\10.03）

```
01  #include <iostream>
02  using namespace std;
```

```
03  void main()
04  {
05      struct PersonInfo
06      {
07          int index;
08          char name [30];
09          short age;
10          struct WorkPlace
11          {
12              char Address [150];
13              char PostCode [30];
14              char GateCode [50];
15              char Street [100];
16              char Area [50];
17          }WP;
18      };
19      PersonInfo pInfo;
20      strcpy(pInfo.WP.Address, "House");
21      strcpy(pInfo.WP.PostCode, "10000");
22      strcpy(pInfo.WP.GateCode, "302");
23      strcpy(pInfo.WP.Street, "Lan Tian");
24      strcpy(pInfo.WP.Area, "china");
25
26      cout << pInfo.WP.Address << endl;
27      cout << pInfo.WP.PostCode << endl;
28      cout << pInfo.WP.GateCode<< endl;
29      cout << pInfo.WP.Street << endl;
30      cout << pInfo.WP.Area << endl;
31  }
```

程序运行结果如图 10.3 所示。

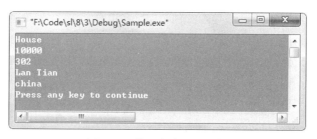

图 10.3　使用嵌套的结构体

程序在 PersonInfo 结构体中嵌套了 WorkPlace 结构体，然后分别对 WorkPlace 子结构体中的成员进行赋值，最后将 WorkPlace 子结构体中的成员输出。

10.1.5　结构体大小

结构体是一种构造的数据类型，数据类型都与占用内存多少有关。在没有字符对齐要求或结构成员对齐单位为 1 时，结构体变量的大小是定义结构体时各成员大小之和。例如 PersonInfo 结构体：

```
01  struct PersonInfo
02  {
03      int index;
04      char name [30];
05      short age;
06  };
```

PersonInfo 结构体的大小是成员 name、成员 index 和成员 age 大小之和。成员 name 是字符数组，一个字符占用 1 个字节，name 成员占用 30 个字节，成员 index 是整型数据，在 32 位系统中占 4 个字节，age 是短整型，在 32 位系统中占 2 个字节，所以 PersonInfo 结构体的大小是 30+4+2=36 字节。

可以使用 sizeof 运算获取结构体大小。例如：

```
01  #include <iostream>
02  using namespace std;
03  void main()
04  {
05      struct PersonInfo
06      {
07          int index;
08          char name [30];
09          short age;
10      }pInfo;
11      cout << sizeof(pInfo) <<endl;
12  }
13
```

程序使用 sizeof 运算符输出的结果仍然是 36。

如果更改结构成员对齐单位，PersonInfo 结构体实际占用的内存空间就不是 36 了。在 Visual C++ 6.0 中可以通过修改工程属性来改变结构成员对齐单位。通过菜单 Project/Settings 打开 Project Settings 对话框，如图 10.4 所示，选择 C/C++ 选项卡，在 "分类" 下拉列表框中选择 Code Generation 这一项，通过 Struct member alignment 下拉列表框就可以改变结构成员对齐单位。

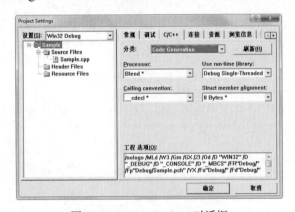

图 10.4　Project Settings 对话框

默认结构成员对齐单位是 8 个字节，结构成员对齐单位在使用结构体变量传送数据时能看到其差异。

10.2　重命名数据类型

视频讲解

C++ 允许使用关键字 typedef 给一个数据类型定义一个别名。例如：

```
typedef int flag;                  // 给 int 数据类型取一个别名
```

这样，程序中 flag 就可以作为 int 的数据类型来使用：

```
flag a;
```

a 实质上是 int 类型的数据，此时 int 类型的别名就是 flag。

类或者结构在声明的时候使用 typedef：

```
typedef class asdfghj{
    成员列表
}myClass, ClassA;
```

这样就令声明的类拥有 myClass、ClassA 两个别名。

typedef 主要的用途有：

☑　表示很复杂的基本类型名称，例如函数指针 int (*)(int i)。

```
typedef int (*)(int i) pFun;       // 用 pFun 代替函数指针 int (*)(int i)
```

☑　使用其他人开发的类型时，使它的类型名符合自己的代码习惯（规范）。

typedef 关键字具有作用域，范围是别名声明所在的区域（包含名称空间）。

【例 10.04】　三只宠物犬（**实例位置：资源包 \ 源码 \10\10.04**）

```
01  #include <iostream>
02  #include <string>
03  using namespace std;
04  namespace pet
05  {
06      typedef string kind;
07      typedef string petname;
08      typedef string voice;
09      typedef class dog
10      {
11      private:
12          kind m_kindName;        // 宠物狗种类
13      protected:                  // 假如有别名需要子类继承，则不需要使用种类这个属性
14          petname m_dogName;
```

```
15            int m_age;
16            voice m_voice;
17            void setVoice(kind name);
18        public:
19            dog(kind name);
20            void sound();
21            void setName(petname name);
22      }Dog, DOG;                          // 声明了别名，用 Dog, DOG 代替类 dog
23      void dog::setVoice(kind name)
24      {
25          if(name == " 北京犬 ")
26          {
27              m_voice = " 嗷嗷 ";
28          }
29          else if(name == " 狼犬 ")
30          {
31              m_voice = " 呜嗷 ";
32          }
33          else if(name == " 黄丹犬 ")
34          {
35              m_voice = " 喔嗷 ";
36          }
37      }
38      dog::dog(kind name)
39      {
40          m_kindName = name;
41          m_dogName = name;
42          setVoice(name);
43      }
44      void dog::sound()
45      {
46          cout<<m_dogName<<" 发出 "<<m_voice<<" 的叫声 "<<endl;
47      }
48      void dog::setName(petname name)
49      {
50          m_dogName = name;
51      }
52  }
53  using pet::dog;                          // 使用 pet 空间的宠物犬 dog 类
54  using pet::DOG;
55  int main()
56  {
57      dog a = dog(" 北京犬 ");              // 名称空间的类被包含进来后，可以直接使用
58      pet::Dog b = pet::Dog(" 狼犬 ");      // 别名仍需要使用名字空间
59      pet::DOG c = pet::DOG(" 黄丹犬 ");
60      a.setName(" 小白 ");
61      c.setName(" 阿黄 ");
62      a.sound();
63      b.sound();
```

```
64      c.sound();
65      return 0;
66  }
```

程序运行结果如图 10.5 所示。

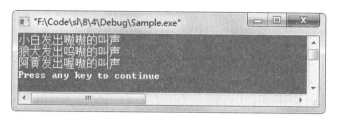

图 10.5　执行结果

在 pet 名称空间中定义了多种类型别名。这些别名的实际类型不发生改变，在主函数内演示了如何使用名称空间中的类别名。

宠物狗 dog 类中使用 string 类来区分小狗的种类，通过 setVoice 函数设定每种小狗的声音。那么，有没有比使用 string 对象更轻便的办法呢？除了建立 3 个子类之外有没有更简便一些的方法呢？在后面其中一章我们将继续讨论。

视频讲解

10.3　结构体与函数

结构体数据类型在 C++ 语言中是可以作为函数参数传递的，可以直接使用结构体变量作为函数的参数，也可以使用结构体指针变量作为函数的参数。

10.3.1　结构体变量作为函数参数

可以把结构体变量当普通变量一样作为函数参数，这样可以减少函数参数的个数，使代码看起来更简洁。

下面通过实例来了解一下如何使用结构体变量作为函数参数进行传递。

【例 10.5】　使用结构体变量作为函数参数（**实例位置：资源包 \ 源码 \10\10.05**）

```cpp
01  #include <iostream>
02  using namespace std;
03  struct PersonInfo                              //定义结构体
04  {
05      int index;
06      char name [30];
07      short age;
08  };
09  void ShowStuctMessage(struct PersonInfo MyInfo)   //自定义函数，输出结构体变量成员
```

```
10  {
11      cout << MyInfo.index << endl;
12      cout << MyInfo.name << endl;
13      cout << MyInfo.age<< endl;
14
15  }
16  void main()
17  {
18
19      PersonInfo pInfo;                    // 声明结构体
20      pInfo.index=1;
21      strcpy(pInfo.name, " 张三 ");
22      pInfo.age=20;
23      ShowStuctMessage(pInfo);             // 调用自定义函数
24  }
```

程序运行结果如图 10.6 所示。

图 10.6　使用结构体变量做函数参数

程序自定义了函数 ShowStuctMessage，函数 ShowStuctMessage 使用 PersonInfo 结构体作为参数。如果不使用结构体作为参数，函数需要将 index，name，age 3 个成员分别定义为参数。

10.3.2　结构体指针作为函数参数

使用结构体指针变量作为函数参数时传递的只是地址，减少了时间和空间上的开销，能够提高程序的运行效率。这种方式在实际应用中效果比较好。

下面通过实例来看一下如何使用结构体指针作为函数参数进行传递。

【例 10.06】　使用结构体指针变量作为函数参数（**实例位置：资源包 \ 源码 \10\10.06**）

```
01  #include <iostream>
02  using namespace std;
03  struct PersonInfo
04  {
05      int index;
06      char name [30];
07      short age;
08  };
09  void ShowStuctMessage(struct PersonInfo *pInfo)
10  {
```

```
11        cout << pInfo–>index << endl;
12        cout << pInfo–>name << endl;
13        cout << pInfo–>age<< endl;
14
15  }
16  void main()
17  {
18
19        PersonInfo pInfo;
20        pInfo.index=1;
21        strcpy(pInfo.name, " 张三 ");
22        pInfo.age=20;
23        ShowStuctMessage(&pInfo);
24  }
25
```

程序运行结果如图 10.7 所示。

图 10.7　使用结构体指针变量做函数参数

例 10.05 和例 10.06 的运行结果相同，但在程序执行效率上，使用结构体指针作函数参数方式要快很多。

视频讲解

10.4　结构体数组

数组的元素也可以是结构类型的，因此可以构成结构型数组。结构数组的每一个元素都是具有相同结构类型的下标结构变量。

10.4.1　结构体数组声明与引用

结构体数组可以在定义结构体时声明，可以使用结构体变量声明，也可以直接声明结构体数组而无须定义结构体名。

（1）在定义结构体时直接声明

```
01  struct PersonInfo
02  {
03        int index;
04        char name [30];
```

```
05     short age;
06 }Person [5];
```

（2）使用结构体变量声明

```
01 struct PersonInfo
02 {
03     int index;
04     char name [30];
05     short age;
06 }pInfo;
07 PersonInfo Person [5]
```

（3）直接声明结构体数组

```
01 struct
02 {
03     int index;
04     char name [30];
05     short age;
06 }Person [5];
```

可以在声明结构体数组时直接对数组进行初始化。

```
01 struct PersonInfo
02 {
03     int index;
04     char name [30];
05     short age;
06 }Person [5]={
07     {1, " 张三 ", 20},
08     {2, " 李可可 ", 21},
09     {3, " 宋桥 ", 22},
10     {4, " 元员 ", 22},
11     {5, " 王冰冰 ", 22}
12 };
```

 说明

当对全部元素作初始化赋值时，也可不给出数组长度。

10.4.2　指针访问结构体数组

指针变量可以指向一个结构数组，这时结构指针变量的值是整个结构数组的首地址。结构指针变量也可指向结构数组的一个元素，这时结构指针变量的值是该结构数组元素的首地址。

【例 10.07】 使用指针访问结构体数组（**实例位置：资源包 \ 源码 \10\10.07**）

```
01 #include <iostream>
02 using namespace std;
03 void main()
04 {
05     struct PersonInfo
06     {
07         int index;
08         char name [30];
09         short age;
10     }Person [5]={{1, " 张三 ", 20},
11                  {2, " 李可可 ", 21},
12                  {3, " 宋桥 ", 22},
13                  {4, " 元员 ", 22},
14                  {5, " 王冰冰 ", 22}};
15
16     struct PersonInfo *pPersonInfo;
17     pPersonInfo=Person;
18     for(int i=0;i<5;i++, pPersonInfo++)
19     {
20         cout << pPersonInfo–>index << endl;
21         cout << pPersonInfo–>name << endl;
22         cout << pPersonInfo–>age << endl;
23     }
24 }
```

程序运行结果如图 10.8 所示。

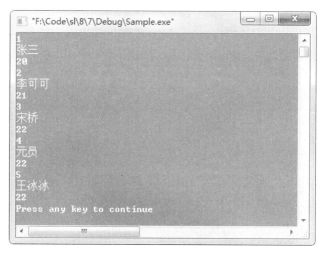

图 10.8　使用指针访问结构体数组

程序的关键在于 pPersonInfo++ 的运算上，pPersonInfo 指针开始指向数组的首元素，结构体指针自加 1，其结果使 pPersonInfo 指针指向了数组的下一个元素。

10.5　小　　结

本章主要介绍了两种构造类型结构体。使用 C 语言开发的程序一般都大量使用结构体，在 C++ 中更是增加了结构体的功能，程序设计阶段应多将关联紧密的数据组合成一个结构体，便于阅读及二次开发。

10.6　实　　战

10.6.1　显示汽车信息

定义一个表示汽车的结构，运行结果如图 10.9 所示。（**实例位置：资源包 \ 源码 \10\ 实战 \01**）

图 10.9　汽车信息

10.6.2　汽车加油问题

定义一个汽车的结构体，结构体中包含剩余汽油升数。定义一个加油的函数，将汽车当作参数，每执行一次改函数，汽车的剩余汽油升数都会加 2。运行结果如图 10.10 所示。（**实例位置：资源包 \ 源码 \10\ 实战 \02**）

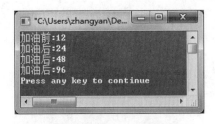

图 10.10　汽车加油

第 **11** 章

共用体和枚举类型

（ 视频讲解：29 分钟 ）

本章致力于使读者了解共用体和枚举类型的概念，掌握如何定义共用体和枚举类型及其使用方式。学会共用体数组、共用体指针，以及枚举类型的定义，最后结合共用体和枚举类型的具体应用进行更为深刻的理解。

学习摘要：
- ▸▸ 共用体
- ▸▸ 枚举类型

视频讲解

11.1 共 用 体

所谓共用体数据类型是指将不同的数据项组织为一个整体，它和结构体有些类似，但共用体在内存中占用首地址相同的一段存储单元。因为共用体的关键字为 union，中文意思为联合，所以共用体也称为联合体。

11.1.1 共用体的定义与声明

定义共用体类型的一般形式为：

```
union   共用体类型名
{
    成员类型   共用体成员名；
};
```

union 是定义共用体数据类型的关键字，共用体类型名是一个标识符，该标识符以后就是一个新的数据类型，成员类型是常规的数据类型，用来设置共用体成员存储空间。

声明共用体数据类型变量有以下几种方式。

（1）先定义共用体，然后声明共用体变量

```
01 union myUnion
02 {
03     int i;
04     char ch;
05     float f;
06 };
07 myUnion u;   // 声明变量
```

（2）可以直接在定义时声明共用体变量

```
01 union myUnion
02 {
03     int i;
04     char ch;
05     float f;
06 }u;            // 直接声明变量
```

（3）也可以直接声明共用体变量

```
01 union
02 {
03     int i;
```

```
04      char ch;
05      float f;
06  }u;
```

第三种方式省略了共用体类型名，直接声明了变量 u。

引用共用体对象成员和引用结构体对象类型的方式相同，也是使用 "." 运算符。例如引用共用体 u 的成员。

```
01 u.i
02 u.ch
03 u.f
```

上面是对共用体 u 的 3 个成员的引用，但要注意不能引用共用体变量，而只能引用共用体变量中的成员。例如直接引用 u 是错误的。

11.1.2　共用体的大小

共用体每个成员分别占有自己的内存单元。共用体变量所占的内存长度等于最长的成员的长度。一个共用体变量不能同时存放多个成员的值，某一时刻只能存放其中的一个成员的值，这就是最后赋予它的值。

【例 11.01】　使用共用体变量（**实例位置：资源包 \ 源码 \11\11.01**）

```
01  #include<iostream>
02  using namespace std;
03  union myUnion
04  {
05      int iData;
06      char chData;
07      float fData;
08  }uStruct;
09  int main()
10  {
11      uStruct.chData='A';
12      uStruct.fData=0.3;
13      uStruct.iData=100;
14      cout << uStruct.chData << endl;
15      cout << uStruct.fData << endl;
16      cout << uStruct.iData << endl;          // 正确显示
17      uStruct.iData=100;
18      uStruct.fData=0.3;
19      uStruct.chData='A';
20      cout << uStruct.chData << endl;          // 正确显示
21      cout << uStruct.fData << endl;
22      cout << uStruct.iData << endl;
23      uStruct.iData=100;
```

```
24    uStruct.chData='A';
25    uStruct.fData=0.3;
26    cout << uStruct.chData << endl;
27    cout << uStruct.fData << endl;        // 正确显示
28    cout << uStruct.iData << endl;
29    return 0;
30 }
```

程序运行结果如图 11.1 所示。

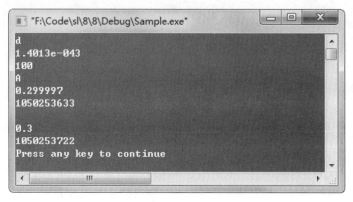

图 11.1　使用共用体变量

程序中按不同顺序为 uStruct 变量的 3 个成员赋值，结果显示只有最后赋值的成员能正确显示。

11.1.3　共用体的特点

共用体数据类型有以下几个特点：

（1）使用共用体变量的目的是希望用同一个内存段存放几种不同类型的数据，但请注意，在每一瞬时只能存放其中一种，而不是同时存放几种。

（2）能够访问的是共用体变量中最后一次被赋值的成员，在对一个新的成员赋值后原有的成员就失去作用。

（3）共用体变量的地址和它的各成员的地址都是同一地址。

（4）不能对共用体变量名赋值；不能企图引用变量名来得到一个值；不能在定义共用体变量时对它初始化；不能用共用体变量名作为函数参数。

视频讲解

11.2　枚　举　类　型

枚举就是一一列举的意思，在 C++ 语言中枚举类型是一些标识符的集合，从形式上看枚举类型就是用大括号将不同标识符名称放在一起。用枚举类型声明的变量，其变量的值只能取自括号内的这些标识符。

11.2.1　枚举类型的声明

枚举类型定义有两种声明形式，如下：

（1）枚举类型的一般形式

```
enum 枚举类型名 { 标识符列表 };
```

例如：

```
enum weekday{Sunday, Monday, Tuesday, Wednesday, Thursday, Friday, Saturday};
```

enum 是定义枚举类型的关键字，weekday 是新定义的类型名，大括号内就是枚举类型变量应取的值。

（2）带赋值的枚举类型声明形式

```
enum 枚举类型名
{
    标识符 [= 整型常数],
} 枚举变量;
```

例如：

```
enum weekday{Sunday=0, Monday=1, Tuesday=2, Wednesday=3, Thursday=4, Friday=5, Saturday=6};
```

使用枚举类型的说明如下：

☑　编译器默认将标识符自动赋上整型常数。例如：

```
enum weekday{Sunday, Monday, Tuesday, Wednesday, Thursday, Friday, Saturday};
enum weekday{Sunday=0, Monday=1, Tuesday=2, Wednesday=3, Thursday=4, Friday=5, Saturday=6};
```

☑　可以自行修改整型常数的值。例如：

```
enum weekday{Sunday=2, Monday=3, Tuesday=4, Wednesday=5, Thursday=0, Friday=1, Saturday=6};
```

☑　如果只给前几个标识符赋整型常数，编译器会给后面标识符自动累加赋值。例如：

```
enum weekday{Sunday=7, Monday=1, Tuesday, Wednesday, Thursday, Friday, Saturday};
```

相当于

```
enum weekday{Sunday=7, Monday=1, Tuesday=2, Wednesday=3, Thursday=4, Friday=5, Saturday=6};
```

11.2.2　枚举类型变量

在声明了枚举类型之后，可以用它来定义变量。例如：

```
enum  weekday{Sunday, Monday, Tuesday, Wednesday, Thursday, Friday, Saturday};
[enum] weekday myworkday;
```

myworkday 是 weekday 的变量。在 C 语言中，枚举类型名包括关键字 enum，在 C++ 中允许不写 enum 关键字。

关于使用枚举类型变量的说明：

（1）枚举变量的值只能是 Sunday 到 Saturday 之一。例如：

```
myworkday = Tuesday;
myworkday = Saturday;
```

（2）一个整数不能直接赋给一个枚举变量。例如：

```
enum weekday{Sunday=7, Monday=1, Tuesday, Wednesday, Thursday, Friday, Saturday};
enum weekday day;
```

则 day=(enum weekday)3; 等价于 day=Wednesday;，day=3; 是错误的。

整型虽然不能直接为枚举类型变量赋值，但是可以通过强制类型转换，将整数转换为合适的枚举型数值。

【例 11.02】 枚举变量的赋值（**实例位置：资源包 \ 源码 \11\11.02**）

```
01  #include <iostream>
02  using namespace std;
03  void main()
04  {
05      enum Weekday {Sunday, Monday, Tuesday, Wednesday, Thursday, Friday, Saturday};
06      int a=2, b=1;
07      Weekday day;
08      day=(Weekday)a;
09      cout << day << endl;
10      day=(Weekday)(a–b);
11      cout << day << endl;
12      day=(Weekday)(Sunday+Wednesday);
13      cout << day << endl;
14      day=(Weekday)5;
15      cout << day << endl;
16  }
```

程序运行结果如图 11.2 所示。

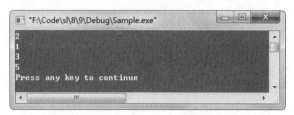

图 11.2　枚举变量的赋值

程序中使用了各种形式的赋值，其原理都是一样的，都是通过强制转换为枚举变量赋值。

（3）可以直接定义枚举变量。

定义枚举的同时可以直接定义变量，例如：

```
enum {sun, mon, tue, wed, thu, fri, sat} workday, week_end;
```

11.2.3　枚举类型的运算

枚举值相当于整型变量，可以用枚举值来进行一些运算。

枚举值可以和整型变量一起比较，枚举值和枚举值之间也可以比较。

【例 11.03】 枚举值的比较运算（**实例位置：资源包 \ 源码 \11\11.03**）

```
01  #include <iostream>
02  using namespace std;
03  enum Weekday {Sunday, Monday, Tuesday, Wednesday, Thursday, Friday, Saturday};
04  void main()
05  {
06      Weekday day1, day2;
07      day1=Monday;
08      day2=Saturday;
09      int n;
10      n=day1;
11      n=day2+1;
12      if(n>day1)            // 可以比较
13        cout << "n>day1" <<endl;
14      if(day1<day2)
15        cout << "day1<day2" <<endl;
16  }
```

程序运行结果如图 11.3 所示。

图 11.3　枚举值的比较运算

程序进行变量 n 和枚举变量 day1 的比较以及枚举变量 day1 和 day2 的比较。

11.3　小　　结

本章主要介绍了两种构造类型结构体和共用体，自定义类型及枚举类型。使用 C 语言开发的程序一般都大量使用结构体，在 C++ 中更是增加了结构体的功能，程序设计阶段应多将关联紧密的数据组合成一个结构体，便于阅读及二次开发。

11.4　实　　战

11.4.1　罐头品种

设计一个玻璃罐头瓶的共用体，这个罐头瓶可以装黄桃，可以装椰子，也可以装山楂，但一次只能装一种水果。运行结果如图 11.4 所示。（**实例位置：资源包 \ 源码 \11\ 实战 \01**）

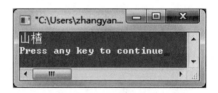

图 11.4　罐头品种

11.4.2　生肖排序

定义十二生肖的枚举，判断任意两个生肖哪个排在前，哪个排在后。运行结果如图 11.5 所示。（**实例位置：资源包 \ 源码 \11\ 实战 \02**）

图 11.5　生肖排序

提高篇

本篇介绍了面向对象编程技术，类和对象，继承与派生，模板，STL 标准模板库，RTTI 与异常处理，程序调试，文件操作，网络通信等内容。学习完本篇，能够开发一些中小型应用程序。

第 *12* 章

面向对象编程技术

（ 视频讲解：38 分钟 ）

面向对象编程可以有效解决代码复用问题，它不同于以往的面向过程编程，面向过程编程需要将功能细分，而面向对象需要将不同功能抽象到一起。本章通过具体 UML 建模来演示面向对象编程思想，通过对一个程序的前期分析了解如何使用面向对象编程。

学习摘要：

▸▸ 面向对象概述

▸▸ 面向对象与面向过程编程

▸▸ 统一建模语言

12.1　面向对象概述

视频讲解

面向对象（Object Oriented）的英文缩写是 OO，它是一种设计思想，现在这种思想已经不单应用在软件设计上，数据库设计、计算机辅助设计（CAD）、网络结构设计、人工智能算法设计等领域都开始应用这种思想。

面向对象中的对象（Object），指的是客观世界中存在的对象，这个对象具有唯一性，对象之间各不相同，各有各的特点，每一个对象都有自动的运动规律和内部状态。对象与对象之间又是可以相互联系、相互作用的。概括地讲，面向对象技术是一种从组织结构上模拟客观世界的方法。

针对面向对象思想应用的不同领域，面向对象又可以分为面向对象分析（Object Oriented Analysis，OOA）、面向对象设计（Object Oriented Design，OOD）、面向对象编程（Object Oriented Programming，OOP）、面向对象测试（Object Oriented Test，OOT）和面向对象维护（Object Oriented Soft Maintenance，OOSM）。

客观世界中任何一个事物都可以看成一个对象，每个对象有属性和行为两个要素。属性就是对象的内部状态及自身的特点，行为就是改变自身状态的动作。

面向对象中的对象也可以是一个抽象的事物，可以从类似的事物中抽象出一个对象，例如圆形、正方形、三角形，可以抽象得出的对象是简单图形，简单图形就是一个对象，它有自己的属性和行为，图形中边的个数是它的属性，图形的面积也是它的属性，输出图形的面积就是它的行为。

面向对象有 3 大特点，即封装、继承和多态。

（1）封装

封装有两个作用，一个是将不同的小对象封装成一个大对象，另一个是把一部分内部属性和功能对外界屏蔽。例如一辆汽车，它是一个大对象，它由发动机、底盘、车身和轮子等这些小对象组成。在设计时可以先对这些小对象进行设计，然后小对象之间通过相互联系确定各自大小等方面的属性，最后就可以安装成一辆汽车。

（2）继承

继承是和类密切相关的概念。继承性是子类自动共享父类数据结构和方法的机制，这是类之间的一种关系。在定义和实现一个类的时候，可以在一个已经存在的类的基础之上进行，把这个已经存在的类所定义的内容作为自己的内容，并加入若干新的内容。

在类层次中，子类只继承一个父类的数据结构和方法，称为单重继承，子类继承了多个父类的数据结构和方法，则称为多重继承。

在软件开发中，类的继承性使所建立的软件具有开放性、可扩充性，这是信息组织与分类的行之有效的方法，它简化了对象、类的创建工作量，增加了代码的可重性。

继承性是面向对象程序设计语言不同于其他语言的最重要的特点，是其他语言所没有的。采用继承性，使公共的特性能够共享，提高了软件的重用性。

（3）多态

多态性是指相同的行为可作用于多种类型的对象上并获得不同的结果。不同的对象，收到同一消息可以产生不同的结果，这种现象称为多态性。多态性允许每个对象以适合自身的方式去响应共同的消息。

视频讲解

12.2　面向对象与面向过程编程

12.2.1　面向过程编程

过程编程的主要思想是先做什么后做什么，在一个过程中实现特定功能。一个大的实现过程还可以分成各个模块，各个模块可以按功能进行划分，然后组合在一起实现特定功能。在过程编程中，程序模块可以是一个函数，也可以是整个源文件。

过程编程主要以数据为中心，传统的面向过程的功能分解法属于结构化分析方法。分析者将对象系统的现实世界看作一个大的处理系统，然后将其分解为若干个子处理过程，解决系统的总体控制问题。在分析过程中，用数据描述各子处理过程之间的联系，整理各个子处理过程的执行顺序。

面向过程编程一般流程如下：

现实世界→面向过程建模（流程图，变量，函数）→面向过程语言→执行求解

过程编程的稳定性、可修改性和可重用性都比较差。

（1）软件重用性差

重用性是指同一事物不经修改或稍加修改就可多次重复使用的性质。软件重用性是软件工程追求的目标之一。处理不同的过程都有不同的结构，当过程改变时，结构也需要改变，前期开发的代码无法得到充分的再利用。

（2）软件可维护性差

软件工程强调软件的可维护性，强调文档资料的重要性，规定最终的软件产品应该由完整、一致的配置成分组成。在软件开发过程中，始终强调软件的可读性、可修改性和可测试性是软件的重要的质量指标。面向过程编程由于软件的重用性差，造成维护时其费用和成本也很高，而且大量修改的代码存在着许多未知的漏洞。

（3）开发出的软件不能满足用户需要

大型软件系统一般涉及各种不同领域的知识，面向过程编程往往是描述软件的各个最低层的，针对不同领域设计不同的结构及处理机制，当用户需求发生变化时，就要修改最低层的结构。当处理用户需求变化较大时，过程编程将无法修改，可能导致软件的重新开发。

12.2.2　面向对象编程

面向过程编程有复杂的数据结构、复杂的组合逻辑、详细的过程和数据之间的关系、高深的算法，面向过程开发的程序可以描述成算法加数据结构。面向过程开发是分析过程与数据之间的边界在哪里，进而解决问题。面向对象则是从另一种角度思考，将编程思维设计成符合人的思维逻辑。

面向对象程序设计者的任务包括两个方面：一是设计所需的各种类和对象，即决定把哪些数据和操作封装在一起；二是考虑怎样向有关对象发送消息，以完成所需的任务。这时它如同一个总调度，不断地向各个对象发出消息，让这些对象活动起来（或者说激活这些对象），使它们完成自己职责范围内的工作。

各个对象的操作完成了，整体任务也就完成了。显然，对一个大型任务来说，面向对象程序设计方法是十分有效的，它能大大降低程序设计人员的工作难度，减少出错机会。

面向对象开发的程序可以描述成"对象＋消息"。面向对象编程一般流程如下：

现实世界→面向对象建模（类图，对象，方法）→面向对象语言→执行求解。

12.2.3　面向对象的特点

面向对象技术充分体现了分解、抽象、模块化、信息隐藏等思想，有效提高软件生产率、缩短软件开发时间、提高软件质量，是控制复杂度的有效途径。

面向对象不仅适合普通人员，也适合经理人员。降低维护开销的技术可以释放管理者的资源，将其投入到待处理的应用中。在经理们看来，面向对象不是纯技术的，它既能给企业的组织也能给经理的工作带来变化。

当一个企业采纳了面向对象技术，其组织将发生变化。类的重用需要类库和类库管理人员，每个程序员都要加入到两个组中的一个：一个是设计和编写新类组，另一个是应用类创建新应用程序组。面向对象不太强调编程，需求分析相对地将变得更加重要。

面向对象编程主要有代码容易修改、代码复用性高、满足用户需求 3 个特点。

（1）代码容易修改

面向对象编程的代码都是封装在类里面，如果类的某个属性发生变化，只需要修改类中成员函数的实现即可，其他的程序函数不发生改变。如果类中属性变化较大，则使用继承的方法重新派生新类。

（2）代码复用性高

面向对象编程的类都是具有特定功能的封装，需要使用类中特定的功能，只需要声明该类并调用其成员函数即可。如果需要的功能在不同类，还可以进行多重继承，将不同类的成员封装到一个类中。功能的实现可以像积木一样随意组合，大大提高了代码的复用性。

（3）满足用户需求

由于面向对象编程的代码复用性高，用户的要求发生变化时，只需要修改发生变化的类。如果用户的要求变化较大，就对类进行重新组装，将变化大的类重新开发，功能没有发生变化的类可以直接拿来使用。面向对象编程可以及时地响应用户需求的变化。

12.3　统一建模语言

视频讲解

12.3.1　统一建模语言概述

模型是用某种工具对同类或其他工具的表达方式，是系统语义的完整抽象。模型可以分解为包的层次结构，最外层的包对应于整个系统。模型的内容是从顶层包到模型元素的包所含关系的闭包。

模型可以用于捕获精确的表达项目的需求和应用领域中的知识，以使各方面的利益相关者能够相互理解并达成一致。

UML 是统一建模语言的英文缩写，它是一种直观化、明确化、构建和文档化软件系统产物的通用可视化建模语言。UML 记录了被构建系统的有关决定和理解，可用于对系统的理解、设计、浏览、配置以及信息控制。UML 的应用贯穿在系统开发的需求分析、分析、设计、构造、测试 5 个阶段，它包括概念的语义、表示法和说明，提供静态、动态、系统环境及组织结构的建模。建模语言是一种图形化的文档描述性语言，解决的核心问题是沟通障碍的问题，但 UML 是总结了以往建模技术的经验并吸收当今优秀成果的标准建模方法。

12.3.2　统一建模语言的结构

UML 由图和元模型共同组成，其中图是 UML 的语法，而元模型则是给出的图的意思，它是 UML 的语义。UML 的语义定义在一个 4 层抽象级建模概念框架中，这 4 层结构分别是：

☑　元介质模型层

该层描述基本的类型、属性、关系，这些元素都用于定义 UML 元模型。元介质模型强调用少数功能较强的模型成分来组合表达复杂的语义。每一个方法和技术都应在相对独立的抽象层次上。

☑　元模型层

该层组成了 UML 的基本元素，包括面向对象和面向组件的概念，这一层的每个概念都在元介质模型的"事物"的实例中。

☑　模型层

该层组成了 UML 的模型，这一层中的每个概念都是在元模型层中概念的一个实例，这一层的模型通常叫作类模型或类型模型。

☑　用户模型层

该层中的所有元素都是 UML 模型的例子。这一层中的每个概念都是模型层的一个实例，也是元模型层的一个实例。这一层的模型通常叫作对象模型或实例模型。

UML 使用模型来描述系统的结构或静态特征，以及行为或动态特征，它通过不同的视图来体现行为或动态特征。常用的视图有以下几种：

（1）用例视图

该视图强调以用户的角度所看到的或需要的系统功能为出发点建模。这种视图有时也被称为用户模型视图。

（2）逻辑视图

该视图用于展现系统的静态和结构组成及其特征，它也被称为结构模型视图或静态视图。

（3）并发视图

该视图体现了系统的动态或者行为特征，它也被称为行为模型视图、过程视图、写作视图或者动态视图。

（4）组件视图

该视图体现了系统实现的结构和行为特征，它有时也被称为模型实现视图。

（5）开发视图

该视图体现了系统实现环境的结构和行为特征，它也被称为物理视图。

UML 的视图都是由一个或多个图共同组成。一个图体现一个系统架构的某个功能，所有的图一起组成了系统的完整视图。UML 提供了 9 种不同的图，分别是用例图、类图、对象图、组件图、配置图、序列图、写作图、状态图和活动图。

活动图如图 12.1 所示。

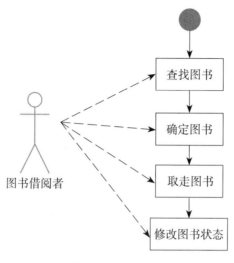

图 12.1　活动图

一个图书借阅者使用图书管理系统要先进行查找图书动作，然后确定想要的书，接着是取走图书，最后查询和修改图书在系统中的状态。

UML 除提供了 9 种视图以外还提供了包图和交互图，包图如图 12.2 所示。

图书管理系统中的查询模块，包括了查询抽象类包、通过书名查询包、通过作者查询包。通过书名查询包和通过作者查询包都派生于查询抽象类包，并且都调用其他子系统下的数据库包。

包图描述了类的结构，交互图则描述了类对象的交互步骤，交互图如图 12.3 所示。

交互图中演示的是建立连接动作对象和连接对象的交互过程，首先发送"创建连接对象"消息，当连接对象创建完后，返回"连接建立消息"给建立连接动作对象。

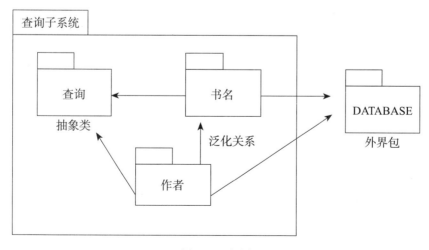

图 12.2　包图

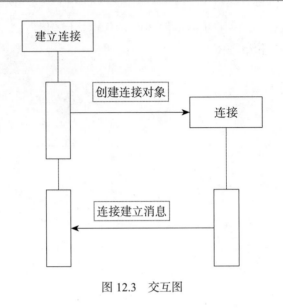

图 12.3　交互图

12.3.3　面向对象的建模

　　面向对象的建模是一种新的思维方式，是一种关于计算机和信息结构化的新思维。面向对象的建模，把系统看作相互协作的对象，这些对象是结构和行为的封装，都属于某个类，那些类具有某种层次化的结构。系统的所有功能通过对象之间相互发送消息来获得。面向对象的建模可以视为一个包含以下元素的概念框架：抽象、封装、模块化、层次、分类、并行、稳定、可重用和可扩展性。

12.4　小　　结

　　了解面向对象编程与面向过程编程的区别可以更好地理解面向对象编程，面向对象编程需要通过好的模型才能发挥其优点，而好的模型需要大量的代码积累和反复的测试才能形成。读者可以通过本章了解面向对象编程的思路以及使用 UML 来描述编程思路，掌握面向对象编程的方法。

第 13 章

类和对象

（📹视频讲解：3 小时 6 分钟）

C++ 既可以开发面向过程的应用程序，也可以开发面向对象的应用程序。类是对象的实现，面向对象中的类是抽象概念，而类是程序开始过程中定义的一个对象，用类定义对象可以是现实生活中的真实对象，也可以是从现实生活中抽象的对象。

学习摘要：

▸▸ C++ 类

▸▸ 构造函数

▸▸ 析构函数

▸▸ 类成员

▸▸ 友元

13.1 C++ 类

13.1.1 类概述

面向对象中的对象需要通过定义类来声明，"对象"一词是一种形象的说法，在编写代码过程中则是通过定义一个类来实现。

C++ 类不同于汉语中的类、分类、类型，它是一个特殊的概念，可以是对统一类型事物进行抽象处理，也可以是一个层次结构中的不同层次节点。例如将客观世界看成一个 object 类，动物是客观世界中的一小部分，定义为 Animal 类，狗是一种哺乳动物，是动物的一类，定义为 Dog 类，鱼也是一种动物，定义为 Fish 类，类的层次关系如图 13.1 所示。

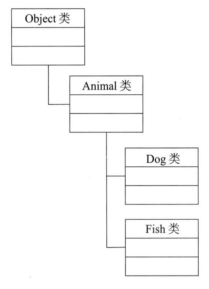

图 13.1 类的层次关系

类是一个新的数据类型，它和结构体有些相似，是由不同数据类型组成的集合体，但类要比结构体增加了操作数据的行为，这个行为就是函数。

13.1.2 类的声明与定义

在 13.1.1 节中已经对类的概念进行说明，可以看出类是用户自己指定的类型。如果程序中要用到类这种类型，就必须自己根据需要进行声明，或者使用别人设计好的类。下面来看一下如何设计一个类。类的声明格式如下：

```
class 类名标识符
{
```

```
[public:]
[数据成员的声明]
[成员函数的声明]
[private:]
[数据成员的声明]
[成员函数的声明]
[protected: ]
[数据成员的声明]
[成员函数的声明]
};
```

类的声明格式的说明如下：

☑　class 是定义类结构体的关键字，花括号内被称为类体或类空间。

☑　类名标识符指定的就是类名，类名就是一个新的数据类型，通过类名可以声明对象。

☑　类的成员有函数和数据两种类型。

☑　花括号内是定义和声明类成员的地方，关键字 public，private，protected 是类成员访问的修饰符。

类中的数据成员的类型可以是任意的，包含整型、浮点型、字符型、数组、指针和引用等，也可以是对象。另一个类的对象可以作为该类的成员，但是自身类的对象不可以作为该类的成员，而自身类的指针或引用又是可以作为该类的成员的。

注意

定义类结构体和定义结构体时花括号后要有分号。

13.1.3　类的实现

13.1.2 节只是在 CPerson 类中声明了类的成员。然而要使用这个类中的方法，即成员函数，还要对其进行定义具体的操作。下面来看一下是如何定义类中的方法的。

第一种方法是将类的成员函数都定义在类体内。以下代码都在 person.h 头文件内，类的成员函数都定义在类体内。

```
01  #include <stdio.h>
02  #include <stdlib.h>
03  #include <string.h>
04  class CPerson
05  {
06  public:
07                                              // 数据成员
08      int m_iIndex;
09      char m_cName [25];
10      short m_shAge;
11      double m_dSalary;
```

```
12                                              // 成员函数
13      short getAge() { return m_shAge; }
14      int setAge(short sAge)
15      {
16         m_shAge=sAge;
17         return 0;                            // 执行成功返回 0
18      }
19      int getIndex() { return m_iIndex;}
20      int setIndex(int iIndex)
21      {
22         m_iIndex=iIndex;
23         return 0;                            // 执行成功返回 0
24      }
25      char* getName()
26      { return m_cName; }
27      int setName(char cName [25])
28      {
29         strcpy(m_cName, cName);
30         return 0;                            // 执行成功返回 0
31      }
32      double getSalary() { return m_dSalary;}
33      int setSalary(double dSalary)
34      {
35         m_dSalary=dSalary;
36         return 0;                            // 执行成功返回 0
37      }
38 };
```

第二种方法，也可以将类体内的成员函数的实现放在类体外，但如果类成员定义在类体外，需要用到域运算符 "::"，放在类体内和类体外的效果是一样的。

```
01 #include <stdio.h>
02 #include <stdlib.h>
03 #include <string.h>
04 class CPerson
05 {
06 public:
07                                             // 数据成员
08      int m_iIndex;
09      char m_cName [25];
10      short m_shAge;
11      double m_dSalary;
12                                             // 成员函数
13      short getAge();
14      int setAge(short sAge);
15      int getIndex();
16      int setIndex(int iIndex);
17      char* getName();
```

```
18        int setName(char cName [25]);
19        double getSalary();
20        int setSalary(double dSalary);
21   };
22                                          // 类成员函数的实现部分
23   short CPerson::getAge()
24   {
25        return m_shAge;
26   }
27   int CPerson::setAge(short sAge)
28   {
29        m_shAge=sAge;
30        return 0;                         // 执行成功返回 0
31   }
32   int CPerson::getIndex()
33   {
34        return m_iIndex;
35   }
36   int CPerson::setIndex(int iIndex)
37   {
38        m_iIndex=iIndex;
39        return 0;                         // 执行成功返回 0
40   }
41   char* CPerson::getName()
42   {
43        return m_cName;
44   }
45   int CPerson::setName(char cName [25])
46   {
47        strcpy(m_cName, cName);
48        return 0;                         // 执行成功返回 0
49   }
50   double CPerson::getSalary()
51   {
52        return m_dSalary;
53   }
54   int CPerson::setSalary(double dSalary)
55   {
56        m_dSalary=dSalary;
57        return 0;                         // 执行成功返回 0
58   }
```

前面两种方式都是将代码存储在同一个文件内。C++ 语言可以实现将函数的声明和函数的定义放在不同的文件内，一般在头文件放入函数的声明，在实现文件放入函数的实现文件。同样可以将类的定义放在头文件中，将类成员函数的实现放在实现文件内。存放类的头文件和实现文件最好和类名相同或相似。例如将 CPerson 类的声明部分放在 person.h 文件内，代码如下：

```
01  #include <stdio.h>
```

```
02  #include <stdlib.h>
03  #include <string.h>
04  class CPerson
05  {
06  public:
07                                        // 数据成员
08      int m_iIndex;
09      char m_cName [25];
10      short m_shAge;
11      double m_dSalary;
12                                        // 成员函数
13      short getAge();
14      int setAge(short sAge);
15      int getIndex();
16      int setIndex(int iIndex);
17      char* getName();
18      int setName(char cName [25]);
19      double getSalary();
20      int setSalary(double dSalary);
21  };
```

将 CPerson 类的实现部分放在 person.cpp 文件内，代码如下：

```
01  #include "person.h"
02                                        // 类成员函数的实现部分
03  short CPerson::getAge()
04  {
05      return m_shAge;
06  }
07  int CPerson::setAge(short sAge)
08  {
09      m_shAge=sAge;
10      return 0;                         // 执行成功返回 0
11  }
12  int CPerson::getIndex()
13  {
14      return m_iIndex;
15  }
16  int CPerson::setIndex(int iIndex)
17  {
18      m_iIndex=iIndex;
19      return 0;                         // 执行成功返回 0
20  }
21  char* CPerson::getName()
22  {
23      return m_cName;
24  }
25  int CPerson::setName(char cName [25])
26  {
```

```
27      strcpy(m_cName, cName);
28      return 0;                        // 执行成功返回 0
29  }
30  double CPerson::getSalary()
31  {
32      return m_dSalary;
33  }
34  int CPerson::setSalary(double dSalary)
35  {
36      m_dSalary=dSalary;
37      return 0;                        // 执行成功返回 0
38  }
```

此时整个工程所有文件如图 13.2 所示。

图 13.2   所有工程文件

关于类的实现有两点说明：

（1）类的数据成员需要初始化，成员函数还要添加实现代码。类的数据成员不可以在类的声明中初始化。

```
01  class CPerson
02  {
03                                          // 数据成员
04      int m_iIndex=1;                     // 错误写法，不应该初始化的
05      char m_cName [25]="Mary";           // 错误写法，不应该初始化的
06      short m_shAge=22;                   // 错误写法，不应该初始化的
07      double m_dSalary=1700.00;           // 错误写法，不应该初始化的
08                                          // 成员函数
09      short getAge();
10      int setAge(short sAge);
11      int getIndex();
12      int setIndex(int iIndex);
13      char* getName();
14      int setName(char cName [25]);
15      double getSalary();
16      int setSalary(double dSalary);
17  };
```

上面代码是不能通过编译的。

（2）空类是 C++ 中最简单的类，其声明方式如下：

```
class CPerson{ };
```

空类只是起到占位的作用，需要的时候再定义类成员及实现。

13.1.4 对象的声明

定义一个新类后，就可以通过类名来声明一个对象。声明的形式如下：

```
类名 对象名表
```

类名是定义好的新类的标识符，对象名表中是一个或多个对象的名称，如果声明的是多个对象就用逗号运算符分隔。

例如声明一个对象如下：

```
CPerson p;
```

声明多个对象如下：

```
CPerson p1, p2, p3;
```

声明完对象就是对象的引用了，对象的引用有两种方式，一种是成员引用方式，一种是对象指针方式。

（1）成员引用方式

成员变量引用的表示如下：

```
对象名 . 成员名
```

这里 "." 是一个运算符，该运算符的功能是表示对象的成员。

成员函数引用的表示如下：

```
对象名 . 成员名（参数表）
```

例如：

```
CPerson p;
p.m_iIndex;
```

（2）对象指针方式

对象声明形式中的对象名表，除了是用逗号运算符分隔的多个对象名外，还可以是对象名数组、对象名指针和引用形式的对象名。

声明一个对象指针：

```
CPerson *p;
```

但要想使用对象的成员，需要"–>"运算符，它是表示成员的运算符，与"."运算符的意义相同。"–>"用来表示对象指针所指的成员，对象指针就是指向对象的指针，例如：

```
CPerson *p;
p–>m_iIndex;
```

下面的对象数据成员的两种表示形式是等价的：

对象指针名 –> 数据成员

与

(* 对象指针名). 数据成员

同样，下面成员函数的两种表示形式是等价的：

对象指针名 –> 成员名（参数表）

与

(* 对象指针名). 成员名（参数表）

例如：

```
01  CPerson *p;
02  (*p).m_iIndex;           // 对类中的成员进行引用
03  p–>m_iIndex;             // 对类中的成员进行引用
```

【例 13.01】 对象的引用（**实例位置：资源包 \ 源码 \13\13.01**）
在本实例中，利用前文声明的类定义对象，然后使用该对象引用其中成员。

```
01  #include <iostream.h>
02  #include "Person.h"
03  void main()
04  {
05      int iResult=-1;
06      CPerson p;
07      iResult=p.setAge(25);
08      if(iResult>=0)
09        cout << "m_shAge is:" << p.getAge() << endl;
10      iResult=p.setIndex(0);
11      if(iResult>=0)
12        cout << "m_iIndex is:" << p.getIndex() << endl;
13      char bufTemp []="Mary";
14      iResult=p.setName(bufTemp);
```

```
15    if(iResult>=0)
16        cout << "m_cName is:" << p.getName() << endl;
17    iResult=p.setSalary(1700.25);
18    if(iResult>=0)
19        cout << "m_dSalary is:" << p.getSalary() << endl;
20 }
```

在实例中可以看到，首先使用 CPerson 类定义对象 p，然后使用 p 引用类中的成员函数。

p.setAge(25) 引用类中的 setAge 成员函数，将参数中的数据赋值给数据成员，设置对象的属性。函数的返回值赋给 iResult 变量，通过 iResult 变量值判断函数 setAge 为数据成员赋值是否成功。如果成功再使用 p.getAge() 得到赋值的数据，然后将其输出显示。

之后使用对象 p 依次引用成员函数 setIndex，setName 和 setSalary，然后通过对 iResult 变量的判断，决定是否引用成员函数 getIndex，getName 和 getSalary。

13.2 构 造 函 数

视频讲解

13.2.1 构造函数概述

在类的实例进入其作用域时，也就是建立一个对象，构造函数就会被调用，当建立一个对象时，常常需要做某些初始化的工作，例如对数据成员进行赋值设置类的属性，而这些操作刚好放在构造函数中完成。

前文介绍过结构的相关知识，在对结构进行初始化时，可以使用下面的方法，例如：

```
01 struct PersonInfo
03 {
04     int index;
05     char name [30];
06     short age;
07 };
08 void InitStruct()
09 {
10     PersonInfo p={1, "mr", 22};
11 }
```

但是类不能像结构体一样初始化，其构造方法如下：

```
01 class CPerson
02 {
03     public:
04         CPerson();                    // 构造函数
05         int m_iIndex;
06         int getIndex();
```

```
07 };
08                              // 构造函数
09 CPerson::CPerson()
10 {
11     m_iIndex=10;
12 }
```

CPerson() 是默认构造函数，如果不显式地写上函数的声明也可以。

构造函数是可以有参数的，修改上面的代码，使其构造函数带有参数，例如：

```
01 class CPerson
02 {
03     public:
04     CPerson(int iIndex);         // 构造函数
05     int m_iIndex;
06     int setIndex(int iIndex);
07 };
08                              // 构造函数
09 CPerson::CPerson(int iIndex)
10 {
11     m_iIndex= iIndex;
12 }
```

13.2.2　复制构造函数

在开发程序时可能需要保存对象的副本，以便在后面执行的过程中恢复对象的状态。那么如何用一个已经初始化的对象来新生成一个一模一样的对象？答案是使用复制构造函数来实现。复制构造函数就是函数的参数是一个已经初始化的类对象。

【例 13.02】　使用复制构造函数（**实例位置：资源包 \ 源码 \13\13.02**）

在头文件 Person.h 中声明和定义类。代码如下：

```
01 class CPerson
02 {
03     public:
04     CPerson(int iIndex, short shAge, double dSalary);    // 构造函数
05     CPerson(CPerson & copyPerson);                       // 复制构造函数
06     int m_iIndex;
07     short m_shAge;
08     double m_dSalary;
09     int getIndex();
10     short getAge();
11     double getSalary();
12 };
13 // 构造函数
14 CPerson::CPerson(int iIndex, short shAge, double dSalary)
15 {
```

```
16    m_iIndex=iIndex;
17    m_shAge=shAge;
18    m_dSalary=dSalary;
19  }
20                                              // 复制构造函数
21  CPerson::CPerson(CPerson & copyPerson)
22  {
23    m_iIndex=copyPerson.m_iIndex;
24    m_shAge=copyPerson.m_shAge;
25    m_dSalary=copyPerson.m_dSalary;
26  }
27  short CPerson::getAge()
28  {
29    return m_shAge;
30  }
31  int CPerson::getIndex()
32  {
33    return m_iIndex;
34  }
35  double CPerson::getSalary()
36  {
37    return m_dSalary;
38  }
```

在主程序文件中实现类对象的调用，代码如下：

```
01  #include <iostream>
02  #include "Person.h"
03  using namespace std;
04  void main()
05  {
06      CPerson p1(20, 30, 100);
07      CPerson p2(p1);
08      cout << "m_iIndex of p1 is:" << p2.getIndex() << endl;
09      cout << "m_shAge of p1 is:" << p2.getAge() << endl;
10      cout << "m_dSalary of p1 is:" << p2.getSalary() << endl;
11      cout << "m_iIndex of p2 is:" << p2.getIndex() << endl;
12      cout << "m_shAge of p2 is:" << p2.getAge() << endl;
13      cout << "m_dSalary of p2 is:" << p2.getSalary() << endl;
14  }
```

程序运行如图 13.3 所示。

程序中先用带参数的构造函数声明对象 p1，然后通过复制构造函数声明对象 p2，因为 p1 已经是初始化完成的类对象，可以作为复制构造函数的参数，通过输出结果可以看出，两个对象是相同的。

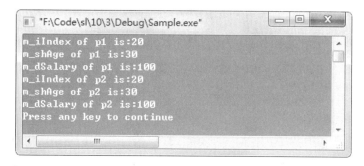

图 13.3　使用复制构造函数

视频讲解

13.3　析 构 函 数

构造函数和析构函数是类体定义中比较特殊的两个成员函数，因为它们两个都没有返回值，而且构造函数名标识符和类名标识符相同，析构函数名表示符就是在类名标识符前面加 "~" 符号。

构造函数主要是用来在对象创建时，给对象中的一些数据成员赋值，主要目的就是来初始化对象。析构函数的功能是用来释放一个对象的，在对象删除前，用它来做一些清理工作，它与构造函数的功能正好相反。

【例 13.03】　使用析构函数（**实例位置：资源包 \ 源码 \13\13.03**）

在头文件 Person.h 中声明和定义类。代码如下：

```
01 #include <iostream>
02 #include <string.h>
03 using namespace std;
04 class CPerson
05 {
06 public:
07     CPerson();
08     ~CPerson();                          // 析构函数
09     char* m_pMessage;
10     void ShowStartMessage();
11     void ShowFrameMessage();
12 };
13 CPerson::CPerson()
14 {
15     m_pMessage = new char [2048];
16 }
17 void CPerson::ShowStartMessage()
18 {
19     strcpy(m_pMessage, "Welcome to MR");
20     cout << m_pMessage << endl;
21 }
22 void CPerson::ShowFrameMessage()
```

```
23 {
24     strcpy(m_pMessage, "***************");
25     cout << m_pMessage << endl;
26 }
27 CPerson::~CPerson()
28 {
29     delete [] m_pMessage;
30 }
```

在主程序文件中实现类对象的调用，代码如下：

```
01 #include <iostream>
02 using namespace std;
03 #include "Person.h"
04 void main()
05 {
06     CPerson p;
07     p.ShowFrameMessage();
08     p.ShowStartMessage();
09     p.ShowFrameMessage();
10 }
```

程序运行如图 13.4 所示。

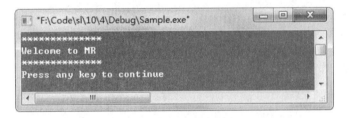

图 13.4　使用析构函数

程序在构造函数中使用 new 为成员 m_pMessage 分配空间，在析构函数中使用 delete 释放由 new 分配的空间。成员 m_pMessage 为字符指针，在 ShowStartMessage 成员函数中输出字符指针所指向的内容。

使用析构函数注意事项：

☑　一个类中只可能定义一个析构函数。

☑　析构函数不能重载。

☑　构造函数和析构函数不能使用 return 语句返回值。不用加上关键字 void。

构造函数和析构函数的调用环境：

（1）自动变量的作用域是某个模块，当此模块被激活时，自动变量调用构造函数，当退出此模块时，会调用析构函数。

（2）全局变量在进入 main() 函数之前会调用构造函数，在程序终止时会调用析构函数。

（3）动态分配的对象在使用 new 为对象分配内存时会调用构造函数；使用 delete 删除对象时会调用析构函数。

（4）临时变量是为支持计算，由编译器自动产生的。临时变量的生存期的开始和结尾会调用构造函数和析构函数。

13.4 类 成 员

视频讲解

13.4.1 访问类成员

类的三大特点之中包括"封装性"，封装在类里面的数据可以设置成对外可见或不可见，通过关键字 public，private，protected 可以设置类中数据成员对外是否可见，也就是其他类是否可以访问该数据成员。

关键字 public，private，protected 说明类成员是共有的、私有的，还是保护的。这 3 个关键字将类划分为 3 个区域，在 public 区域的类成员可以在类作用域外被访问，而 private 区域和 protected 区域只能在类作用域内被访问，如图 13.5 所示。

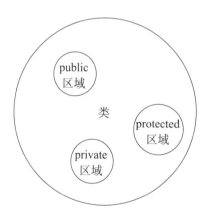

图 13.5 类成员属性

这 3 种类成员的属性如下：

☑ public 属性的成员对外可见，对内可见。

☑ private 属性的成员对外不可见，对内可见。

☑ protected 属性的成员对外不可见，对内可见，且对派生类是可见的。

如果在类定义的时候没有加任何关键字，默认状态类成员都在 private 区域。

例如在头文件 person.h 中：

```
01  class CPerson
02  {
03    int m_iIndex;
04    int getIndex() { return m_iIndex;}
05    int setIndex(int iIndex)
06    {
07      m_iIndex=iIndex;
```

```
08      return 0;                                        // 执行成功返回 0
09   }
10 };
```

实现文件 person.cpp 中：

```
01 #include <iostream.h>
02 #include "Person.h"
03 void main()
04 {
05    CPerson p;
06    p.m_iIndex=100;                                    // 错误
07    cout << "m_iIndex is:" << p.getIndex() << endl;    // 错误
08 }
```

在编译上面的代码时，会发现编译不能通过。因为在默认状态下，类成员的属性为 private，这样的话类成员只能被类中的其他成员访问，而不能被外部访问。例如，CPerson 类中的 m_iIndex 数据成员，只能在类体的作用域内被访问和赋值，数据类型为 CPerson 类的对象 p，就无法对 m_iIndex 数据成员进行赋值。

有了不同区域，开发人员可以根据需求来进行封装。将不想让其他类访问和调用的类成员定义在 private 区域和 protected 区域，这就保证了类成员的隐蔽性。需要注意的是，如果将成员的属性设置为 protected，那么继承类也可以访问父类的保护成员，但是不能访问类中的私有成员。

关键字的作用范围是，直到下一次出现另一个关键字为止，例如：

```
01 class CPerson
02 {
03 private:
04    int m_iIndex;                                      // 私有属性成员
05 public:
06    int getIndex() { return m_iIndex;}                 // 公有属性成员
07    int setIndex(int iIndex)                           // 公有属性成员
08    {
09       m_iIndex=iIndex;
10       return 0;                                       // 执行成功返回 0
11    }
12 };
```

在上面的代码中，private 访问权限控制符设置 m_iIndex 成员变量为私有。public 关键字下面的成员函数设置为公有，从中可以看出 private 的作用域到 public 出现时为止。

13.4.2 内联成员函数

在定义函数时，可以使用 inline 关键字将函数定义为内联函数。在定义类的成员函数时，也可以使用 inline 关键字将成员函数定义为内联成员函数。其实，对于成员函数来说，如果其定义是在类体中，即使没有使用 inline 关键字，该成员函数也被认为是内联成员函数。例如：

```
01  class CUser                              // 定义一个 CUser 类
02  {
03  private:
04      char m_Username [128];               // 定义数据成员
05      char m_Password [128];
06  public:
07      inline char* GetUsername()const;     // 定义一个内联成员函数
08  };
09  char* CUser::GetUsername()const          // 实现内联成员函数
10  {
11      return (char*)m_Username;
12  }
```

程序中，使用 inline 关键字将类中的成员函数设置为内联成员函数。此外，也可以在类成员函数的实现部分使用 inline 关键字标识函数为内联成员函数。例如：

```
01  class CUser                              // 定义一个 CUser 类
02  {
03  private:
04      char m_Username [128];               // 定义数据成员
05      char m_Password [128];
06  public:
07      char* GetUsername()const;            // 定义成员函数
08  };
09  inline char* CUser::GetUsername()const   // 函数为内联成员函数
10  {
11      return (char*)m_Username;            // 设置返回值
12  }
```

程序中的代码演示了在何处使用关键字 inline。对于内联函数来说，程序会在函数调用的地方直接插入函数代码，如果函数体语句较多，则会导致程序代码膨胀。如果将类的析构函数定义为内联函数，可能会导致潜在的代码膨胀。

13.4.3　静态类成员

本节之前所定义的类成员，都是通过对象来访问的，不能通过类名直接访问。如果将类成员定义为静态类成员，则允许使用类名直接访问。静态类成员是在类成员定义前使用 static 关键字标识。例如：

```
01  class CBook
02  {
03  public:
04      static unsigned int m_Price;         // 定义一个静态数据成员
05  };
```

在定义静态数据成员时，通常需要在类体外部对静态数据成员进行初始化。例如：

```
unsigned int CBook::m_Price = 10;                    // 初始化静态数据成员
```

对于静态成员来说，不仅可以通过对象访问，还可以直接使用类名访问。例如：

```
01  int main(int argc, char* argv [])
02  {
03      CBook book;                         // 定义一个 CBook 类对象 book
04      cout << CBook::m_Price << endl;     // 通过类名访问静态成员
05      cout<<book.m_Price<<endl;          // 通过对象访问静态成员
06      return 0;
07  }
```

在一个类中，静态数据成员是被所有的类对象所共享的，这就意味着无论定义多少个类对象，类的静态数据成员只有一份，同时，如果某一个对象修改了静态数据成员，其他对象的静态数据成员（实际上是同一个静态数据成员）也将改变。

对于静态数据成员，还需要注意以下几点：

☑   静态数据成员可以是当前类的类型，而其他数据成员只能是当前类的指针或应用类型。

在定义类成员时，对于静态数据成员，其类型可以是当前类的类型，而非静态数据成员则不可以，除非数据成员的类型为当前类的指针或引用类型。例如：

```
01  class CBook
02  {
03  public:
04      static unsigned int m_Price;
05      CBook m_Book;                      // 非法的定义，不允许在该类中定义所属类的对象
06      static CBook m_VCbook;             // 正确，静态数据成员允许定义类的所属类对象
07      CBook *m_pBook;                    // 正确，允许定义类的所属类型的指针类型对象
08  };
```

☑   静态数据成员可以作为成员函数的默认参数。

在定义类的成员函数时，可以为成员函数指定默认参数，其参数的默认值也可以是类的静态数据成员，但是不同的数据成员则不能作为成员函数的默认参数。例如：

```
01  class CBook                            // 定义 CBook 类
02  {
03  public:
04      static unsigned int m_Price;       // 定义一个静态数据成员
05      int m_Pages;                       // 定义一个普通数据成员
06      void OutputInfo(int data = m_Price)  // 定义一个函数，以静态数据成员作为默认参数
07      {
08          cout <<data<< endl;            // 输出信息
09      }
10      void OutputPage(int page = m_Pages)  // 错误的定义，类的普通数据成员不能作为默认参数
```

```
11    {
12        cout << page<< endl;                    //输出信息
13    }
14  };
```

在介绍完类的静态数据成员之后，下面介绍类的静态成员函数。定义类的静态成员函数与定义普通的成员函数类似，只是在成员函数前添加 static 关键字。例如：

```
static void OutputInfo();                        //定义类的静态成员函数
```

类的静态成员函数只能访问类的静态数据成员，而不能访问普通的数据成员。例如：

```
01  class CBook                                  //定义一个类 CBook
02  {
03  public:
04      static unsigned int m_Price;             //定义一个静态数据成员
05      int m_Pages;                             //定义一个普通数据成员
06      static void OutputInfo()                 //定义一个静态成员函数
07      {
08          cout << m_Price<< endl;              //正确的访问
09          cout << m_Pages<< endl;              //非法的访问，不能访问非静态数据成员
10      }
11  };
```

在上述代码中，语句"cout << m_Pages<< endl;"是错误的，因为 m_Pages 是非静态数据成员，不能在静态成员函数中访问。

此外，对于静态成员函数不能定义为 const 成员函数，即静态成员函数末尾不能使用 const 关键字。例如，下面的静态成员函数的定义是非法的。

```
static void OutputInfo()const;                   //错误的定义，静态成员函数不能使用 const 关键字
```

在定义静态数据成员函数时，如果函数的实现代码处于类体之外，则在函数的实现部分不能再标识 static 关键字。例如，下面的函数定义是非法的。

```
01  static void CBook::OutputInfo()              //错误的函数定义，不能使用 static 关键字
02  {
03      cout << m_Price << endl;                 //输出信息
04  }
```

上述代码如果去掉 static 关键字则是正确的。例如：

```
01  void CBook::OutputInfo()                     //正确的函数定义
02  {
03      cout << m_Price<< endl;                  //输出信息
04  }
```

13.4.4　嵌套类

C++ 语言允许在一个类中定义另一个类，此类被称为嵌套类。例如，下面的代码在定义 CList 类时，在内部又定义了一个嵌套类 CNode。

```
01 #define MAXLEN 128                          // 定义一个宏
02 class CList                                 // 定义 CList 类
03 {
04 public:                                     // 嵌套类为公有的
05     class CNode                             // 定义嵌套类 CNode
06     {
07       friend class CList;                   // 将 CList 类作为自己的友元类
08     private:
09       int m_Tag;                            // 定义私有成员
10     public:
11       char m_Name [MAXLEN];                 // 定义公有数据成员
12     };                                      //CNode 类定义结束
13 public:
14     CNode m_Node;                           // 定义一个 CNode 类型数据成员
15     void SetNodeName(const char *pchData)   // 定义成员函数
16     {
17       if (pchData!= NULL)                   // 判断指针是否为空
18       {
19         strcpy(m_Node.m_Name, pchData);     // 访问 CNode 类的公有数据
20       }
21     }
22     void SetNodeTag(int tag)                // 定义成员函数
23     {
24       m_Node.m_Tag = tag;                   // 访问 CNode 类的私有数据
25     }
26 };
```

上述的代码在嵌套类 CNode 中定义了一个私有成员 m_Tag，定义了一个公有成员 m_Name，对于外围类 CList 来说，通常它不能够访问嵌套类的私有成员，虽然嵌套类是在其内部定义的。但是，上述代码在定义 CNode 类时将 CList 类作为自己的友元类，这使得 CList 类能够访问 CNode 类的私有成员。

对于内部的嵌套类来说，只允许其在外围的类域中使用，在其他类域或者作用域中是不可见的。例如下面的定义是非法的。

```
01 int main(int argc, char*argv [])
02 {
03    CNode node;                             // 错误的定义，不能访问 CNode 类
04    return 0;
05 }
```

上述代码在 main 函数的作用域中定义了一个 CNode 对象，导致 CNode 没有被声明的错误。对于 main 函数来说，嵌套类 CNode 是不可见的，但是可以通过使用外围的类域作为限定符来定义 CNode 对象。如下的定义将是合法的。

```
01  int main(int argc, char*argv [])
02  {
03      CList::CNode node;                      // 合法的定义
04      return 0;
05  }
```

上述代码通过使用外围类域作为限定符访问到了 CNode 类。但是这样做通常是不合理的，也是有限制条件的。因为既然定义了嵌套类，通常都不允许在外界访问，这违背了使用嵌套类的原则。其次，在定义嵌套类时，如果将其定义为私有的或受保护的，即使使用外围类域作为限定符，外界也无法访问嵌套类。

13.4.5　局部类

类的定义可以放在头文件中，可以放在源文件中。还有一种情况，类的定义也可以放置在函数中，这样的类被称之为局部类。

例如，定义一个局部类 CBook。

```
01  void LocalClass()                           // 定义一个函数
02  {
03      class CBook                             // 定义一个局部类 CBook
04      {
05      private:
06          int m_Pages;                        // 定义一个私有数据成员
07      public:
08          void SetPages(int page)             // 定义公有成员函数
09          {
10              if (m_Pages!= page)
11                  m_Pages = page;             // 为数据成员赋值
12          }
13          int GetPages()                      // 定义公有成员函数
14          {
15              return m_Pages;                 // 获取数据成员信息
16          }
17      };
18      CBook book;                             // 定义一个 CBook 对象
19      book.SetPages(300);                     // 调用 SetPages 方法
20      cout << book.GetPages()<< endl;         // 输出信息
21  }
```

上述代码在 LocalClass 函数中定义了一个类 CBook，该类被称为局部类。对于局部类 CBook，在函数之外是不能够被访问的，因为局部类被封装在了函数的局部作用域中。

视频讲解

13.5 友 元

13.5.1 友元概述

在讲述类的内容时说明了隐藏数据成员的好处，但是有些时候，类会允许一些特殊的函数直接读写其私有数据成员。

使用 friend 关键字可以让特定的函数或者别的类的所有成员函数对私有数据成员进行读写。这既可以保持数据的私有性，又能够使特定的类或函数直接访问私有数据。

有时候，普通函数需要直接访问一个类的保护或私有数据成员。如果没有友元机制，则只能将类的数据成员声明为公共的，从而任何函数都可以无约束地访问它。

普通函数需要直接访问类的保护或私有数据成员的原因主要是为提高效率。

13.5.2 友元类

对于类的私有方法，只有在该类中允许访问，其他类是不能访问的。但在开发程序时，如果两个类的耦合度比较紧密，能够在一个类中访问另一个类的私有成员会带来很大的方便。C++ 语言提供了友元类和友元方法（或者称为友元函数）来实现访问其他类的私有成员。当用户希望另一个类能够访问当前类的私有成员时，可以在当前类中将另一个类作为自己的友元类，这样在另一个类中就可以访问当前类的私有成员了。例如定义友元类：

```
01  class CItem                           // 定义一个 CItem 类
02  {
03  private:
04      char m_Name [128];                // 定义私有的数据成员
05      void OutputName()                 // 定义私有的成员函数
06      {
07          printf("%s\n", m_Name);       // 输出 m_Name
08      }
09  public:
10      friend class CList;               // 将 CList 类作为自己的友元类
11      void SetItemName(const char*pchData)   // 定义公有成员函数，设置 m_Name 成员
12      {
13          if (pchData!= NULL)           // 判断指针是否为空
14          {
15              strcpy(m_Name, pchData);  // 赋值字符串
16          }
17      }
18      CItem()                           // 构造函数
19      {
20          memset(m_Name, 0, 128);       // 初始化数据成员 m_Name
21      }
```

```
22  };
23  class CList                              // 定义类 CList
24  {
25  private:
26      CItem m_Item;                        // 定义私有的数据成员 m_Item
27  public:
28      void OutputItem();                   // 定义公有成员函数
29  };
30  void CList::OutputItem()                 //OutputItem 函数的实现代码
31  {
32      m_Item.SetItemName("BeiJing");       // 调用 CItem 类的公有方法
33      m_Item.OutputName();                 // 调用 CItem 类的私有方法
34  }
```

在定义 CItem 类时，使用 friend 关键字将 CList 类定义为 CItem 类的友元，这样 CList 类中的所有方法都可以访问 CItem 类中的私有成员了。在 CList 类的 OutputItem 方法中，语句 "m_Item.OutputName();" 演示了调用 CItem 类的私有方法 OutputName。

13.5.3　友元方法

在开发程序时，有时需要控制另一个类对当前类的私有成员的方法。例如，假设需要实现只允许 CList 类的某个成员访问 CItem 类的私有成员，而不允许其他成员函数访问 CItem 类的私有数据。这可以通过定义友元函数来实现。在定义 CItem 类时，可以将 CList 类的某个方法定义为友元方法，这样就限制了只有该方法允许访问 CItem 类的私有成员。

【例 13.04】　定义友元方法（实例位置：资源包 \ 源码 \13\13.04）

```
01  class CItem;                            // 前导声明 CItem 类
02  class CList                             // 定义 CList 类
03  {
04  private:
05      CItem*m_pItem;                      // 定义私有数据成员 m_pItem
06  public:
07      CList();                            // 定义默认构造函数
08      ~CList();                           // 定义析构函数
09      void OutputItem();                  // 定义 OutputItem 成员函数
10  };
11  class CItem                            // 定义 CItem 类
12  {
13      friend void CList::OutputItem();    // 声明友元函数
14  private:
15      char m_Name [128];                  // 定义私有数据成员
16      void OutputName()                   // 定义私有成员函数
17      {
18          printf("%s\n", m_Name);         // 输出数据成员信息
19      }
```

```
20  public:
21      void SetItemName(const char*pchData)          // 定义公有方法
22      {
23          if (pchData!= NULL)                       // 判断指针是否为空
24          {
25              strcpy(m_Name, pchData);              // 赋值字符串
26          }
27      }
28      CItem()                                       // 构造函数
29      {
30          memset(m_Name, 0, 128);                   // 初始化数据成员 m_Name
31      }
32  };
33  void CList::OutputItem()                          //CList 类的 OutputItem 成员函数的实现
34  {
35      m_pItem->SetItemName("BeiJing");              // 调用 CItem 类的共有方法
36      m_pItem->OutputName();                        // 在友元函数中访问 CItem 类的私有方法 OutputName
37  }
38  CList::CList()                                    //CList 类的默认构造函数
39  {
40      m_pItem = new CItem();                        // 构造 m_pItem 对象
41  }
42  CList::~CList()                                   //CList 类的析构函数
43  {
44      delete m_pItem;                               // 释放 m_pItem 对象
45      m_pItem = NULL;                               // 将 m_pItem 对象设置为空
46  }
47  int main(int argc, char*argv [])                  // 主函数
48  {
49      CList list;                                   // 定义 CList 对象 list
50      list.OutputItem();                            // 调用 CList 的 OutputItem 方法
51      return 0;
52  }
```

上述代码中，在定义 CItem 类时，使用 friend 关键字将 CList 类的 OutputItem 方法设置为友元函数，在 CList 类的 OutputItem 方法中访问了 CItem 类的私有方法 OutputName。程序运行如图 13.6 所示。

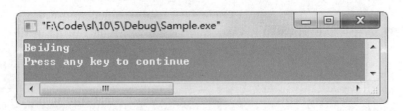

图 13.6 友元函数

对于友元函数来说，不仅可以是类的成员函数，还可以是一个全局函数。

13.6　小　　结

通过本章的学习，使得读者进入了有关面向对象的程序设计。在面向对象的程序设计中，其设计思路和人们日常生活中处理问题的方法相同，类是实现面向对象程序设计的基础。在本章中介绍了有关 C++ 中类的基础概念，讲解如何声明类并且介绍了如何实现一个类。之后介绍有关类中构造函数和析构函数的作用，还有类成员的相关内容。最后介绍了使用友元来访问类中不可见的成员，讲解 C++ 语言中命名空间的使用。

13.7　实　　战

13.7.1　手机默认语言

智能手机的默认语言为中文，但制造手机时可以将默认语言设置为英文。编写手机类，无参构造方法使用默认语言设计，利用有参构造方法修改手机的默认语言。运行结果如图 13.7 所示。（**实例位置：资源包 \ 源码 \13\ 实战 \01**）

图 13.7　默认语言

13.7.2　销毁手机卡

声明电话卡类，为其声明构造函数和析构函数，在电话卡对象销毁时，清空此对象绑定的身份证号。运行结果如图 13.8 所示。（**实例位置：资源包 \ 源码 \13\ 实战 \02**）

图 13.8　销毁手机卡

第 **14** 章

继承与派生

（📹 视频讲解：1 小时 15 分钟）

　　继承与派生是面向对象程序设计的两个重要特性，继承是从已有的类那里得到已有的特性，已有的类为基类或父类，新类被称为派生类或子类。继承与派生是从不同角度说明类之间的关系，这种关系包含了访问机制、多态和重载等。

　　学习摘要：

- ▸▸ 继承
- ▸▸ 重载运算符
- ▸▸ 多重继承
- ▸▸ 多态

视频讲解

14.1 继 承

继承（inheritance）是面向对象的主要特征（此外还有封装和多态）之一，它使得一个类可以从现有类中派生，而不必重新定义一个新类。继承的实质就是用已有的数据类型创建新的数据类型，并保留已有数据类型的特点，以旧类为基础创建新类，新类包含了旧类的数据成员和成员函数，并且可以在新类中添加新的数据成员和成员函数。旧类被称为基类或父类，新类被称为派生类或子类。

14.1.1 类的继承

类继承的形式如下：

```
class 派生类名标识符 : [ 继承方式 ] 基类名标识符
{
    [ 访问控制修饰符 :]
    [ 成员声明列表 ]
};
```

继承方式有 3 种派生类型，分别为公有型（public）、保护型（protected）和私有型（private），访问控制修饰符也是 public，protected，private 3 种类型，成员声明列表中包含类的成员变量及成员函数，是派生类新增的成员。":" 是一个运算符，表示基类和派生类之间的继承关系，如图 14.1 所示。

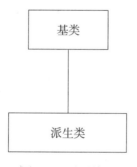

图 14.1 继承关系

例如，定义一个继承员工类的操作员类。它包含员工 ID、员工姓名、所属部门等信息。

```
01  class CEmployee                          //定义员工类
02  {
03  public:
04      int m_ID;                            //定义员工 ID
05      char m_Name [128];                   //定义员工姓名
06      char m_Depart [128];                 //定义所属部门
07  };
```

定义一个操作员类，通常操作员属于公司的员工，它包含员工 ID、员工姓名、所属部门等信息，此外还包含密码信息、登录方法等。

```
01  class COperator:public CEmployee          // 定义一个操作员类，从 CEmployee 类派生而来
02  {
03  public:
04      char m_Password [128];                  // 定义密码
05      bool Login();
06  };
```

操作员类是从员工类派生的一个新类，新类中增加密码信息、登录方法等信息，员工 ID、员工姓名等信息直接从员工类中继承得到。

【例 14.01】 以公有方式继承（实例位置：资源包 \ 源码 \14\14.01）

```
01  #include <iostream>
02  using namespace std;
03  class CEmployee                             // 定义员工类
04  {
05  public:
06      int m_ID;                               // 定义员工 ID
07      char m_Name [128];                      // 定义员工姓名
08      char m_Depart [128];                    // 定义所属部门
09      CEmployee()                             // 定义默认构造函数
10      {
11          memset(m_Name, 0, 128);             // 初始化 m_Name
12          memset(m_Depart, 0, 128);           // 初始化 m_Depart
13      }
14  void OutputName()                           // 定义公有成员函数
15  {
16      cout <<" 员工姓名 "<<m_Name<<endl;       // 输出员工姓名
17  }
18  };
19  class COperator:public CEmployee            // 定义一个操作员类，从 CEmployee 类派生而来
20  {
21  public:
22      char m_Password [128];                  // 定义密码
23      bool Login()                            // 定义登录成员函数
24      {
25          if (strcmp(m_Name, "MR")==0 &&       // 比较用户名
26              strcmp(m_Password, "KJ")==0)     // 比较密码
27          {
28          cout<<" 登录成功 !"<<endl;            // 输出信息
29              return true;                    // 设置返回值
30          }
31          else
32          {
33              cout<<" 登录失败 !"<<endl;        // 输出信息
34              return false;                   // 设置返回值
```

```
35          }
36      }
37  };
38  int main(int argc, char*argv [])
39  {
40      COperator optr;                        // 定义一个 COperator 类对象
41      strcpy(optr.m_Name, "MR");             // 访问基类的 m_Name 成员
42      strcpy(optr.m_Password, "KJ");         // 访问 m_Password 成员
43      optr.Login();                          // 调用 COperator 类的 Login 成员函数
44      optr.OutputName();                     // 调用基类 CEmployee 的 OutputName 成员函数
45      return 0;
46  }
```

程序中 CEmployee 类是 COperator 类的基类，也就是父类。COperator 类将继承 CEmployee 类的所有非私有成员（private 类型成员不能被继承）。optr 对象初始化 m_Name 和 m_Password 成员后，调用了 Login 成员函数，程序运行如图 14.2 所示。

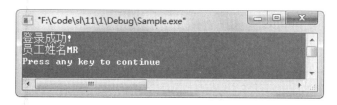

图 14.2　访问父类成员函数

用户在父类中派生子类时，可能存在一种情况，即在子类中定义了一个与父类同名的成员函数，此时称为子类隐藏了父类的成员函数。例如，重新定义 COperator 类，添加一个 OutputName 成员函数。

14.1.2　继承后可访问性

继承方式有 public，private，protected 这 3 种，3 种继承方式的说明如下：

☑　公有型派生

公有型派生表示对于基类中的 public 数据成员和成员函数，在派生类中仍然是 public，对于基类中的 private 数据成员和成员函数，在派生类中仍然是 private。

☑　私有型派生

私有型派生表示对于基类中的 public，protected 数据成员和成员函数，在派生类中可以访问。基类中的 private 数据成员，在派生类中不可以访问。

☑　保护型派生

保护型派生表示对于基类中的 public，protected 数据成员和成员函数，在派生类中均为 protected。protected 类型在派生类的定义时可以访问，用派生类声明的对象不可以访问，也就是说在类体外不可以访问。protected 成员可以被基类的所有派生类使用。这一性质可以沿继承树无限向下传播。

因为保护类的内部数据不能被随意更改，实例类本身负责维护，这就起到很好的封装性作用。把一个类分作两部分，一部分是公共的，另一部分是保护，保护成员对于使用者来说是不可见的，也是

不需了解的，这就减少了类与其他代码的关联程度。类的功能是独立的，它不依赖于应用程序的运行环境，既可以放到这个程序中使用，也可以放到那个程序中使用。这就能够非常容易地用一个类替换另一个类。类访问限制的保护机制使人们编制的应用程序更加可靠和易维护。

14.1.3　构造函数访问顺序

由于父类和子类中都有构造函数和析构函数，是当从父类派生一个子类并声明一个子类的对象时，它将先调用父类的构造函数，然后调用当前类的构造函数来创建对象；在释放子类对象时，先调用的是当前类的析构函数，然后是父类的析构函数。

【例 14.02】　构造函数访问顺序（**实例位置：资源包 \ 源码 \14\14.02**）

```
01  #include <iostream>
02  using namespace std;
03  class CEmployee                                        // 定义 CEmployee 类
04  {
05  public:
06      int m_ID;                                          // 定义数据成员
07      char m_Name [128];                                 // 定义数据成员
08      char m_Depart [128];                               // 定义数据成员
09      CEmployee()                                        // 定义构造函数
10      {
11          cout << "CEmployee 类构造函数被调用 "<< endl;    // 输出信息
12      }
13      ~CEmployee()                                       // 析构函数
14      {
15          cout << "CEmployee 类析构函数被调用 "<< endl;    // 输出信息
16      }
17  };
18  class COperator:public CEmployee                       // 从 CEmployee 类派生一个子类
19  {
20  public:
21      char m_Password [128];                             // 定义数据成员
22      COperator()                                        // 定义构造函数
23      {
24          strcpy(m_Name, "MR");                          // 设置数据成员
25          cout << "COperator 类构造函数被调用 "<< endl;    // 输出信息
26      }
27      ~COperator()                                       // 析构函数
28      {
29          cout << "COperator 类析构函数被调用 "<< endl;    // 输出信息
30      }
31  };
32  int main(int argc, char*argv [])                       // 主函数
33  {
34      COperator optr;                                    // 定义一个 COperator 对象
35      return 0;
36  }
```

程序运行如图 14.3 所示。

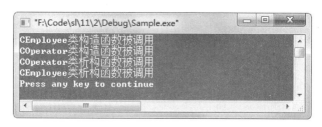

图 14.3　构造函数调用顺序

在分析完对象的构建、释放过程后，会考虑这样一种情况：定义一个基类类型的指针，调用子类的构造函数为其构建对象，当对象释放时，如果析构函数是虚函数，则先调用子类的析构函数，然后再调用父类的析构函数，如果析构函数不是虚函数，则只调用父类的析构函数。可以想象，如果在子类中为某个数据成员在堆中分配了空间，父类中的析构函数不是虚成员函数，将使子类的析构函数不被调用，其结果是对象不能被正确地释放，导致内存泄漏的产生。因此，在编写类的析构函数时，析构函数通常是虚函数。构造函数调用顺序不受基类在成员初始化表中是否存在以及被列出的顺序的影响。

14.1.4　子类显示调用父类构造函数

当父类含有带参数的构造函数时，子类创建的时候通过显示方式才可以调用。

无论创建子类对象时，调用的是哪种子类构造函数，都会自动调用父类默认构造函数。若想使用父类带参数的构造函数，则需要显示的方式。

【例 14.03】　子类显示调用父类的构造函数（**实例位置：资源包 \ 源码 \14\14.03**）

```
01  #include <iostream>
02  using namespace std;
03  class CEmployee                          // 定义 CEmployee 类
04  {
05  public:
06      int m_ID;                            // 定义数据成员
07      char m_Name [128];                   // 定义数据成员
08      char m_Depart [128];                 // 定义数据成员
09      CEmployee(char name [])              // 带参数的构造函数
10      {
11          strcpy(m_Name, name);
12          cout << m_Name<<" 调用了 CEmployee 类带参数的构造函数 "<< endl;
13      }
14      CEmployee()                          // 无参构造函数
15      {
16          strcpy(m_Name, "MR");
17          cout << m_Name<<"CEmployee 类无参构造函数被调用 "<< endl;
18      }
19      ~CEmployee()                         // 析构函数
```

```
20      {
21          cout << "CEmployee 类析构函数被调用 "<< endl;   // 输出信息
22      }
23  };
24  class COperator:public CEmployee              // 从 CEmployee 类派生一个子类
25  {
26  public:
27      char m_Password [128];                    // 定义数据成员
28      COperator(char name []):CEmployee(name)   // 显示调用父类带参数的构造函数
29      {                                         // 设置数据成员
30          cout << "COperator 类构造函数被调用 "<< endl;   // 输出信息
31      }
32      COperator():CEmployee("JACK")             // 显示调用父类带参数的构造函数
33      {                                         // 设置数据成员
34          cout << "COperator 类构造函数被调用 "<< endl;   // 输出信息
35      }
36      ~COperator()                              // 析构函数
37      {
38          cout << "COperator 类析构函数被调用 "<< endl;   // 输出信息
39      }
40  };
41  int main(int argc, char*argv [])              // 主函数
42  {
43      COperator optr1;                          // 定义一个 COperator 对象，调用自身无参构造函数
44      COperator optr2("LaoZhang");              // 定义一个 COperator 对象，调用自身带参数构造函数
45      return 0;
46  }
```

执行结果如图 14.4 所示。

图 14.4　显示调用父类带参数构造函数

在父类无参构造函数中初始化成员字符串数组 m_Name 的内容为"MR"。从执行结果上看，子类对象创建时没有调用父类无参构造函数，调用的是带参数的构造函数。

注意

当父类只有带参数的构造函数时，子类必须以显示方法调用父类带参数的构造函数，否则编译会出现错误。

14.1.5　子类隐藏父类的成员函数

如果子类中定义了一个和父类一样的成员函数，那么一个子类对象是调用子类中的成员函数。

【例 14.04】　子类隐藏父类的成员函数（**实例位置：资源包 \ 源码 \14\14.04**）

```
01  #include <iostream>
02  using namespace std;
03  class CEmployee                              // 定义 CEmployee 类
04  {
05  public:
06      int m_ID;                                // 定义数据成员
07      char m_Name [128];                       // 定义数据成员
08      char m_Depart [128];
09
10      CEmployee()                              // 定义构造函数
11      {
12      }
13      ~CEmployee()                             // 析构函数
14      {
15      }
16      void OutputName()                        // 定义 OutputName 成员函数
17      {
18         cout << " 调用 CEmployee 类的 OutputName 成员函数 :"<< endl;   // 输出操作员姓名
19      }                                        // 定义数据成员
20  };
21  class COperator:public CEmployee             // 定义 COperator 类
22  {
23  public:
24      char m_Password [128];                   // 定义数据成员
25      void OutputName()                        // 定义 OutputName 成员函数
26      {
27         cout << " 调用 COperator 类的 OutputName 成员函数 :"<< endl;    // 输出操作员姓名
28      }
29
30  };
31  int main(int argc, char*argv [])             // 主成员函数
32  {
33      COperator optr;                          // 定义 COperator 对象
34      optr.OutputName();                       // 调用 COperator 类的 OutputName 成员函数
35      return 0;
36  }
```

程序运行如图 14.5 所示。

图 14.5　隐藏父类成员函数

可以发现，语句"optr.OutputName();"调用的是 COperator 类的 OutputName 成员函数，而不是 CEmployee 类的 OutputName 成员函数。如果用户想要访问父类的 OutputName 成员函数，需要显式使用父类名。

如果子类中隐藏了父类的成员函数，则父类中所有同名的成员函数（重载的函数）均被隐藏。

14.1.6　嵌套定义多个类

C++ 语言允许在一个类中定义另一个类，这被称之为嵌套类。例如，下面的代码在定义 CList 类时，在内部又定义了一个嵌套类 CNode。

```
01 #define MAXLEN 128                       // 定义一个宏
02 class CList                              // 定义 CList 类
03 {
04 public:                                  // 嵌套类为公有的
05     class CNode                          // 定义嵌套类 CNode
06     {
07         friend class CList;              // 将 CList 类作为自己的友元类
08     private:
09         int m_Tag;                       // 定义私有成员
10     public:
11         char m_Name [MAXLEN];            // 定义公有数据成员
12     };                                   //CNode 类定义结束
13 public:
14     CNode m_Node;                        // 定义一个 CNode 类型数据成员
15     void SetNodeName(const char *pchData) // 定义成员函数
16     {
17         if (pchData!= NULL)              // 判断指针是否为空
18         {
19             strcpy(m_Node.m_Name, pchData); // 访问 CNode 类的公有数据
20         }
21     }
22     void SetNodeTag(int tag)             // 定义成员函数
23     {
24         m_Node.m_Tag = tag;              // 访问 CNode 类的私有数据
25     }
26 };
```

上述的代码在嵌套类 CNode 中定义了一个私有成员 m_Tag，定义了一个公有成员 m_Name，对于外围类 CList 来说，通常它不能够访问嵌套类的私有成员，虽然嵌套类是在其内部定义的。但是，上

述代码在定义 CNode 类时将 CList 类作为自己的友元类，这使得 CList 类能够访问 CNode 类的私有成员。

对于内部的嵌套类来说，只允许其在外围的类域中使用，在其他类域或者作用域中是不可见的。例如下面的定义是非法的。

```
01  int main(int argc, char*argv [])
02  {
03     CNode node;                          //错误的定义，不能访问 CNode 类
04     return 0;
05  }
```

上述代码在 main 函数的作用域中定义了一个 CNode 对象，导致 CNode 没有被声明的错误。对于 main 函数来说，嵌套类 CNode 是不可见的，但是可以通过使用外围的类域作为限定符来定义 CNode 对象。如下的定义将是合法的。

```
01  int main(int argc, char*argv [])
02  {
03     CList::CNode node;                   //合法的定义
04     return 0;
05  }
```

上述代码通过使用外围类域作为限定符访问到了 CNode 类。但是这样做通常是不合理的，也是有限制条件的。因为既然定义了嵌套类，通常都不允许在外界访问，这违背了使用嵌套类的原则。其次，在定义嵌套类时，如果将其定义为私有的或受保护的，即使使用外围类域作为限定符，外界也无法访问嵌套类。

14.2　重载运算符

视频讲解

运算符实际上是一个函数，所以运算符的重载实际上是函数的重载。编译程序对运算符重载的选择，遵循函数重载的选择原则。当遇到不很明显的运算时，编译程序会去寻找与参数相匹配的运算符函数。

14.2.1　重载运算符的必要性

C++ 语言中的数据类型分为基础数据类型和构造数据类型，基础数据类型可以直接完成算术运算。例如：

```
01  #include <iostream>
02  using namespace std;
03  void main()
04  {
```

```
05    int a=10;
06    int b=20;
07    cout << a+b << endl;                              // 两个整型变量相加
08  }
```

程序中实现了两个整型变量的相加，可以正确输出运行结果 30，通过两个浮点变量、两个双精度变量都可以直接运用加法运算符"+"求和。但是类属于新构造的数据类型，类的两个对象就无法通过加法运算符来求和。例如：

```
01  #include <iostream>
02  using namespace std;
03  class CBook
04  {
05  public:
06      CBook (int iPage)
07      {
08          m_iPage=iPage;
09      }
10      void display()
11      {
12          cout << m_iPage << endl;
13      }
14  protected:
15      int m_iPage;
16  };
17  void main()
18  {
19      CBook bk1(10);
20      CBook bk2(20);
21      CBook tmp(0);
22      tmp=bk1+bk2;                                     // 错误
23      tmp.display();
24  }
```

当编译器编译到语句"bk1+bk2"时就会报错，因为编译器不知道如何进行两个对象的相加。要实现两个类对象的加法运算有两种方法，一种是通过成员函数，另一种是重载操作符。

首先看通过成员函数的方法实现求和的例子：

```
01  #include <iostream>
02  using namespace std;
03  class CBook
04  {
05  public:
06      CBook (int iPage)
07      {
08          m_iPage=iPage;
09      }
```

```
10      int add(CBook a)
11      {
12          return m_iPage+a.m_iPage;
13      }
14  protected:
15      int m_iPage;
16  };
17
18  void main()
19  {
20      CBook bk1(10);
21      CBook bk2(20);
22      cout << bk1.add(bk2) << endl;
23  }
```

程序可以正确输出运行结果 30。使用成员函数实现求和形式比较单一，并且不利于代码复用，如果要实现多个对象的累加其代码的可读性会大大降低。使用重载操作符方法就可以解决这些问题。

14.2.2　重载运算符的形式与规则

重载运算符的声明形式如下：

```
operator 类型名 ();
```

operator 是需要重载的运算符，整个语句没有返回类型，因为类型名就代表了它的返回类型。重载运算符将对象转换成类型名规定的类型，转换时的形式就像强制转换一样，但如果没有重载运算符定义，直接用强制转换编译器将无法通过编译。

重载运算符不可以是新创建的运算符，只能是 C++ 语言中已有的运算符。可以重载的运算符如下：

- ☑　算术运算符："+""−""*""/""%""++""−−"
- ☑　位操作运算符："&""|""~""^"">>""<<"
- ☑　逻辑运算符："!""&&""||"
- ☑　比较运算符："<"">"">=""<=""==""!="
- ☑　赋值运算符："=""+=""−=""*=""/=""%=""&=""|=""^=""<<="">>="
- ☑　其他运算符："[ ]""()""->"","""new""delete""new [ ]""delete [ ]""->*"

并不是所有的 C++ 语言中已有的运算符都可以重载，不允许重载的运算符有"."".*""::"
"?"和":"。

重载运算符不能改变运算符操作数的个数，不能改变运算符原有的优先级，不能改变运算符原有的结合性，不能改变运算符原有的语法结构，即单目运算符只能重载为单目运算符，双目运算符只能重载为双目运算符。重载运算符含义必须清楚，不能有二义性。

【例 14.05】　通过重载运算符求和（**实例位置：资源包 \ 源码 \14\14.05**）

```
01  #include <iostream>
```

```
02  using namespace std;
03  class CBook
04  {
05  public:
06      CBook (int iPage)
07      {
08          m_iPage=iPage;
09      }
10      CBook operator+(CBook b)
11      {
12          return CBook (m_iPage+b.m_iPage);
13      }
14      void display()
15      {
16          cout << m_iPage << endl;
17      }
18  protected:
19      int m_iPage;
20  };
21  void main()
22  {
23      CBook bk1(10);
24      CBook bk2(20);
25      CBook tmp(0);
26      tmp= bk1+bk2;
27      tmp.display();
28  }
```

程序运行结果如图 14.6 所示。

图 14.6　运行结果

类 CBook 重载了求和运算符后，由它声明的两个对象 bk1 和 bk2 可以像两个整型变量一样相加。

14.2.3　重载运算符的运算

重载运算符后可以完成对象和对象之间的运算，同样也可以通过重载运算实现对象和普通类型数据的运算。例如：

```
01  #include <iostream>
02  using namespace std;
```

```
03  class CBook
04  {
05  public:
06      int m_Pages;
07      void OutputPages()
08      {
09         cout << m_Pages<< endl;
10      }
11      CBook()
12      {
13         m_Pages=0;
14      }
15      CBook operator+(const int page)
16      {
17         CBook bk;
18         bk.m_Pages = m_Pages + page;
19         return bk;
20      }
21  };
22  void main()
23  {
24      CBook vbBook, vfBook;
25      vfBook = vbBook + 10;
26      vfBook. OutputPages();
27  }
```

通过修改运算符的参数为整数类型，可以实现 CBook 对象与整数相加。

对于两个整型变量相加，用户可以调换加数和被加数的顺序，因为加法符合交换律。但是，对于通过重载运算符实现的两个不同类型的对象相加，则不可以，因此下面的语句是非法的。

```
vfBook = 10 + vbBook;                        // 非法的代码
```

对于"++"和"--"运算符，由于涉及前置运算和后置运算，在重载这类运算符时如何区分呢？默认情况下，如果重载运算符没有参数，则表示是前置运算。例如：

```
01  void operator++()                        // 前置运算
02  {
03     ++m_Pages;
04  }
```

如果重载运算符使用了整数作为参数，则表示是后置运算，此时的参数值可以被忽略，它只是一个标识，标识后置运算。

```
01  void operator++(int)                     // 后置运算
02  {
03     ++m_Pages;
04  }
```

默认情况下，将一个整数赋值给一个对象是非法的，可以通过重载赋值运算符将其变为合法的。例如：

```
01  void operator = (int page)                      // 重载赋值运算符
02  {
03      m_Pages = page;
04  }
```

14.2.4　转换运算符

C++ 语言中普通的数据类型可以进行强制类型转换，例如：

```
01  int i=10;
02  double d;
03  d=(double)i;
```

程序中将整型数 i 强制转换成双精度。例如，语句

```
d=(double)i;
```

等同于

```
d= double(i);
```

double() 在 C++ 语言中被称为转换运算符。通过重载转换运算符可以将类对象转换成想要的数据。

【例 14.06】 转换运算符（**实例位置：资源包 \ 源码 \14\14.06**）

```
01  #include <iostream>
02  using namespace std;
03  class CBook
04  {
05  public:
06      CBook (double iPage=0);
07      operator double()
08      {
09          return m_iPage;
10      }
11  protected:
12      int m_iPage;
13  };
14  CBook:: CBook (double iPage)
15  {
16      m_iPage=iPage;
17  }
18  void main()
19  {
20      CBook bk1(10.0);
21      CBook bk2(20.00);
```

```
22      cout << "bk1+bk2=" << double(bk1)+double(bk2) << endl;
23  }
```

程序运行如图 14.7 所示。

图 14.7　转换运算符

程序重载了转换运算符 double()，然后将类 CBook 的两个对象强制转换为 double 类型后再进行求和，最后输出求和的结果。

14.3　多　重　继　承

视频讲解

前文介绍的继承方式属于单继承，即子类只从一个父类继承公有的和受保护的成员。与其他面向对象语句不同，C++ 语言允许子类从多个父类继承公有的和受保护的成员，这被称为多重继承。

14.3.1　多重继承定义

多重继承是指有多个基类名标识符，其声明形式如下：

```
class 派生类名标识符 : [继承方式] 基类名标识符 1, ..., 访问控制修饰符 基类名标识符 n
{
    [访问控制修饰符 :]
    [成员声明列表]
};
```

声明形式中有 ":" 运算符，基类名标识符之间用 "," 运算符分开。

例如，鸟能够在天空飞翔，鱼能够在水里游，而水鸟既能够在天空飞翔，又能够在水里游。那么在定义水鸟类时，可以将鸟和鱼同时作为其基类。

```
01  #include "iostream.h"
02  class CBird                              //定义鸟类
03  {
04  public:
05      void FlyInSky()                      //定义成员函数
06      {
07          cout << " 鸟能够在天空飞翔 "<< endl;    //输出信息
```

```
08        }
09        void Breath()                                   // 定义成员函数
10        {
11            cout << " 鸟能够呼吸 "<< endl;                  // 输出信息
12        }
13   };
14   class CFish                                          // 定义鱼类
15   {
16   public:
17        void SwimInWater()                              // 定义成员函数
18        {
19            cout << " 鱼能够在水里游 "<< endl;              // 输出信息
20        }
21        void Breath()                                   // 定义成员函数
22        {
23            cout << " 鱼能够呼吸 "<< endl;                 // 输出信息
24        }
25   };
26   class CWaterBird: public CBird, public CFish         // 定义水鸟，从鸟和鱼类派生
27   {
28   public:
29        void Action()                                   // 定义成员函数
30        {
31            cout << " 水鸟既能飞又能游 "<< endl;             // 输出信息
32        }
33   };
34   int main(int argc, char*argv [])                     // 主函数
35   {
36        CWaterBird waterbird;                           // 定义水鸟对象
37        waterbird.FlyInSky();                           // 调用从鸟类继承而来的 FlyInSky 成员函数
38        waterbird.SwimInWater();                        // 调用从鱼类继承而来的 SwimInWater 成员函数
39        return 0;
40   }
```

程序运行如图 14.8 所示。

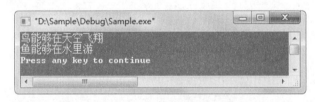

图 14.8　多重继承

程序中定义了鸟类 CBird，定义了鱼类 Cfish，然后从鸟类和鱼类派生了一个子类水鸟类 CWaterBird。水鸟类自然继承了鸟类和鱼类的所有公有和受保护的成员，因此 CWaterBird 类对象能够调用 FlyInSky 和 SwimInWater 成员函数。在 CBird 类中提供了一个 Breath 成员函数，在 CFish 类中同样提供了 Breath 成员函数，如果 CWaterBird 类对象调用 Breath 成员函数，将会执行哪个类的 Breath 成员函数呢？答案是将

会出现编译错误，编译器将产生歧义，不知道具体调用哪个类的 Breath 成员函数。为了让 CWaterBird 类对象能够访问 Breath 成员函数，需要在 Breath 成员函数前具体指定类名。例如：

```
01  waterbird.CFish::Breath();          // 调用 CFish 类的 Breath 成员函数
02  waterbird.CBird::Breath();          // 调用 CBird 类的 Breath 成员函数
```

在多重继承中存在这样一种情况，假如 CBird 类和 CFish 类均派生于同一个父类，例如 CAnimal 类，那么当从 CBird 类和 CFish 类派生子类 CWaterBird 时，在 CWaterBird 类中将存在两个 CAnimal 类的复制。能否在派生 CWaterBird 类时，使其只存在一个 CAnimal 基类呢？为了解决该问题，C++ 语言提供了虚继承的机制，虚继承会在后面章节讲到。

14.3.2　二义性

派生类在调用成员函数时，先在自身的作用域内寻找，如果找不到，会到基类中寻找，但当派生类继承的基类中有同名成员时，派生类中就会出现来自不同基类的同名成员。例如：

```
01  class CBaseA
02  {
03  public:
04      void function();
05  };
06  class CBaseB
07  {
08  public:
09      void function();
10  };
11  class CDeriveC:public CBaseA, public CBaseB
12  {
13  public:
14      void function();
15  };
```

CBaseA 和 CBaseB 都是 CDeriveC 的父类，并且两个父类中都含有 function 成员函数，CDeriveC 将不知道调用哪个基类的 function 成员函数，这就产生了二义性。

14.3.3　多重继承的构造顺序

14.1.3 节讲过，单一继承是先调用基类的构造函数，然后调用派生类的构造函数，多重继承中的基类构造函数被调用的顺序以类派生表中声明的顺序为准。派生表就是多重继承定义中继承方式后面的内容，调用顺序就是按照基类名标识符的前后顺序进行的。

【例 14.07】　多重继承的构造顺序（**实例位置：资源包 \ 源码 \14\14.07**）

```
01  #include <iostream>
```

```
02  using namespace std;
03  class CBicycle
04  {
05  public:
06      CBicycle()
07      {
08          cout << "Bicycle Construct" << endl;
09      }
10      CBicycle(int iWeight)
11      {
12          m_iWeight=iWeight;
13      }
14      void Run()
15      {
16          cout << "Bicycle Run" << endl;
17      }
18  protected:
19      int m_iWeight;
20  };
21  class CAirplane
22  {
23  public:
24      CAirplane()
25      {
26          cout << "Airplane Construct" << endl;
27      };
28      CAirplane(int iWeight)
29      {
30          m_iWeight=iWeight;
31      }
32      void Fly()
33      {
34          cout << "Airplane Fly" << endl;
35      }
36  protected:
37      int m_iWeight;
38  };
39  class CAirBicycle: public CBicycle, public CAirplane
40  {
41  public:
42      CAirBicycle()
43      {
44          cout << "CAirBicycle Construct" << endl;
45      }
46      void RunFly()
47      {
48          cout << "Run and Fly" << endl;
49      }
50  };
```

```
51  void main()
52  {
53      CAirBicycle ab;
54      ab.RunFly();
55  }
```

程序运行如图 14.9 所示。

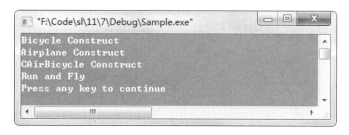

图 14.9　多重继承的构造顺序

程序中基类的声明顺序是先 CBicycle 类后 CAirplane 类，所以对象的构造顺序就是先 CBicycle 类后 CAirplane 类，最后是 CAirBicycle 类。

<h1>14.4　多　　态</h1>

视频讲解

多态性（polymorphism）是面向对象程序设计的一个重要特征，利用多态性可以设计和实现一个易于扩展的系统。在 C++ 语言中，多态性是指具有不同功能的函数可以用同一个函数名，这样就可以用一个函数名调用不同内容的函数，发出同样的消息被不同类型的对象接收时，导致完全不同的行为。这里所说的消息主要指类的成员函数的调用，而不同的行为是指不同的实现。

多态性通过联编实现。联编是指一个计算机程序自身彼此关联的过程。按照联编所进行的阶段不同，可分为两种不同的联编方法：静态联编和动态联编。在 C++ 中，根据联编的时刻不同，存在两种类型多态性，即函数重载和虚函数。

14.4.1　虚函数概述

在类的继承层次结构中，不同的层次中可以出现名字、参数个数和类型都相同而功能不同的函数。编译器按照先自己后父类的顺序进行查找覆盖，如果子类有父类相同原型的成员函数，要想调用父类的成员函数，需要对父类重新引用调用。虚函数则可以解决子类和父类相同原型成员函数的函数调用问题。虚函数允许在派生类中重新定义与基类同名的函数，并且可以通过基类指针或引用来访问基类和派生类中的同名函数。

在基类中用 virtual 声明成员函数为虚函数，在派生类中重新定义此函数，改变该函数的功能。在 C++ 语言中虚函数可以继承，当一个成员函数被声明为虚函数后，其派生类中的同名函数都自动成为虚函数，但如果派生类没有覆盖基类的虚函数，则调用时调用基类的函数定义。

覆盖和重载的区别是，重载是同一层次函数名相同，覆盖是在继承层次中成员函数的函数原型完全相同。

14.4.2　利用虚函数实现动态绑定

多态主要体现在虚函数上，只要有虚函数存在，对象类型就会在程序运行时动态绑定。动态绑定的实现方法是定义一个指向基类对象的指针变量，并使它指向同一类族中需要调用该函数的对象，通过该指针变量调用此虚函数。

【例 14.08】 利用虚函数实现动态绑定（**实例位置：资源包 \ 源码 \14\14.08**）

```
01 #include <iostream>
02 using namespace std;
03 class CEmployee                              // 定义 CEmployee 类
04 {
05 public:
06     int m_ID;                               // 定义数据成员
07     char m_Name [128];                      // 定义数据成员
08     char m_Depart [128];                    // 定义数据成员
09     CEmployee()                             // 定义构造函数
10     {
11         memset(m_Name, 0, 128);             // 初始化数据成员
12         memset(m_Depart, 0, 128);           // 初始化数据成员
13     }
14     virtual void OutputName()               // 定义一个虚成员函数
15     {
16         cout << " 员工姓名 :"<<m_Name << endl;  // 输出信息
17     }
18 };
19 class COperator:public CEmployee            // 从 CEmployee 类派生一个子类
20 {
21 public:
22     char m_Password [128];                  // 定义数据成员
23     void OutputName()                       // 定义 OutputName 虚函数
24     {
25         cout << " 操作员姓名 :"<<m_Name<< endl;  // 输出信息
26     }
27 };
28 int main(int argc, char*argv [])
29 {
30     // 定义 CEmployee 类型指针，调用 COperator 类构造函数
31     CEmployee *pWorker = new COperator();
32     strcpy(pWorker->m_Name, "MR");          // 设置 m_Name 数据成员信息
33     pWorker->OutputName();                  // 调用 COperator 类的 OutputName 成员函数
34     delete pWorker;                         // 释放对象
35     return 0;
36 }
```

上述代码中，在 CEmployee 类中定义了一个虚函数 OutputName，在子类 COperator 中改写了 OutputName 成员函数，其中 COperator 类中的 OutputName 成员函数即使没有使用 virtual 关键字仍为虚函数。下面定义一个 CEmployee 类型的指针，调用 COperator 类的构造函数构造对象。

程序运行如图 14.10 所示。

图 14.10　虚函数

从图 14.10 中可以发现，"pWorker–>OutputName();"语句调用的是 COperator 类的 OutputName 成员函数。虚函数有以下几方面限制：

（1）只有类的成员函数才能为虚函数。

（2）静态成员函数不能是虚函数，因为静态成员函数不受限于某个对象。

（3）内联函数不能是虚函数，因为内联函数是不能在运行中动态确定其位置的。

（4）构造函数不能是虚函数，析构函数通常是虚函数。

14.4.3　虚继承

14.3.1 节讲到从 CBird 类和 CFish 类派生子类 CWaterBird 时，在 CWaterBird 类中将存在两个 CAnimal 类的复制。那么如何在派生 CWaterBird 类时使其只存在一个 CAnimal 基类呢？C++ 语言提供的虚继承机制，解决了这个问题。

【例 14.09】　虚函数（实例位置：资源包 \ 源码 \14\14.09）

```
01 #include <iostream>
02 using namespace std;
03 class CAnimal                          // 定义一个动物类
04 {
05 public:
06   CAnimal()                            // 定义构造函数
07   {
08       cout << " 动物类被构造 "<< endl;    // 输出信息
09   }
10   void Move()                          // 定义成员函数
11   {
12       cout << " 动物能够移动 "<< endl;    // 输出信息
13   }
14 };
15 class CBird: virtual public CAnimal     // 从 CAnimal 类虚继承 CBird 类
16 {
17 public:
18     CBird()                            // 定义构造函数
```

```
19 {
20      cout << " 鸟类被构造 "<< endl;                    // 输出信息
21 }
22 void FlyInSky()                                     // 定义成员函数
23    {
24        cout << " 鸟能够在天空飞翔 "<< endl;           // 输出信息
25    }
26    void Breath()                                    // 定义成员函数
27    {
28        cout << " 鸟能够呼吸 "<< endl;                 // 输出信息
29    }
30 };
31 class CFish: virtual public CAnimal                 // 从 CAnimal 类虚继承 CFish
32 {
33 public:
34    CFish()                                          // 定义构造函数
35    {
36        cout << " 鱼类被构造 "<< endl;                 // 输出信息
37    }
38    void SwimInWater()                               // 定义成员函数
39    {
40        cout << " 鱼能够在水里游 "<< endl;             // 输出信息
41    }
42    void Breath()                                    // 定义成员函数
43    {
44        cout << " 鱼能够呼吸 "<< endl;                 // 输出信息
45    }
46 };
47 class CWaterBird: public CBird, public CFish        // 从 CBird 和 CFish 类派生子类 CWaterBird
48 {
49 public:
50    CWaterBird()                                     // 定义构造函数
51    {
52        cout << " 水鸟类被构造 "<< endl;               // 输出信息
53    }
54 void Action()                                       // 定义成员函数
55    {
56        cout << " 水鸟既能飞又能游 "<< endl;           // 输出信息
57    }
58 };
59 int main(int argc, char*argv [])                    // 主函数
60 {
61    CWaterBird waterbird;                            // 定义水鸟对象
62    return 0;
63 }
```

程序运行如图 14.11 所示。

上述代码使用关键字 virtual 定义 CBird 类和 CFish 类，代表这两个类是从基类 CAnimal 派生而

来。实际上，虚继承对于 CBird 类和 CFish 类没有多少影响，却对 CWaterBird 类产生了很大影响。CWaterBird 类中不再有两个 CAnimal 类的复制，而只存在一个 CAnimal 的复制。

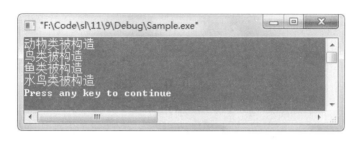

图 14.11　虚继承

通常，在定义一个对象时，先依次调用基类的构造函数，最后才调用自身的构造函数。但是对于虚继承来说，情况有些不同。在定义 CWaterBird 类对象时，先调用基类 CAnimal 的构造函数，然后调用 CBird 类的构造函数，这里 CBird 类虽然为 CAnimal 的子类，但是在调用 CBird 类的构造函数时将不再调用 CAnimal 类的构造函数。对于 CFish 类也是同样的道理。

14.5　小　　结

本章介绍了面向对象程序设计中的关键技术——继承与派生，继承和派生在使用上还涉及二义性、访问顺序、运算符重载等许多技术问题，正确理解和处理这些技术有利于掌握继承的使用方法。继承中还涉及多重继承，这增加了面向对象开发的灵活性。面向对象可以建立抽象类，由抽象类派生新类，可以形成对类的一定管理。

14.6　实　　战

14.6.1　模拟火车种类

定义火车类，再定义火车类的子类高铁类，在火车和高铁的构造函数和析构函数中打印出字符串，确定各个函数的调用顺序。运行结果如图 14.12 所示。（**实例位置：资源包 \ 源码 \14\ 实战 \01**）

图 14.12　火车种类

14.6.2　学生？军人？

设计学生类和军人类，创建一个学生对象，将学生对象强制转换为军人对象。例如输出：XXX 弃笔从戎！运行结果如图 14.13 所示。**（实例位置：资源包 \ 源码 \14\ 实战 \02）**

图 14.13　运行结果

第15章

模板

（📹视频讲解：32分钟）

模板是 C++ 的高级特性，分为函数模板和类模板，对于程序员来说，要完全掌握 C++ 模板的用法并不容易。模板使程序员能够快速建立具有类型安全的类库集合和函数集合，它的实现大大方便了大规模软件开发。本章将介绍 C++ 模板的基本概念、函数模板和类模板，使读者有效地掌握模板的用法，正确使用 C++ 系统日益庞大的标准模板库 stl。

学习摘要：

▸▸ **函数模板**

▸▸ **类模板**

▸▸ **模板的使用**

▸▸ **链表类模板**

视频讲解

15.1　函数模板

函数模板不是一个实在的函数，编译器不能为其生成可执行代码。定义函数模板后只是一个对函数功能框架的描述，当它具体执行时，将根据传递的实际参数决定其功能。

15.1.1　函数模板的定义

函数模板定义的一般形式如下：

```
template < 类型形式参数表 > 返回类型 函数名 ( 形式参数表 )
{
...        // 函数体
}
```

template 为关键字，表示定义一个模板，尖括号 "<>" 表示模板参数，模板参数主要有两种，一种是模板类型参数，另一种是模板非类型参数。上述代码中定义的模板使用的是模板类型参数，模板类型参数使用关键字 class 或 typedef 开始，其后是一个用户定义的合法标识符。模板非类型参数与普通参数定义相同，通常为一个常数。

可以将声明函数模板分成 template 部分和函数名部分。例如：

```
01  template<class T>
02  void fun(T t)
03  {
04  ...        // 函数实现
05  }
```

定义一个求和的函数模板，例如：

```
01  template <class type>              // 定义一个模板类型
02  type Sum(type xvar, type yvar)     // 定义函数模板
03  {
04      return xvar + yvar;
05  }
```

在定义完函数模板之后，需要在程序中调用函数模板。下面的代码演示了 Sum 函数模板的调用。

```
int iret = Sum(10, 20);           // 实现两个整数的相加
double dret = Sum(10.5, 20.5);    // 实现两个实数的相加
```

如果采用如下的形式调用 Sum 函数模板，将会出现错误。

```
int iret = Sum(10.5, 20);         // 错误的调用
```

```
double dret = Sum(10, 20.5);                          // 错误的调用
```

上述代码中为函数模板传递了两个类型不同的参数，编译器产生了歧义。如果用户在调用函数模板时显式标识模板类型，就不会出现错误了。例如：

```
01  int iret = Sum<int>(10.5, 20);                    // 正确地调用函数模板
02  double dret = Sum<double>(10, 20.5);              // 正确地调用函数模板
```

用函数模板生成实际可执行的函数又称为模板函数。函数模板与模板函数不是一个概念。从本质上讲，函数模板是一个"框架"，它不是真正可以编译生成代码的程序，而模板函数是把函数模板中的类型参数实例化后生成的函数，它和普通函数本质是相同的，可以生成可执行代码。

15.1.2 函数模板的作用

假设求两个数之中最大者，如果想求整型数和实型数需要定义两个函数，两个函数定义如下：

```
01  int max(int a, int b)
02  {
03      return a>b?a: b;                               // 返回最小值
04  }
05  float max(float a, float b)
06  {
07      return a>b?a: b;                               // 返回最小值
08  }
```

能不能通过一个 max 函数来完成既求整型数之间最大者又求实型数之间最大者呢？答案是使用函数模板以及"#define"宏定义。

"#define"宏定义可以在预编译期对代码进行替换。例如：

```
#define max(a, b) ((a) > (b) ? (a): (b))
```

上述代码可以求整数最大值和实型数最大值。但宏定义"#define"只是进行简单替换，它无法对类型进行检查，有时计算结果可能不是预计的，例如：

```
01  #include <iostream>
02  #include <iomanip>
03  using namespace std;
04  #define max(a, b) ((a) > (b) ? (a): (b))
05  void main()
06  {
07      int m=0, n=0;
08      cout << max(m, ++n) << endl;
09      cout << m << setw(2) << endl;
10  }
```

程序运行结果如图 15.1 所示。

程序运行的预期结果应该是 1 和 0，为什么输出这样的结果呢？原因在于宏替换之后 "++n" 被执行了两次，因此 n 的值是 2 不是 1。

图 15.1　利用宏定义求最大值

宏是预编译指令，很难调试，无法单步进入宏的代码中。模板函数和 "#define" 宏定义相似，但模板函数是用模板实例化得到的函数，它与普通函数没有本质区别，可以重载模板函数。

使用模板求最大值的代码如下：

```
01  template<class Type>
02  Type max(Type a, Type b)
03  {
04      if(a > b)
05          return a;
06      else
07          return b;
08  }
```

调用模板函数 max 可以正确计算整型数和实型数最大值。例如：

```
01  cout << " 最大值: " << max(10, 1) << endl;
02  cout << " 最大值: " << max(200.05, 100.4) << endl;
```

【例 15.01】　使用数组作为模板参数（实例位置：资源包 \ 源码 \15\15.01）

```
01  #include <iostream>
02  using namespace std;
03  template <class type, int len>          // 定义一个模板类型
04  type Max(type array [len])              // 定义函数模板
05  {
06      type ret = array [0];               // 定义一个变量
07      for(int i=1;i<len;i++)              // 遍历数组元素
08      {
09          ret = (ret > array [i])? ret:array [i];     // 比较数组元素大小
10      }
11      return ret;                         // 返回最大值
12  }
13  void main()
14  {
15      int array [5] = {1, 2, 3, 4, 5};    // 定义一个整型数组
```

```
16     int iret = Max<int, 5>(array);              // 调用函数模板 Max
17     double dset [3] = {10.5, 11.2, 9.8};        // 定义实数数组
18     double dret = Max<double, 3>(dset);         // 调用函数模板 Max
19     cout << dret << endl;
20 }
```

程序运行结果如图 15.2 所示。

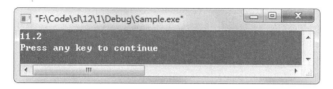

图 15.2　使用数组作为模板参数

程序中定义一个函数模板 Max，用来求数组中元素的最大值，其中模板参数使用模板类型参数 type 和模板非类型参数 len，参数 type 声明了数组中的元素类型，参数 len 声明了数组中的元素个数，给定数组元素后，程序将数组中的最大值输出。

15.1.3　重载函数模板

整型数和实型数编译器可以直接进行比较，所以使用函数模板后也可以直接进行比较，如果是字符指针指向的字符串，就要通过重载函数模板来实现。通常字符串需要库函数来进行比较，通过重载函数模板实现字符串的比较。

【例 15.02】　求出字符串的最小值（**实例位置：资源包 \ 源码 \15\15.02**）

```
01 #include <iostream >
02 #include <string >
03 using namespace std;
04 template<class Type>
05 Type min(Type a, Type b)                    // 定义函数模板
06 {
07     if(a < b)
08         return a;
09     else
10         return b;
11 }
12 char*min(char*a, char*b)                     // 重载函数模板
13 {
14     if(strcmp(a, b))
15         return b;
16     else
17         return a;
18 }
19 void main ()
```

```
20 {
21     cout << " 最小值: " << min(10, 1) << endl;
22     cout << " 最小值: " << min('a', 'b') << endl;
23     cout << " 最小值: " << min("hi", "mr") << endl;
24 }
```

程序运行结果如图 15.3 所示。

图 15.3　求出字符串的最小值

程序在重载的函数模板 min 的实现中，使用 strcmp 库函数来完成字符串的比较，此时使用 min 函数可以比较整型数据、实型数据、字符数据和字符串数据。

15.2　类　模　板

使用 template 关键字不但可以定义函数模板，也可以定义类模板。类模板代表一族类，是用来描述通用数据类型或处理方法的机制，它使类中的一些数据成员和成员函数的参数或返回值可以取任意数据类型。类模板可以说是用类生成类，减少了类的定义数量。

15.2.1　类模板的定义与声明

类模板的一般定义形式是：

```
template < 类型形式参数表 > class 类模板名
{
...        // 类模板体
};
```

类模板成员函数定义形式为：

```
template < 类型形式参数表 >
返回类型 类模板名 < 类型名表 >:: 成员函数名 ( 形式参数列表 )
{
...        // 函数体
}
```

template 是关键字，类型形式参数表与函数模板定义相同。类模板的成员函数定义时的类模板名与类模板定义时要一致，类模板不是一个真实的类，需要重新生成类，生成类的形式如下：

类模板名 < 类型实在参数表 >

用新生成的类定义对象的形式如下：

类模板名 < 类型实在参数表 > 对象名

其中类型实在参数表应与该类模板中的类型形式参数表匹配。用类模板生成的类称为模板类。类模板和模板类不是同一个概念，类模板是模板的定义，不是真实的类，定义中要用到类型参数，模板类本质上与普通类相同，它是类模板的类型参数实例化之后得到的类。

定义一个容器的类模板，代码如下：

```
01  template<class Type>
02  class Container
03  {
04      Type tItem;
05      public:
06      Container(){};
07      void begin(const Type& tNew);
08      void end(const Type& tNew);
09      void insert(const Type& tNew);
10      void empty(const Type& tNew);
11  };
```

和普通类一样，需要对类模板成员函数进行定义，代码如下：

```
01  void Container<type>:: begin (const Type& tNew)        // 容器的第一个元素
02  {
03      tItem=tNew;
04  }
05  void Container<type>:: end (const Type& tNew)          // 容器的最后一个元素
06  {
07      tItem=tNew;
08  }
09  void Container<type>::insert(const Type& tNew)         // 向容器中插入元素
10  {
11      tItem=tNew;
12  }
13  void Container<type>:: empty (const Type& tNew)        // 清空容器
14  {
15      tItem=tNew;
16  }
```

将模板类的参数设置为整型，然后用模板类声明对象。代码如下：

```
Container<int> myContainer;                               // 声明 Container<int> 类对象
```

声明对象后，就可以调用类成员函数，代码如下：

```
01  int i=10;
02  myContainer.insert(i);
```

在类模板定义中，类型形式参数表中的参数也可以是其他类模板，例如：

```
01  template < template<class A> class B>
02  class CBase
03  {
04  private:
05    B<int> m_n;
06  }
```

类模板也可以进行继承，例如：

```
01  template <class T>
02  class CDerived public T
03  {
04  public:
05      CDrived();
06  };
07  template <class T>
08  CDerived<T>::CDerived():T()
09  {
10      cout << "" <<endl;
11  }
12  void main()
13  {
14      CDerived<CBase1> D1;
15      CDerived<CBase1> D1;
16  }
```

T 是一个类，CDerived 继承自该类，CDerived 可以对类 T 进行扩展。

15.2.2 简单类模板

类模板中的类型形式参数表可以在执行时指定，也可以在定义类模板时指定。下面看类型参数如何在执行时指定。例如：

```
01  #include <iostream>
02  using namespace std;
03  template<class T1, class T2>
04  class MyTemplate
05  {
06    T1 t1;
```

```
07      T2 t2;
08    public:
09      MyTemplate(T1 tt1, T2 tt2)
10      {t1 =tt1, t2=tt2;}
11      void display()
12      { cout << t1 << ' ' << t2 << endl;}
13  };
14  void main()
15  {
16      int a=123;
17      double b=3.1415;
18      MyTemplate<int, double> mt(a, b);
19      mt.display();
20  }
```

程序运行结果如图 15.4 所示。

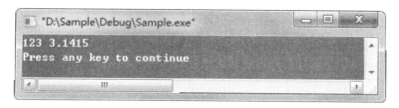

图 15.4　简单类模板

程序中的 MyTemplate 是一个模板类，它使用整型类型和双精度作为参数。

15.2.3　默认模板参数

默认模板参数就是在类模板定义时设置类型形式参数表中一个类型参数的默认值，该默认值是一个数据类型，有默认的数据类型参数后，在定义模板新类时就可以不进行指定。例如：

```
01  #include <iostream>
02  using namespace std;
03  template <class T1, class T2 = int>
04  class MyTemplate
05  {
06    T1 t1;
07    T2 t2;
08  public:
09      MyTemplate(T1 tt1, T2 tt2)
10      {t1=tt1;t2=tt2;}
11      void display()
12      {
13       cout<< t1 << ' ' << t2 << endl;
14      }
```

```
15  };
16  void main()
17  {
18      int a=123;
19      double b=3.1415;
20      MyTemplate<int, double> mt1(a, b);
21      MyTemplate<int> mt2(a, b);
22      mt1.display();
23      mt2.display();
24  }
```

程序运行结果如图 15.5 所示。

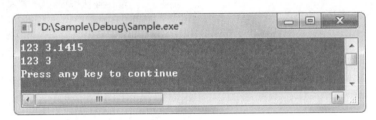

图 15.5　默认模板参数

15.2.4　为具体类型的参数提供默认值

默认模板参数是类模板中由默认的数据类型作为参数，在模板定义时还可以为默认的数据类型声明变量，并且为变量赋值。例如：

```
01  #include <iostream>
02  using namespace std;
03  template<class T1, class T2, int num= 10 >
04  class MyTemplate
05  {
06      T1 t1;
07      T2 t2;
08      public:
09          MyTemplate(T1 tt1, T2 tt2)
10          {t1 =tt1+num, t2=tt2+num;}
11          void display()
12          { cout << t1 << ' ' << t2 <<endl;}
13  };
14  void main()
15  {
16      int a=123;
17      double b=3.1415;
18      MyTemplate<int, double> mt1(a, b);
19      MyTemplate<int, double, 100> mt2(a, b);
20      mt1.display();
```

```
21      mt2.display();
22  }
```

程序运行结果如图 15.6 所示。

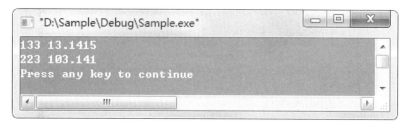

图 15.6　为具体类型的参数提供默认值

15.2.5　有界数组模板

C++ 语言不能检查数组下标是否越界，如果下标越界会造成程序崩溃，程序员在编辑代码时很难找到下标越界错误。那么如何能让数组进行下标越界检测呢？答案是建立数组模板，在模板定义时对数组的下标进行检查。

在模板中想要获取下标值，需要重载数组下标运算符“[ ]”，重载数组下标运算符后使用模板类实例化的数组，就可以进行下标越界检测了。例如：

```
01  #include <cassert>
02  template <class T, int b>
03  class Array
04  {
05      T& operator [] (int sub)
06      {
07          assert(sub>=0&& sub<b);
08      }
09  };
```

程序中使用了 assert 来进行警告处理，当有下标越界情况发生时就弹出对话框警告，然后输出出现错误的代码位置。assert 函数需要使用 cassert 头文件。

数组模板的应用示例如下：

```
01  #include <iostream>
02  #include <iomanip>
03  #include <cassert>
04  using namespace std;
05  class Date
06  {
07      int iMonth, iDay, iYear;
08      char Format [128];
```

```
09  public:
10      Date(int m=0, int d=0, int y=0)
11      {
12        iMonth=m;
13        iDay=d;
14        iYear=y;
15      }
16      friend ostream& operator<<(ostream& os, const Date t)
17      {
18        cout << "Month:" << t.iMonth << ' ';
19        cout << "Day:" << t.iDay<< ' ';
20        cout << "Year:" << t.iYear<< ' ';
21        return os;
22      }
23      void Display()
24      {
25        cout << "Month:" << iMonth;
26        cout << "Day:" << iDay;
27        cout << "Year:" << iYear;
28        cout << endl;
29      }
30  };
31  template <class T, int b>
32  class Array
33  {
34      T elem [b];
35      public:
36        Array(){}
37        T& operator [] (int sub)
38        {
39          assert(sub>=0&& sub<b);
40          return elem [sub];
41        }
42  };
43  void main()
44  {
45      Array<Date, 3> dateArray;
46      Date dt1(1, 2, 3);
47      Date dt2(4, 5, 6);
48      Date dt3(7, 8, 9);
49      dateArray [0]=dt1;
50      dateArray [1]=dt2;
51      dateArray [2]=dt3;
52      for(int i=0;i<3;i++)
53        cout << dateArray [i] << endl;
54      Date dt4(10, 11, 13);
55      dateArray [3] = dt4;                     // 弹出警告
56      cout << dateArray [3] << endl;
57  }
```

程序运行结果如图 15.7 所示。

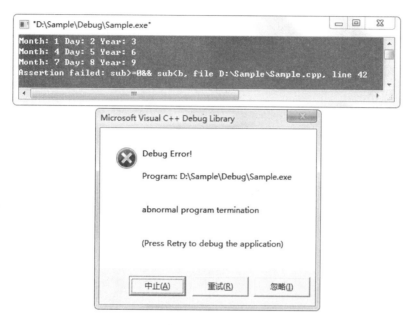

图 15.7　数组模板

　　程序能够及时发现 dateArray 已经越界，因为定义数组时指定数组的长度为 3，当数组下标为 3 时说明数组中有 4 个元素，所以程序执行到 dateArray［3］时，弹出错误警告。

15.3　模板的使用

视频讲解

　　定义完模板类后如果想扩展模板新类的功能，需要对类模板进行覆盖，使模板类能够完成特殊功能。覆盖操作可以针对整个类模板、部分类模板以及类模板的成员函数。这种覆盖操作称为定制。

15.3.1　定制类模板

　　定制一个类模板，然后覆盖类模板中所定义的所有成员。例如：

```
01  #include <iostream>
02  using namespace std;
03  class Date
04  {
05      int iMonth, iDay, iYear;
06      char Format [128];
07  public:
08      Date(int m=0, int d=0, int y=0)
```

```
09    {
10       iMonth=m;
11       iDay=d;
12       iYear=y;
13    }
14    friend ostream& operator<<(ostream& os, const Date t)
15    {
16       cout << "Month:" << t.iMonth << ' ';
17       cout << "Day:" << t.iDay<< ' ';
18       cout << "Year:" << t.iYear<< ' ';
19       return os;
20
21    }
22    void Display()
23    {
24       cout << "Month:" << iMonth;
25       cout << "Day:" << iDay;
26       cout << "Year:" << iYear;
27       cout << endl;
28    }
29 };
30 template <class T>
31 class Set
32 {
33    T t;
34    public:
35       Set(T st): t(st) {}
36       void Display()
37       {
38          cout << t << endl;
39       }
40 };
41 class Set<Date>
42 {
43    Date t;
44 public:
45    Set(Date st): t(st){}
46    void Display()
47    {
48       cout << "Date:" << t << endl;
49    }
50 };
51 void main()
52 {
53    Set<int> intset(123);
54    Set<Date> dt =Date(1, 2, 3);
55    intset.Display();
56    dt.Display();
57 }
```

程序运行结果如图 15.8 所示。

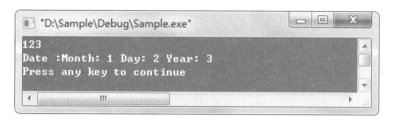

图 15.8　定制类模板

程序中定义了 Set 类模板，该模板中有一个构造函数和一个 Display 成员函数。Display 成员函数负责输出成员的值。使用类 Date 定制了整个类模板，也就是说模板类中构造函数中的参数是 Date 对象，Display 成员函数输出的也是 Date 对象。定制类模板相当于实例化一个模板类。

15.3.2　定制类模板成员函数

定制一个类模板，然后覆盖类模板中指定的成员。例如：

```
01 #include <iostream>
02 using namespace std;
03 class Date
04 {
05     int iMonth, iDay, iYear;
06     char Format [128];
07 public:
08     Date(int m=0, int d=0, int y=0)
09     {
10       iMonth=m;
11       iDay=d;
12       iYear=y;
13     }
14     friend ostream& operator<<(ostream& os, const Date t)
15     {
16       cout << "Month:" << t.iMonth << ' ';
17       cout << "Day:" << t.iDay<< ' ';
18       cout << "Year:" << t.iYear<< ' ';
19       return os;
20
21     }
22     void Display()
23     {
24       cout << "Month:" << iMonth;
25       cout << "Day:" << iDay;
26       cout << "Year:" << iYear;
27       cout << std::endl;
28     }
```

```
29  };
30  template <class T>
31  class Set
32  {
33      T t;
34  public:
35  Set(T st): t(st) { }
36  void Display();
37  };
38  template <class T>
39  void Set<T>::Display()
40  {
41      cout << t << endl;
42  }
43  void Set<Date>::Display()
44  {
45      cout << "Date:" << t << endl;
46  }
47  void main()
48  {
49      Set<int> intset(123);
50      Set<Date> dt =Date(1, 2, 3);
51      intset.Display();
52      dt.Display();
53  }
```

程序运行结果如图 15.9 所示。

图 15.9　定制类模板成员函数

程序中定义了 Set 类模板，该模板中有一个构造函数和一个 Display 成员函数。程序对模板类中的 Display 函数进行覆盖，使其参数类型设置为 Date 类，这样在使用 Display 函数输出时就会调用 Date 类中的 Display 函数进行输出。

视频讲解

15.4　链表类模板

链表是一种常用的数据结构，创建链表类模板就是创建一个对象的容器，在容器内可以对不同类型的对象进行插入、删除和排序等操作。C++ 标准模板中有链表类模板，本节将主要实现简单的链表类模板。

15.4.1　链表

在介绍类模板之前，先来设计一个简单的单向链表。链表的功能包括向尾节点添加数据、遍历链表中的节点和在链表结束时释放所有节点。例如定义一个链表类。

```
01  class CNode                              // 定义一个节点类
02  {
03  public:
04      CNode *m_pNext;                       // 定义一个节点指针，指向下一个节点
05      int  m_Data;                          // 定义节点的数据
06      CNode()                               // 定义节点类的构造函数
07      {
08          m_pNext = NULL;                   // 将 m_pNext 设置为空
09      }
10  };
11  class CList                              // 定义链表类 CList 类
12  {
13  private:
14      CNode *m_pHeader;                     // 定义头节点
15      int  m_NodeSum;                       // 节点数量
16  public:
17      CList()                               // 定义链表的构造函数
18      {
19          m_pHeader = NULL;                 // 初始化 m_pHeader
20          m_NodeSum = 0;                    // 初始化 m_NodeSum
21      }
22      CNode* MoveTrail()                    // 移动到尾节点
23      {
24          CNode* pTmp = m_pHeader;          // 定义一个临时节点，将其指向头节点
25          for (int i=1;i<m_NodeSum;i++)     // 遍历节点
26          {
27              pTmp = pTmp−>m_pNext;         // 获取下一个节点
28          }
29          return pTmp;                      // 返回尾节点
30      }
31      void AddNode(CNode *pNode)            // 添加节点
32      {
33          if (m_NodeSum == 0)               // 判断链表是否为空
34          {
35              m_pHeader = pNode;            // 将节点添加到头节点中
36          }
37          else                             // 链表不为空
38          {
39              CNode* pTrail = MoveTrail();  // 搜索尾节点
40              pTrail−>m_pNext = pNode;      // 在尾节点处添加节点
41          }
42          m_NodeSum++;                      // 使链表节点数量加 1
```

```
43          }
44      void PassList()                              // 遍历链表
45      {
46          if (m_NodeSum > 0)                       // 判断链表是否为空
47          {
48              CNode* pTmp = m_pHeader;             // 定义一个临时节点，将其指向头节点
49              printf("%4d", pTmp->m_Data);         // 输出节点数据
50              for (int i=1;i<m_NodeSum;i++)        // 遍历其他节点
51              {
52                  pTmp = pTmp->m_pNext;            // 获取下一个节点
53                  printf("%4d", pTmp->m_Data);     // 输出节点数据
54              }
55          }
56      }
57      ~CList()                                     // 定义链表析构函数
58      {
59          if (m_NodeSum > 0)                       // 链表不为空
60          {
61              CNode *pDelete = m_pHeader;          // 定义一个临时节点，指向头节点
62              CNode *pTmp = NULL;                  // 定义一个临时节点
63              for(int i=0; i< m_NodeSum; i++)      // 遍历节点
64              {
65                  pTmp = pDelete->m_pNext;         // 获取下一个节点
66                  delete pDelete;                  // 释放当前节点
67                  pDelete = pTmp;                  // 将下一个节点设置为当前节点
68              }
69              m_NodeSum = 0;                       // 将 m_NodeSum 设置为 0
70              pDelete = NULL;                      // 将 pDelete 设置为空
71              pTmp = NULL;                         // 将 pTmp 设置为空
72          }
73          m_pHeader = NULL;                        // 将 m_pHeader 设置为空
74      }
75  };
```

链表类 CList 以 CNode 作为元素，通过 MoveTrail 成员函数将链表指针移动到末尾，通过 AddNode 成员函数添加一个节点。

声明一个链表对象，向其中添加节点，并遍历链表节点。代码如下：

```
01  int main(int argc, char*argv [])
02  {
03      CList list;                                  // 定义链表对象
04      for(int i=0; i<5; i++)                       // 利用循环向链表中添加 5 个节点
05      {
06          CNode *pNode = new CNode();              // 构造节点对象
07          pNode->m_Data = i;                       // 设置节点数据
08          list.AddNode(pNode);                     // 添加节点到链表
09      }
10      list.PassList();                             // 遍历节点
```

```
11    cout << endl;                              // 输出换行
12    return 0;
13  }
```

程序运行结果如图 15.10 所示。

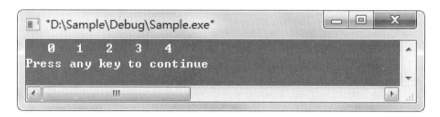

图 15.10　简单链表

程序向链表中添加了 5 个元素，然后调用 PassList 成员函数完成对链表元素的遍历。

15.4.2　链表类模板

链表类 Clist 的一个最大缺陷就是链表不够灵活，其节点只能是 CNode 类型。让 CList 能够适应各种类型的节点的最简单方法就是使用类模板。类模板的定义与函数模板类似，以关键字 template 开始，其后是由尖括号 "<>" 构成的模板参数。下面重新修改链表类 CList，以类模板的形式进行改写，代码如下：

```
01  template <class Type>                        // 定义类模板
02  class CList                                  // 定义 CList 类
03  {
04  private:
05    Type *m_pHeader;                           // 定义头节点
06    int  m_NodeSum;                            // 节点数量
07  public:
08    CList()                                    // 定义构造函数
09    {
10      m_pHeader = NULL;                        // 将 m_pHeader 置为空
11      m_NodeSum = 0;                           // 将 m_NodeSum 置为 0
12    }
13    Type* MoveTrail()                          // 获取尾节点
14    {
15      Type *pTmp = m_pHeader;                  // 定义一个临时节点，将其指向头节点
16      for (int i=1;i<m_NodeSum;i++)            // 遍历链表
17      {
18        pTmp = pTmp->m_pNext;                  // 将下一个节点指向当前节点
19      }
20      return pTmp;                             // 返回尾节点
21    }
22    void AddNode(Type *pNode)                  // 添加节点
```

```
23    {
24      if (m_NodeSum == 0)                    // 判断链表是否为空
25      {
26        m_pHeader = pNode;                   // 在头节点处添加节点
27      }
28      else                                   // 链表不为空
29      {
30        Type* pTrail = MoveTrail();          // 获取尾节点
31        pTrail–>m_pNext = pNode;             // 在尾节点处添加节点
32      }
33      m_NodeSum++;                           // 使节点数量加 1
34    }
35    void PassList()                          // 遍历链表
36    {
37      if (m_NodeSum > 0)                     // 判断链表是否为空
38      {
39        Type* pTmp = m_pHeader;              // 定义一个临时节点，将其指向头节点
40        printf("%4d", pTmp–>m_Data);         // 输出头节点数据
41        for (int i=1;i<m_NodeSum;i++)        // 利用循环访问节点
42        {
43          pTmp = pTmp–>m_pNext;              // 获取下一个节点
44          printf("%4d", pTmp–>m_Data);       // 输出节点数据
45        }
46      }
47    }
48    ~CList()                                 // 定义析构函数
49    {
50      if (m_NodeSum > 0)                     // 判断链表是否为空
51      {
52        Type *pDelete = m_pHeader;           // 定义一个临时节点，将其指向头节点
53        Type *pTmp = NULL;                   // 定义一个临时节点
54        for(int i=0;i<m_NodeSum;i++)         // 利用循环遍历所有节点
55        {
56          pTmp = pDelete–>m_pNext;           // 将下一个节点指向当前节点
57          delete pDelete;                    // 释放当前节点
58          pDelete = pTmp;                    // 将当前节点指向下一个节点
59        }
60        m_NodeSum = 0;                       // 设置节点数量为 0
61        pDelete = NULL;                      // 将 pDelete 置为空
62        pTmp = NULL;                         // 将 pTmp 置为空
63      }
64      m_pHeader = NULL;                      // 将 m_pHeader 置为空
65    }
66 };
```

上述代码利用类模板对链表类 CList 进行了修改，实际上是在原来链表的基础上将链表中出现 CNode 类型的地方替换为模板参数 Type。下面再定义一个节点类 CNode，演示模板类 CList 是如何适应不同的节点类型的。例如：

```
01  class CNode                                  // 定义一个节点类
02  {
03  public:
04      CNode *m_pNext;                          // 定义一个节点类指针
05      char   m_Data;                           // 定义节点类的数据成员
06      CNode()                                  // 定义构造函数
07      {
08          m_pNext = NULL;                      // 将 m_pNext 置为空
09      }
10  };
11  int main(int argc, char*argv [])
12  {
13      CList<CNode> nodelist;                    // 构造一个类模板实例
14      for(int n=0;n<5;n++)                      // 利用循环向链表中添加节点
15      {
16          CNode *pNode = new CNode();           // 创建节点对象
17          pNode–>m_Data = n;                    // 设置节点数据
18          nodelist.AddNode(pNode);             // 向链表中添加节点
19      }
20      nodelist.PassList();                      // 遍历链表
21      cout <<endl;                              // 输出换行
22      CList<CNode> netlist;                     // 构造一个类模板实例
23      for(int i=0;i<5;i++)                      // 利用循环向链表中添加节点
24      {
25          CNode *pNode = new CNode();           // 创建节点对象
26          pNode–>m_Data = 97+i;                 // 设置节点数据
27          netlist.AddNode(pNode);              // 向链表中添加节点
28      }
29      netlist.PassList();                       // 遍历链表
30      cout << endl;                             // 输出换行
31      return 0;
32  }
```

程序运行结果如图 15.11 所示。

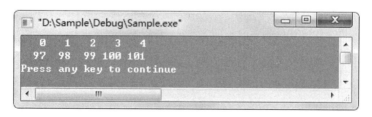

图 15.11　使用 CList 类模板

类模板 CList 虽然能够使用不同类型的节点，但是对节点的类型是有一定要求的。第一，节点类必须包含一个指向自身的指针类型成员 m_pNext，因为在 CList 中访问了 m_pNext 成员；第二，节点类中必须包含数据成员 m_Data，其类型被限制为数字类型或有序类型。

15.4.3 类模板的静态数据成员

在类模板中可以定义静态的数据成员，类模板中的每个实例都有自己的静态数据成员，而不是所有的类模板实例共享静态数据成员。为了说明这一点，笔者对模板类 CList 进行简化，向其中添加一个静态数据成员，并初始化静态数据成员。

在类模板中使用静态数据成员的例子如下：

```cpp
01  #include <iostream>
02  using namespace std;
03  template <class Type>
04  class CList                               // 定义 CList 类
05  {
06  private:
07      Type *m_pHeader;
08      int  m_NodeSum;
09  public:
10      static int m_ListValue;               // 定义静态数据成员
11      CList()
12      {
13          m_pHeader = NULL;
14          m_NodeSum = 0;
15      }
16  };
17  class CNode                               // 定义 CNode 类
18  {
19  public:
20      CNode *m_pNext;
21      int   m_Data;
22      CNode()
23      {
24          m_pNext = NULL;
25      }
26  };
27  class CNet                                // 定义 CNet 类
28  {
29  public:
30      CNet *m_pNext;
31      char  m_Data;
32      CNet()
33      {
34          m_pNext = NULL;
35      }
36  };
37  template <class Type>
38  int CList<Type>::m_ListValue = 10;        // 初始化静态数据成员
```

```
39  int main(int argc, char* argv [])
40  {
41    CList<CNode> nodelist;
42    nodelist.m_ListValue = 2008;
43    CList<CNet> netlist;
44    netlist.m_ListValue = 88;
45    cout<<nodelist.m_ListValue<< endl;
46    cout<<netlist.m_ListValue<<endl;
47    return 0;
48  }
```

程序运行结果如图 15.12 所示。

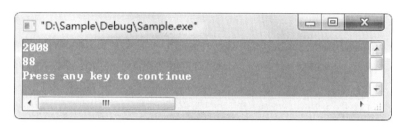

图 15.12　类模板的静态数据成员

由于模板实例 nodelist 和 netlist 均有各自的静态数据成员，所以 m_ListValue 的值是不同的。但是对于同一类型的模板实例，其静态数据成员是共享的。

15.5　小　　结

模板是 C++ 的高级特性，一个模板可以定义一组函数或类，它使用数据类型和类名作为参数，建立具有类型安全的类库集合和函数集合。模板可以对作为模板参数的数据类型进行相同的操作，大大减少了代码量，提高了代码效率，更是方便了大规模软件的开发。标准 C++ 库（STL）在很大程度上依赖于模板。通过本章的学习，使读者对 C++ 语言有更深入的了解。

15.6　实　　战

15.6.1　比较字符串大小

定义一个能够求最值的模板函数，并重载该模板函数，使其可以比较字符串的大小。运行结果如图 15.13 所示。（**实例位置：资源包 \ 源码 \15\ 实战 \01**）

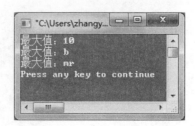

图 15.13　比较字符串大小

15.6.2　求数组元素和

定义一个函数，该函数可以接受一个数组作为参数，并求得数组中所有元素之和（要求可以接整型数，浮点型数组）。运行结果如图 15.14 所示。（**实例位置：资源包 \ 源码 \15\ 实战 \02**）

图 15.14　数组元素之和

第 16 章

STL 标准模板库

（视频讲解：30 分钟）

　　STL 的英文全称为 Standard Template Library，主要目的是为标准化组件提供类模板进行范型编程。STL 技术是对原有 C++ 技术的一种补充，具有通用性好、效率高、数据结构简单、安全机制完善等特点。STL 是一些容器的集合，这些容器在算法库的支持下使程序开发变得更加简单和高效。

　　学习摘要：

　▶▶　序列容器

　▶▶　关联式容器

　▶▶　迭代器

视频讲解

16.1 序列容器

STL 提供很多容器，每种容器都提供一组操作行为。序列容器（sequence）只提供插入功能，其中的元素都是有序的，但并未排序。序列容器包括 vector 向量、deque 双端队列和 list 双向串行。

16.1.1 向量类模板

向量（vector）是一种随机访问的数组类型，提供了对数组元素的快速、随机访问，以及在序列尾部快速、随机的插入和删除操作。它是大小可变的向量，在需要时可以改变其大小。

使用向量类模板需要创建 vector 对象，创建 vector 对象有以下几种方法：

☑ std::vector<type> name;

该方法创建了一个名为 name 的空 vector 对象，该对象可容纳类型为 type 的数据。例如，为整型值创建一个空 std::vector 对象可以使用这样的语句：

```
std::vector<int> intvector;
```

☑ std::vector<type> name(size);

该方法用来初始化具有 size 元素个数的 vector 对象。

☑ std::vector<type> name(size, value);

该方法用来初始化具有 size 元素个数的 vector 对象，并将对象的初始值设为 value。

☑ std::vector<type> name(myvector);

该方法使用复制构造函数，用现有的向量 myvector 创建了一个 vector 对象。

☑ std::vector<type> name(first, last);

该方法创建了元素在指定范围内的向量，first 代表起始范围，last 代表结束范围。

vector 对象的主要成员继承于随机接入容器和反向插入序列，主要成员函数及说明可以到网上搜索。下面通过实例进一步学习 vector 模板类的使用方法。

【例 16.01】 vector 模板类的操作方法（**实例位置：资源包 \ 源码 \16\16.01**）

```
01 #include <iostream>
02 #include <vector>
03 #include <tchar.h>
04 using namespace std;
05 int main(int argc, _TCHAR*argv [])
06 {
07     vector<int> v1, v2;                    // 定义两个容器
08     v1.reserve(10);                        // 手动分配空间，设置容器元素最小值
09     v2.reserve(10);
10     v1 = vector<int>(8, 7);
11     int array [8]= {1, 2, 3, 4, 5, 6, 7, 8};    // 定义数组
```

```
12    v2 = vector<int>(array, array+8);;                // 给 v2 赋值
13    cout<<"v1 容量 "<<v1.capacity()<<endl;
14    cout<<"v1 当前各项 :"<<endl;
15    size_t i = 0;
16    for(i = 0; i<v1.size(); i++)
17    {
18        cout<<" "<<v1 [i];
19    }
20    cout<<endl;
21    cout<<"v2 容量 "<<v2.capacity()<<endl;
22    cout<<"v2 当前各项 :"<<endl;
23    for(i = 0; i<v1.size(); i++)
24    {
25        cout<<" "<<v2 [i];
26    }
27    cout<<endl;
28    v1.resize(0);
29    cout<<"v1 的容量通过 resize 函数变成 0"<<endl;
30    if(!v1.empty())
31        cout<<"v1 容量 "<<v1.capacity()<<endl;
32    else
33        cout<<"v1 是空的 "<<endl;
34    cout<<" 将 v1 容量扩展为 8"<<endl;
35    v1.resize(8);
36    cout<<"v1 当前各项 :"<<endl;
37    for(i = 0; i<v1.size(); i++)
38    {
39        cout<<" "<<v1 [i];
40    }
41    cout<<endl;
42    v1.swap(v2);
43    cout<<"v1 与 v2 swap 了 "<<endl;
44    cout<<"v1 当前各项 :"<<endl;
45    cout<<"v1 容量 "<<v1.capacity()<<endl;
46    for(i = 0; i<v1.size(); i++)
47    {
48        cout<<" "<<v1 [i];
49    }
50    cout<<endl;
51    v1.push_back(3);
52    cout<<" 从 v1 后边加入了元素 3"<<endl;
53    cout<<"v1 容量 "<<v1.capacity()<<endl;
54    for(i = 0; i<v1.size(); i++)
55    {
56        cout<<" "<<v1 [i];
57    }
58    cout<<endl;
59    v1.erase(v1.end()–2);
60    cout<<" 删除了倒数第二个元素 "<<endl;
```

```
61    cout<<"v1 容量 "<<v1.capacity()<<endl;
62    cout<<"v1 当前各项 :"<<endl;
63    for(i = 0; i<v1.size(); i++)
64    {
65        cout<<" "<<v1 [i];
66    }
67    cout<<endl;
68    v1.pop_back();
69    cout<<"v1 通过栈操作 pop_back 放走了最后的元素 "<<endl;
70    cout<<"v1 当前各项 :"<<endl;
71    cout<<"v1 容量 "<<v1.capacity()<<endl;
72    for(i = 0; i<v1.size(); i++)
73    {
74        cout<<" "<<v1 [i];
75    }
76    cout<<endl;
77    return 0;
78 }
```

执行结果如图 16.1 所示。

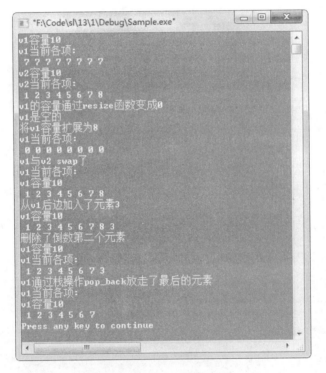

图 16.1 vector 的操作方法

实例演示了 vector<int> 容器的初始化，以及插入、删除等操作。在本例中 v1 和 v2 均用 resize 分配了空间。当分配的空间小于自身原来的空间大小时，删除掉原来的末尾元素。当分配的空间大于自身的空间时自动在末尾元素后边增加相应个数的 0 值。同理，若 vector 模版使用的是某一个类，则增加的会是以默认构造函数创建的对象。同时可以看到，向 v1 添加元素时，v1 的容量从 8 增加到了 12，这个就是在 vector 提供的特性，在需要的时候可以扩大自身的容量。

注意

虽然 vector 支持 insert 函数插入，但与链表数据结构的容器比较而言效率较差，不推荐经常使用。

16.1.2　双端队列类模板

双端队列（deque）是一种随机访问的数据类型，提供了在序列两端快速插入和删除操作的功能，它可以在需要的时候修改其自身的大小，主要完成标准 C++ 数据结构中队列的功能。

使用双端队列类模板需要创建 deque 对象，创建 deque 对象有以下几种方法：

☑　std::deque<type> name;

该方法创建了一个名为 name 的空 deque 对象，该对象可容纳数据类型为 type 的数据。例如，为整型值创建一个空 std:: deque 对象可以使用这样的语句：

```
std:: deque <int> int deque;
```

☑　std::deque<type> name(size);

该方法创建一个大小为 size 的 deque 对象。

☑　std::deque<type> name(size,value);

该方法创建一个大小为 size 的 deque 对象，并将对象的每个值设为 value。

☑　std::deque<type> name(mydeque);

该方法使用复制构造函数，用现有的双端队列 mydeque 创建一个 deque 对象。

☑　std::deque<type> name(first,last);

该方法创建了元素在指定范围内的双端队列，first 代表起始范围，last 代表结束范围。

双端队列类模板应用的例子如下：

```
01  #include <iostream>
02  #include <deque>
03  using namespace std;
04  int main()
05  {
06      deque<int > intdeque;
07      intdeque.push_back(2);
08      intdeque.push_back(3);
09      intdeque.push_back(4);
10      intdeque.push_back(7);
11      intdeque.push_back(9);
12      cout << "Deque: old" <<endl;
13      for(int i=0; i< intdeque.size(); i++)
14      {
```

```
15        cout << "intdeque [" << i << "]:";
16        cout << intdeque [i] << endl;
17    }
18    cout << endl;
19    intdeque.pop_front();
20    intdeque.pop_front();
21    intdeque [1]=33;
22    cout << "Deque: new" <<endl;
23    for(i=0; i<intdeque.size(); i++)
24    {
25        cout << "intdeque [" << i << "]:";
26        cout << intdeque [i] << " ";
27    }
28    cout << endl;
29    return 0;
30 }
```

程序运行如图 16.2 所示。

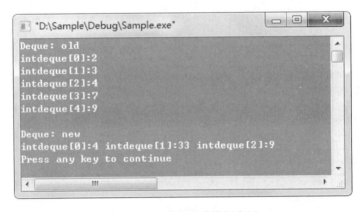

图 16.2　双端队列类模板应用

程序定义了一个空的类型为 int 的 deque 变量，然后用函数 push_back 把值插入 deque 变量中，并把 deque 变量显示出来，最后删除 deque 变量中的第一个元素，并把删除后的 deque 变量中的第 2 个元素赋值。

16.1.3　链表类模板

链表（list），即双向链表容器，它不支持随机访问，访问链表元素要指针从链表的某个端点开始，插入和删除操作所花费的时间是固定的，和该元素在链表中的位置无关。list 在任何位置插入和删除动作都很快，不像 vector 只在末尾进行操作。

使用链表类模板需要创建 list 对象，创建 list 对象有以下几种方法：

☑　std::list<type> name;

该方法创建了一个名为 name 的空 list 对象，该对象可容纳数据类型为 type 的数据。例如，为整型值创建一个空 std::vector 对象可以使用这样的语句：

```
std::list <int> intlist;
```

☑　std::list<type> name(size);

该方法初始化具有 size 元素个数的 list 对象。

☑　std::list<type> name(size,value);

该方法初始化具有 size 元素个数的 list 对象，并将对象的每个元素设为 value。

☑　std::list<type> name(mylist);

该方法使用复制构造函数，用现有的链表 mylist 创建了一个 list 对象。

☑　std::list<type> name(first,last);

该方法创建了元素在指定范围内的链表，first 代表起始范围，last 代表结束范围。

list<T> 所支持的操作与 vector<T> 很相近。但这些操作的实现原理不尽相同，执行效率也不一样。list（双向链表）的优点是插入元素的效率很高，缺点是不支持随机访问。也就是说，链表无法像数组一样通过索引来访问。形如：

```
01  list<int> list1 (first, last);          // 初始化
02  list [i] = 3;                           // 错误！！无法使用数组符号 " []"
```

对 list 各个元素的访问，通常使用的是迭代器。

迭代器的使用方法类似于指针，下面用一个实例演示一下用迭代器访问 list 中元素：

```
01  #include <iostream>
02  #include <list>
03  #include <vector>
04  using namespace std;
05  int main()
06  {
07      cout<<" 使用未排序储存 0-9 的数组初始化 list1"<<endl;
08      int array [10] = {1, 3, 5, 7, 8, 9, 2, 4, 6, 0};
09      list<int> list1(array, array+10);
10      cout<<"list1 调用 sort 方法排序 "<<endl;
11      list1.sort();
12      list<int>::iterator iter = list1.begin();
13      // iter =iter+5   list 的 iter 不支持 + 运算符
14      cout<<" 通过迭代器访问 list 双向链表中从头开始向后的第 4 个元素 "<<endl;
15      for(int i = 0; i<3; i++)
16      {
17          iter++;
18      }
19      cout<<*iter<<endl;
20      list1.insert(list1.end(), 13);
21      cout<<" 在末尾插入数字 13"<<endl;
22      for(list<int>::iterator it = list1.begin(); it!= list1.end(); it++)
23      {
```

```
24       cout<<" "<<*it;
25     }
26 }
```

结果如图 16.3 所示。

图 16.3　迭代器的应用

通过程序可以观察到，迭代器 iterator 类和指针用法很相似，支持自增操作符，并且通过 "*" 可以访问相应的对象内容。但 list 中的迭代器不支持 "+" 号运算符，而指针与 vector 中的迭代器都支持。

视频讲解

16.2　关联式容器

关联式容器（associative 容器）是 STL 提供的容器的一种，其中的元素都是经过排序的，它主要通过关键字的方式来提高查询的效率。关联式容器包括 set，multiset，map，multimap 和 hash table，本节主要介绍 set，multiset，map 和 multimap。

16.2.1　set 类模板

set 类模板又称为集合类模板，一个集合对象像链表一样顺序地存储一组值。在一个集合中，集合元素既充当存储的数据，又充当数据的关键码。

可以使用下面的几种方法来创建 set 对象：

☑　std::set<type,predicate> name;

这种方法创建了一个名为 name，并且包含 type 类型数据的 set 空对象。该对象使用谓词所指定的函数来对集合中的元素进行排序。例如，要给整数创建一个空 set 对象，可以这样写：

```
std::set<int, std::less<int>> intset;
```

☑　std::set<type,predicate> name(myset)

这种方法使用了复制构造函数，从一个已存在的集合 myset 中生成一个 set 对象。

☑　std::set<type,predicate> name(first,last)

这种方法从一定范围的元素中根据多重指示器所指示的起始与终止位置创建一个集合。

下面通过一些操作来实现对 set 对象的应用。

创建整型类型的集合，并在该集合中实现数据的插入。

【例 16.02】 创建整型类集合，并插入数据（**实例位置：资源包 \ 源码 \16\16.02**）

```
01 #include <iostream>
02 #include <set>
03 using namespace std;
04 void main()
05 {
06     set<int> iSet;                              // 创建整型集合
07     iSet.insert(1);                            // 插入数据
08     iSet.insert(3);
09     iSet.insert(5);
10     iSet.insert(7);
11     iSet.insert(9);
12     cout << "set:" << endl;
13     set<int>::iterator it;                     // 循环并输出集合中的数据
14     for(it=iSet.begin(); it!=iSet.end(); it++)
15     cout << *it << endl;
16 }
```

程序运行结果如图 16.4 所示。

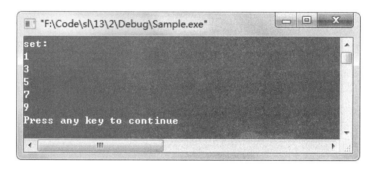

图 16.4　插入数据

16.2.2　multiset 类模板

multiset 使程序能顺序存储一组数据。与集合类类似，多重集合的元素既可以作为存储的数据又可以作为数据的关键字。然而，与集合类不同的是多重集合类可以包含重复的数据。下面列出了几种创建多重集合的方法：

☑　std::multiset<type,predicate> name;

这种方法创建了一个名为 name，并且包含 type 类型数据的 multiset 空对象。该对象使用谓词所指定的函数来对集合中的元素进行排序。例如，要给整数创建一个空 multiset 对象，可以这样写：

```
std:: multiset<int, std::less<int> > intset;
```

注意

> less<int> 表达式后要有空格。

☑ std::multiset <type,predicate> name(mymultiset)

这种方法使用了复制构造函数，从一个已经存在的集合 mymultiset 中生成一个 multiset 对象。

☑ std::multiset <type,predicate> name(first,last)

这种方法从一定范围的元素中根据指示器所指示的起始与终止位置创建一个集合。

16.2.3　map 类模板

map 对象按顺序存储一组值，其中每个元素与一个检索关键码关联。map 与 set 和 multiset 不同，set 和 multiset 中元素既被作为存储的数据又被作为数据的关键值，而 map 类型中元素的数据和关键值是分开的。创建 map 类模板的方法如下：

☑ map<key,type,predicate> name;

这种方法创建了一个名为 name，并且包含 type 类型数据的 map 空对象。该对象使用谓词所指定的函数来对集合中的元素进行排序。例如，要给整数创建一个空 map 对象，可以这样写：

```
std::map<int, int, std::less<int>> intmap;
```

☑ map<key,type,predicate> name(mymap);

这种方法使用了复制构造函数，从一个已存在的映射 mymap 中生成一个 map 对象。

☑ map<key,type,predicate> name(first,last);

这种方法从一定范围的元素中根据多重指示器所指示的起始与终止位置创建一个映射。

例如，创建一个 map 映射对象，并使用下标插入新的元素。代码如下：

```
01  #include <iostream>
02  #include <map>
03  using namespace std;
04  void main()
05  {
06      map<int, char> cMap;                              // 创建 map 映射对象
07      cMap.insert(map<int, char>::value_type(1, 'B'));  // 插入新元素
08      cMap.insert(map<int, char>::value_type(2, 'C'));
09      cMap.insert(map<int, char>::value_type(4, 'D'));
10      cMap.insert(map<int, char>::value_type(5, 'G'));
11      cMap.insert(map<int, char>::value_type(3, 'F'));
12      cout << "map" << endl;
13      map<int, char>::iterator it;                      // 循环 map 映射显示元素值
14      for(it=cMap.begin(); it!=cMap.end(); it++)
15      {
16          cout << (*it).first << "->";
17          cout << (*it).second << endl;
```

```
18    }
19 }
```

程序运行结果如图 16.5 所示。

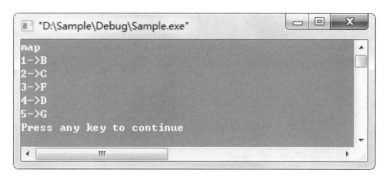

图 16.5　使用下标插入元素

16.2.4　multimap 类模板

multimap 能够顺序存储一组值，它与 map 相同的是每一个元素都包含一个关键值以及与之联系的数据项，与 map 不同的是多重映射可以包含重复的数据值，并且不能使用"[ ]"操作符向多重映射中插入元素。

构造 multimap 类模板方法如下：

☑　multimap<key,type,predicate> name;

这种方法创建了一个名为 name，并且包含 type 类型数据的 multimap 空对象。该对象使用谓词所指定的函数来对集合中的元素进行排序。例如，要给整数创建一个空 multimap 对象，可以这样写：

```
std::multimap<int, int, std::less<int> > intmap;
```

☑　multimap<key,type,predicate> name(mymap);

这种方法使用了复制构造函数，从一个已存在的映射 mymap 中生成一个 multimap 对象。

☑　multimap<key,type,predicate> name(first,last);

这种方法从一定范围的元素中根据多重指示器所指示的起始与终止位置创建一个多重映射。

例如，创建 multimap 映射对象，并向该映射中插入新的元素。

```
01  #include <iostream>
02  #include <map>
03  using namespace std;
04  void main()
05  {
06      multimap<int, char> cMap;                        // 创建 multimap 映射对象
07      cMap.insert(map<int, char>::value_type(1, 'B'));  // 插入新元素
08      cMap.insert(map<int, char>::value_type(2, 'C'));
```

```
09    cMap.insert(map<int, char>::value_type(4, 'C'));
10    cMap.insert(map<int, char>::value_type(5, 'G'));
11    cMap.insert(map<int, char>::value_type(3, 'F'));
12    cout << "multimap" << endl;
13    multimap <int, char>::iterator it;              // 循环 multimap 映射并显示元素值
14    for(it=cMap.begin(); it!=cMap.end(); it++)
15    {
16        cout << (*it).first << "->";
17        cout << (*it).second << endl;
18    }
19 }
```

程序运行结果如图 16.6 所示。

图 16.6　插入新元素

视频讲解

16.3　迭　代　器

迭代器相当于指向容器元素的指针，它在容器内可以向前移动，也可以做向前或向后双向移动。有专为输入元素准备的迭代器，有专为输出元素准备的迭代器，还有可以进行随机操作的迭代器，这为访问容器提供了通用方法。

16.3.1　输出迭代器

输出迭代器只用于写一个序列，它可以进行递增和提取操作。

【例 16.03】　应用输出迭代器（实例位置：资源包 \ 源码 \16\16.03）

```
01 #include <iostream>
02 #include <vector>
03 using namespace std;
04 void main()
05 {
06    vector<int> intVect;
```

```
07    for(int i=0; i<10; i+=2)
08        intVect.push_back(i);
09    cout << "Vect:" << endl;
10    vector<int>::iterator it=intVect.begin();
11    while(it!=intVect.end())
12        cout << *it++ << endl;
13 }
```

程序运行如图 16.7 所示。

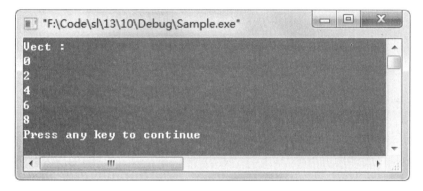

图 16.7　应用输出迭代器

程序使用整型向量的输出迭代器，输出向量中的所有元素。

16.3.2　输入迭代器

输入迭代器只用于读一个序列，它可以进行递增、提取和比较操作。使用输入迭代器的例子如下：

```
01 #include <iostream>
02 #include <vector>
03 using namespace std;
04 void main()
05 {
06     vector<int> intVect(5);
07     vector<int>::iterator out=intVect.begin();
08     *out++ = 1;
09     *out++ = 3;
10     *out++ = 5;
11     *out++ = 7;
12     *out=9;
13     cout << "Vect:";
14     vector<int>::iterator it =intVect.begin();
15     while(it!=intVect.end())
16         cout << *it++ << ' ';
17     cout << endl;
18 }
```

程序运行如图 16.8 所示。

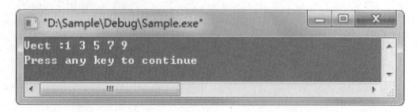

图 16.8　应用输入迭代器

程序使用输入迭代器向向量容器内添加元素，最后将添加的元素输出到屏幕。

16.3.3　前向迭代器

前向迭代器既可用于读，也可用于写，它不仅具有输入和输出迭代器的功能，还具有保存其值的功能，从而能够从迭代器原来的位置开始重新遍历序列。应用前向迭代器的例子如下：

```
01  #include <iostream>
02  #include <vector>
03  using namespace std;
04  void main()
05  {
06      vector<int> intVect(5);
07      vector<int>::iterator it=intVect.begin();
08      vector<int>::iterator saveIt=it;
09      *it++ = 12;
10      *it++ = 21;
11      *it++ = 31;
12      *it++ =41;
13      *it=9;
14      cout << "Vect:";
15      while(saveIt!=intVect.end())
16          cout << *saveIt++ << ' ';
17      cout << endl;
18  }
```

程序运行如图 16.9 所示。

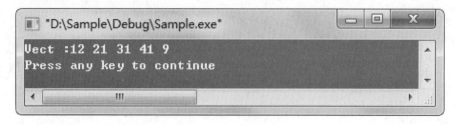

图 16.9　应用前向迭代器

程序中使用 saveIt 迭代器保存了 it 迭代器的内容，并使用 it 迭代器向容器中添加元素，通过 saveIt 迭代器将容器内的元素输出。

16.3.4　双向迭代器

双向迭代器既可用于读，也可用于写，它与前向迭代器类似，只是双向迭代器可做递增和递减操作。应用双向迭代器的例子如下：

```
01 #include <iostream>
02 #include <vector>
03 using namespace std;
04 void main()
05 {
06    vector<int> intVect(5);
07    vector<int>::iterator it=intVect.begin();
08    vector<int>::iterator saveIt=it;
09    *it++ = 1;
10    *it++ = 3;
11    *it++ = 5;
12    *it++ = 7;
13    *it=9;
14    cout << "Vect:";
15    while(saveIt!=intVect.end())
16       cout << *saveIt++ << ' ';
17    cout << endl;
18    do
19       cout << *--saveIt << endl;
20    while(saveIt!= intVect.begin());
21    cout << endl;
22 }
```

程序运行如图 16.10 所示。

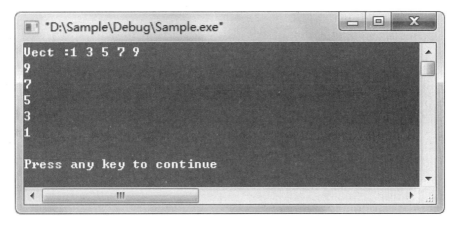

图 16.10　应用双向迭代器

271

程序中使用 saveIt 迭代器保存了 it 迭代器的内容，并使用 it 迭代器容器中添加元素，通过 saveIt 迭代器以从前向后和从后向前两种顺序将容器内的元素输出。

16.3.5　随机访问迭代器

随机访问迭代器是最强大的迭代器类型，不仅具有双向迭代器的所有功能，还能使用指针的算术运算和所有比较运算。应用随机访问迭代器的例子如下：

```
01 #include <iostream>
02 #include <vector>
03 using namespace std;
04 void main()
05 {
06     vector<int> intVect(5);
07     vector<int>::iterator it=intVect.begin();
08     *it++ = 1;
09     *it++ = 3;
10     *it++ = 5;
11     *it++ = 7;
12     *it=9;
13     cout << "Vect Old:";
14     for(it=intVect.begin(); it!=intVect.end(); it++)
15         cout << *it << ' ';
16     it= intVect.begin();
17     *(it+2)=100;
18     cout << endl;
19     cout << "Vect:";
20     for(it=intVect.begin(); it!=intVect.end(); it++)
21         cout << *it << ' ';
22     cout << endl;
23 }
```

程序运行如图 16.11 所示。

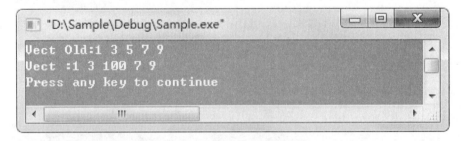

图 16.11　应用随机访问迭代器

16.4　小　　结

本章主要介绍了标准模板库中的两类容器和迭代器。这三者是标准模板库的核心内容，并且相互联系非常密切。迭代器是访问容器中的元素，算法是对容器中的元素进行操作。每种容器都有各自的特点，只有熟练掌握这些特点才能将标准模板库的作用充分发挥。lambda 表达式与标准模板库搭配使用使得匿名函数的定义与外部传参都很方便。

16.5　实　　战

16.5.1　显示仓库物品信息

试着使用 vector 模板类，存储仓库物品信息，包括物品的数量、单价和产地。运行结果如图 16.12 所示。（**实例位置：资源包 \ 源码 \16\ 实战 \01**）

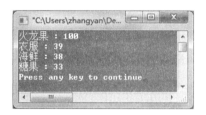

图 16.12　显示物品信息

16.5.2　查单词

在集合中存储一些单词，然后根据用户的输入，查找该单词。运行结果如图 16.13 所示。（**实例位置：资源包 \ 源码 \16\ 实战 \02**）

图 16.13　查单词

第 **17** 章

RTTI 与异常处理

（ 视频讲解：18 分钟 ）

　　面向对象编程的一个特点是运行时进行类型识别，这是对面向对象中多态的支持，使用 RTTI 能够使类的设计更加抽象，更加符合人们的思维。对象的动态生成，能够增加设计的灵活性，而异常处理则是在程序运行时对可能发生的错误进行控制，防止系统灾难性错误的发生。

学习摘要：

▸▸ RTTI（运行时类型识别）

▸▸ **异常处理**

视频讲解

17.1　RTTI（运行时类型识别）

有一个指向基类的指针或引用时所确定的一个对象的类型。

在编写程序的过程中，往往只提供了一个对象的指针，但通常在使用时需要明确这个指针的确切类型。利用 RTTI 就可以方便地获取某个对象指针的确切类型并进行控制。

17.1.1　什么是 RTTI

RTTI 可以在程序运行时通过某一对象的指针确定该对象的类型。许多程序设计人员都使用过虚基类编写面向对象的功能，通常在基类中定义了所有子类的通用属性或行为。但有些时候子类会存在属于自己的一些公有的属性或行为，这时通过基类对象的指针如何调用子类特有的属性和行为呢？首先，需要确定的就是这个基类对象属于哪个子类，然后将该对象转换成子类对象再进行调用。

如图 17.1 展示了具有特有功能的类。

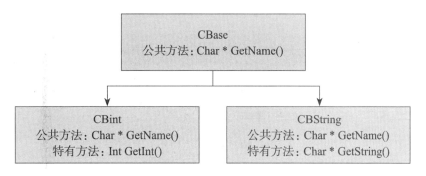

图 17.1　具有特有功能的类

从图 17.1 可以看出 CBint 类和 CBString 类都继承于 CBase，这 3 个类存在于一个公共方法 GetName()，而 CBint 类有自己的公共方法 GetInt()，CBString 类有自己的公共方法 GetString()。如果想通过 CBase 类的指针调用 CBint 类或 CBString 类的特有方法时就必须确定指针的具体类。下面代码完成了这样的功能。

```
01  class Cbase                         //基类
02  {
03  public:
04      virtual char*GetName()=0;       //虚方法
05  };
06
07  class CBint:public CBase
08  {
09  public:
10      char*GetName() { return "CBint";}
```

```
11       int GetInt(){ return 1;}
12  };
13
14  class CBString:public CBase
15  {
16  public:
17       char*GetName() { return "CBString"; }
18       char*GetString(){ return "Hello"; }
19  };
20
21  int main(int argc, char*argv [])
22  {
23      CBase*B1 = (CBase*)new CBint();
24      printf(B1–>GetName());
25      CBint *B2 = static_cast<CBint*>(B1);            // 静态转换
26      if (B2)
27        printf("%d", B2–>GetInt());
28      CBase*C1 = (CBase*)new CBString();
29      printf(C1–>GetName());
30      CBString *C2 = static_cast<CBString *>(C1);
31      if (C2)
32        printf(C2–>GetString());
33      return 0;
34  }
```

从上面代码可以看出基类 CBase 的指针 B1 和 C1 分别指向了 CBint 类与 CBString 类的对象，并且在程序运行时基类通过 static_cast 进行了转换，这样就形成了一个运行时类型识别的过程。

17.1.2　RTTI 与引用

RTTI 必须能与引用一起工作。指针与引用存在明显不同，因为引用总是由编译器逆向引用，而一个指针的类型或它指向的类型可能要检测。如下面代码定义了一个子类和一个基类：

```
01  #include "stdafx.h"
02  #include "typeinfo.h"
03  class CB
04  {
05  public:
06       int GetInt(){ return 1;};
07  };
08  class CI:public CB
09  {
10  };
```

通过下面的代码可以看出，typeid() 获取的指针是基类类型，而不是子类类型或派生类类型，Typeid() 获取的引用是子类类型。

```
01  int main(int argc, char* argv [])
02  {
03      CB *p = new CI();
04      CB &t = *p;
05      if (typeid(p) == typeid(CB*))
06        printf(" 指针类型是基类类型！ \n");
07      if (typeid(p)!= typeid(CI*))
08        printf(" 指针类型不是子类类型！ \n");
09      if (typeid(t) == typeid(CB))
10        printf(" 引用类型是基类类型！ \n");
11      return 0;
12  }
```

与此相反，指针指向的类型在 typeid() 看来是派生类而不是基类，而用一个引用的地址时产生的是基类而不是派生类。

```
01  if (typeid(*p) == typeid(CB))
02      printf(" 指针类型是基类类型！ \n");
03  if (typeid(*p)!= typeid(CI))
04      printf(" 指针类型不是子类类型！ \n");
05  if (typeid(&t) == typeid(CB*))
06      printf(" 引用类型是基类类型！ \n");
07  if (typeid(&t)!= typeid(CI*))
08      printf(" 引用类型不是子类类型！ \n");
```

17.1.3　RTTI 与多重继承

RTTI 是一个功能非常强大的功能，对于面向对象的编程方法，如果在类继承时使用了 virtual 虚基类，RTTI 仍然可以准确地获取对象在运行时的信息。

例如，下面代码通过虚基类的形式继承了父类，通过 RTTI 获取基类指针对象的信息。

```
01  #include "stdafx.h"
02  #include "typeinfo.h"
03  #include "iostream.h"
04  class CB                                          // 基类
05  {
06      virtual void dowork(){};                      // 虚方法
07  };
08  class CD1:virtual public CB
09  {
10  };
11  class CD2:virtual public CB
12  {
13  };
14  class CD3:public CD1, public CD2
15  {
```

```
16  public:
17      char *Print(){ return "Hello";};
18  };
19  int main(int argc, char* argv [])
20  {
21      CB*p = new CD3();                          // 向上转型
22      cout << typeid(*p).name() << endl;         // 获取指针信息
23      CD3*pd3 = dynamic_cast<CD3*>(p);           // 动态转型
24      if (pd3)
25          cout << pd3–>Print() << endl;
26      return 0;
27  }
```

即使只提供一个 virtual 基类指针，typeid() 也能准确地检测出实际对象的名字。用动态映射同样也会工作得很好，但编译器不允许试图用原来的方法强制映射：

```
CD3 *pd3 = (CD3 *)p;                            // 错误转换
```

编译器知道这不可能正确，所以它要求用户使用动态映射。

17.1.4 RTTI 映射语法

无论什么时候用类型映射，都是在打破类型系统，这实际上是在告诉编译器，即使知道一个对象的确切类型，还是可以假定认为它是另外一种类型。这本身就是一件很危险的事情，也是一个容易发生错误的地方。

为了解决这个问题，C++ 用保留字 dynamic_cast，const_cast，static_cast 和 reinterpret_cast 提供了一个统一的类型映射语法，为需要进行动态映射时提供了一个解决问题的可能。这意味着那些已有的映射语法已经被重载得太多，不能再支持任何其他的功能了。

☑ dynamic_cast：用于安全类型的向下映射。

☑ const_cast：用于映射常量和变量。

如果想把一个 const 转换为非 const，就要用到 const_cast。这是可以用 const_cast 的唯一转换，如果还有其他的转换牵涉进来，它必须分开来指定，否则会有一个编译错误。

☑ static_cast：为了行为良好和行为较好使用的映射，如向上转型和类型自动转换。

☑ reinterpret_cast：将某一类型映射回原有类型时使用。

视频讲解

17.2 异常处理

异常处理是程序设计中除调试之外的另一种错误处理方法，它往往被大多数程序设计人员在实际设计中忽略。异常处理引起的代码膨胀将不可避免地增加程序阅读的困难，这对于程序设计人员来说是十分烦恼的。异常处理与真正的错误处理有一定区别，异常处理不但可以对系统错误做出反应，还可以对人为制造的错误做出反应并处理。本节将向读者介绍 C++ 语言对于异常处理的方法。

17.2.1　抛出异常

当程序执行到某一函数或方法内部时，程序本身出现了一些异常，但这些异常并不能由系统所捕获，这时就可以创建一个错误信息，再由系统捕获该错误信息并处理。创建错误信息并发送这一过程就是抛出异常。

最初异常信息的抛出只是定义一些常量，这些常量通常是整型值或是字符串信息。下面代码是通过整型值创建的异常抛出。

```
01 #include "stdafx.h"
02 #include "iostream.h"
03
04 int main(int argc, char* argv [])
05 {
06    try
07    {
08       throw 1;                          // 抛出异常
09    }
10    catch(int error)
11    {
12       if (error == 1)                   // 异常信息
13          cout << " 产生异常 " << endl;
14    }
15    return 0;
16 }
```

在 C++ 中，异常的抛出是使用 throw 关键字来实现的，在这个关键字的后面可以跟随任何类型的值。在上面的代码中将整型值 1 作为异常信息抛出，当异常捕获时就可以根据该信息进行异常的处理。

异常的抛出还可以使用字符串作为异常信息进行发送，代码如下：

```
01 #include "stdafx.h"
02 #include "iostream.h"
03 int main(int argc, char*argv [])
04 {
05    try
06    {
07       throw " 异常产生！ ";            // 抛出异常
08    }
09    catch(char * error)
10    {
11          cout << error << endl;
12    }
13    return 0;
14 }
```

可以看到，字符串形式的异常信息适合于异常信息的显示，但并不适合于异常信息的处理。那么是否可以将整型信息与字符串信息结合起来作为异常信息进行抛出呢？之前说过，throw 关键字后面跟随的是类型值，所以不但可以跟随基本数据类型的值，还可以跟随类类型的值，这就可以通过类的构造函数将整型值与字符串结合在一起，并且还可以同时应用更加灵活的功能。

17.2.2　异常捕获

异常捕获是指当一个异常被抛出时，不一定就在异常抛出的位置来处理这个异常，而是可以在别的地方通过捕获这个异常信息后再进行处理。这样不仅增加了程序结构的灵活性，也提高了异常处理的方便性。

如果在函数内抛出一个异常（或在函数调用时抛出一个异常），将在异常抛出时退出函数。如果不想在异常抛出时退出函数，可在函数内创建一个特殊块用于解决实际程序中的问题。这个特殊块由 try 关键字组成，如：

```
01  try
02  {
03                                          // 抛出异常
04  }
```

异常抛出信号发出后，一旦被异常处理器接收到就被销毁。异常处理器应具备接收任何异常的能力。异常处理器紧随 try 块之后，处理的方法由关键字 catch 引导。

```
01  try
02  {
03  }
04  catch(type obj)
05  {
06  }
```

异常处理部分必须直接放在测试块之后。如果一个异常信号被抛出，异常处理器中第一个参数与异常抛出对象相匹配的函数将捕获该异常信号，然后进入相应的 catch 语句，执行异常处理程序。catch 语句与 switch 语句不同，它不需要在每个 case 语句后加入 break 去中断后面程序的执行。

（1）下面通过"try...catch"语句来捕获一个异常。代码如下：

```
01  #include "stdafx.h"
02  #include "iostream.h"
03  #include "string.h"
04
05  class CcustomError                       // 异常类
06  {
07  private:
08      int m_ErrorID;                       // 异常 ID
09      char m_Error [255];                  // 异常信息
```

```
10  public:
11    CCustomError()                           // 构造函数
12    {
13      m_ErrorID = 1;
14      strcpy(m_Error, " 出现异常！ ");
15    }
16    int GetErrorID(){ return m_ErrorID; }      // 获取异常 ID
17    char * GetError(){ return m_Error; }       // 获取异常信息
18  };
19
20  int main(int argc, char* argv [])
21  {
22    try
23    {
24      throw (new CCustomError());              // 抛出异常
25    }
26    catch(CCustomError* error)
27    {
28      // 输出异常信息
29      cout << " 异常 ID： " << error->GetErrorID() << endl;
30      cout << " 异常信息： " << error->GetError() << endl;
31    }
32    return 0;
33  }
```

在上面的代码中可以看到 try 语句块中用于捕获 throw 所抛出的异常。对于 throw 异常的抛出，可以直接写在 try 语句块的内部，也可以写在函数或类方法的内部，但函数或方法必须写在 try 语句块的内部才可以捕获到异常。

（2）异常处理器可以成组地出现，同时根据 try 语句块获取的异常信息处理不同的异常。

（3）有时并不一定在列出的异常处理中包含所有可能发生的异常类型，所以 C++ 提供了可以处理任何类型异常的方法，就是在 catch 后面的括号内添加 "…"。代码如下：

```
01  int main(int argc, char* argv [])
02  {
03    try
04    {
05      throw " 字符串异常！ ";
06      //throw (new CCustomError());            // 抛出异常
07    }
08    catch(CCustomError* error)
09    {
10      // 输出异常信息
11      cout << " 异常 ID： " << error->GetErrorID() << endl;
12      cout << " 异常信息： " << error->GetError() << endl;
13    }
14    catch(char*error)
15    {
```

```
16        cout << " 异常信息 : " << error << endl;
17    }
18    catch(...)
19    {
20        cout << " 未知异常信息！ " << endl;
21    }
22    return 0;
23 }
```

（4）有时需要重新抛出刚接收到的异常，尤其是在程序无法得到有关异常的信息而用省略号捕获任意的异常时。这些工作通过加入不带参数的 throw 就可完成：

```
01 catch (...) {
02    cout << " 未知异常！ "<<endl;
03    throw;
04 }
```

如果一个 catch 语句忽略了一个异常，那么这个异常将进入更高层的异常处理环境。由于每个异常抛出的对象是被保留的，所以更高层的异常处理器可抛出来自这个对象的所有信息。

17.2.3　异常匹配

当程序中有异常抛出时，异常处理系统会根据异常处理器的顺序找到最近的异常处理块，并不会搜索更多的异常处理块。

异常匹配并不要求异常与异常处理器进行完美匹配，一个对象或一个派生类对象的引用将与基类处理器进行匹配。若抛出的是类对象的指针，则指针会匹配相应的对象类型，但不会自动转换成其他对象的类型，如下例所示：

```
01 #include "stdafx.h"
02 class CExcept1{};
03 class CExcept2
04 {
05 public:
06    CExcept2(CExcept1& e){}
07 };
08
09 int main(int argc, char*argv [])
10 {
11    try
12    {
13       throw CExcept1();
14    }
15    catch (CExcept2)
16    {
17       printf(" 进入 CExcept2 异常处理器！ \n");
```

```
18    }
19    catch(CExcept1)
20    {
21        printf(" 进入 CExcept1 异常处理器！\n");
22    }
23    return 0;
24  }
```

从上面代码可以认为第一个异常处理器会使用构造函数进行转换，将 CExcept1 转换为 CExcept2
对象，但实际上系统在异常处理期间并不会执行这样的转换，而是在 CExcept1 处终止。

通过下面的代码演示基类处理器如何捕获派生类的异常：

```
01  #include "stdafx.h"
02  #include "iostream.h"
03
04  class CExcept
05  {
06  public:
07      virtual char *GetError(){ return " 基类处理器 "; }
08  };
09
10  class CDerive:public CExcept
11  {
12  public:
13      char *GetError(){ return " 派生类处理器 "; }
14  };
15
16  int main(int argc, char*argv [])
17  {
18      try
19      {
20        throw CDerive();
21      }
22      catch(CExcept)
23      {
24        cout << " 进入基类处理器 \n";
25      }
26      catch(CDerive)
27      {
28        cout << " 进入派生类处理器 \n";
29      }
30      return 0;
31  }
```

从上面的代码可以看出，虽然抛出的异常是 CDerive 类，但由于异常处理器的第一个是 CExcept
类，该类是 CDerive 类的基类，所以将进入此异常处理器内部。为了正确地进入指定的异常处理器，
在对异常处理器进行排列时应将派生类排在前面，而将基类排在后面。

17.2.4　标准异常

用于 C++ 标准库的一些异常可以直接应用到程序中，应用标准异常类会比应用自定义异常类简单容易得多。如果系统提供的标准异常类不能满足需要，就不可以在这些标准异常类基础上进行派生。下面给出了 C++ 提供的一些标准异常：

```
01  namespace std
02  {
03      //exception 派生
04  class logic_error;              // 逻辑错误，在程序运行前可以检测出来
05  //logic_error 派生
06  class domain_error;             // 违反了前置条件
07  class invalid_argument;         // 指出函数的一个无效参数
08  class length_error;             // 指出有一个超过类型的最大可表现值长度的对象的企图
09  class out_of_range;             // 参数越界
10  class bad_cast;                 // 在运行时类型识别中有一个无效的表达式
11  class bad_typeid;               // 报告在表达式 typeid(*p) 中有一个空指针 p
12  //exception 派生
13  class runtime_error;            // 运行时错误，仅在程序运行中检测到
14  //runtime_error 派生
15  class range_error;              // 违反后置条件
16  class overflow_error;           // 报告一个算术溢出
17  class bad_alloc;                // 存储分配错误
18  }
```

注意观察上述类的层次结构可以看出，标准异常都派生自一个公共的基类 exception。基类包含必要的多态性函数提供异常描述，可以被重载。下面是 exception 类的原型：

```
01  class exception
02  {
03    public:
04      exception() throw();
05      exception(const exception& rhs) throw();
06      exception& operator=(const exception& rhs) throw();
07      virtual ~exception() throw();
08      virtual const char *what() const throw();
09  };
```

17.3　小　　结

本章主要介绍 RTTI 的使用以及如何进行异常处理。通过运行时类型识别的学习，可以丰富类的设计思路，加强对面向对象的理解，有助于理解类间的类型转换。程序中出现异常是不可避免的，异常处理则能够帮助程序开发人员尽快发现错误所在。为了减少错误的发生，应尽量掌握更多的异常处理方式。

第 *18* 章

程序调试

（ 📹 视频讲解：13 分钟）

程序调试是程序开发人员必不可少的一项工作，甚至占去了程序开发人员大部分的开发时间。正确地使用调试方法不但可以提高工作效率，而且可以减轻程序开发人员的工作负担。本章主要介绍了程序错误的常见类型、常用的调试工具和调试工具的使用。

学习摘要：

▸▸ **程序正确的调试方法**

▸▸ **程序错误常见的 4 种类型**

▸▸ **调试工具的使用**

18.1　选择正确的调试方法

在程序设计的过程中，无论读者有多么丰富的编程经验，或是多么熟练的技术水平，都会不可避免地出现程序错误。有经验的程序员早就认识到，解决程序错误的最好方法就是使用调试。任何一种程序开发工具都具有其独立的调试系统，而且十分成熟，所以只要掌握好开发工具自身的调试系统，就可以很好地解决编程过程中出现的错误。

在程序开发的过程中，逻辑错误和运行时错误通常是最普遍而且是最容易发生的，所以当程序出现错误时，首先要确定程序是因逻辑错误还是运行时错误而导致的，再根据情况选择适当的调试方法解决错误。

18.2　程序错误常见的 4 种类型

应用程序可能遇到的错误类型主要有 4 种：语法错误、连接错误、运行时错误和逻辑错误。这些错误中的大多数均发生在所编写的 C++ 程序向其可执行形式转化的过程中。另外，在程序编译的过程中由于所要建立的可执行文件版本的不同（调试版本和发行版本），可能出现不同的错误后果。

18.2.1　语法错误

在程序设计过程中，不论是初学者还是经验丰富的程序员都会或多或少地发生语法错误。语法错误就是在编写程序代码时违反了 C++ 的语法规则，一旦违反了语法规则，在程序进行编译时开发工具就会提示编译出错的信息。

例如，在编写代码时最常使用的字符串输出功能：

```
01  #include "stdafx.h"
02
03  int main(int argc, char* argv [])
04  {
05      printf("Hello World!\n")
06      printf(" 大家好 !");
07      return 0;
08  }
```

通过编译上面的代码系统会提示这样的错误信息：

```
C:\demo11\demo11.cpp(9): error C2146: syntax error: missing ';' before identifier 'printf'
Error executing cl.exe.
demo11.exe – 1 error(s), 0 warning(s)
```

上面的提示信息明确地指出在 printf 语句中缺少 ";" 号，但有些初学编程的读者却根本不看编译器所提示的信息，而是花费大量时间来找程序出错的原因，而有经验的程序员看到编译器提示的信息后就可以立刻修正程序中的错误。

18.2.2　连接错误

出现连接错误最常见的一种情况就是在使用动态链接库时，虽然已对 lib 文件进行了载入，但 lib 文件与动态链接库所在的位置和可执行文件并不在同一个目录下，导致程序在进行编译时出现连接错误。连接错误与其他的错误类型在本质上是有区别的，比如语法错误是由于违反语法规则产生的，而连接错误则是由于在编译可执行文件时缺少外部连接文件所产生的。

例如，定义了一个名为 demodll.dll 的动态链接库，通过应用程序调用此 DLL 中的函数。在应用程序的头文件中添加如下代码：

```
01  extern "C" __declspec(dllexport) void ShowHello();
02  #pragma comment(lib, "demodll.lib")
```

在对程序进行编译时，编译器会寻找名为 demodll.lib 的文件，这个文件是与 demodll.dll 文件一起编译生成的。但如果这个 lib 文件并没有放在可执行文件的相同目录下，在进行编译时会提示下面的错误信息：

```
Linking...
LINK:fatal error LNK1104:cannot open file "demodll.lib"
Error executing link.exe.
demo12.exe – 1 error(s), 0 warning(s)
```

通过上面的错误信息可以看出，在编译器连接 demodll.lib 文件时没有找到相应的文件，所以提示"文件无法打开"的错误信息。

18.2.3　运行时错误

运行时错误并不是在程序进行编译时产生的，而是在程序编译后没有出现任何错误提示的情况下程序运行时发生的异常现象。运行时错误与语法错误或连接错误不同，它在编译时并没有给出错误提示，所以不能简单地从提示信息上进行处理。但 Visual C++ 开发工具为编程人员提供了强大的错误处理能力，可以通过在程序代码中设置错误断点来检测并处理运行时错误。

例如，定义一个数组变量，并向这个数组变量中赋值。

```
01  #include "stdafx.h"
02  #include "iostream.h"
03
04  int main(int argc, char* argv [])
05  {
```

```
06    int array [10];
07    for (int i = 0; i <= 10; i++)
08        cin >> array [i];
09    printf("Hello World!\n");
10    return 0;
11 }
```

程序运行过程中，在为第 11 个元素赋值时将提示异常信息，如图 18.1 所示。

 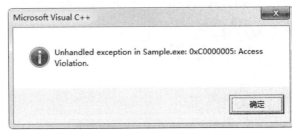

图 18.1　运行时错误信息

通过图中显示的错误信息可以知道错误是使用了不存在的内存地址，但不能确定是什么地方使用了不存在的内存地址。所以需要设置断点，跟踪程序执行的每一步，直到遇到程序出错的位置再判断异常产生的原因并处理。利用断点进行程序调试的方法将在后文介绍。

18.2.4　逻辑错误

逻辑错误是最难处理的一种错误类型，因为导致这种错误出现的原因是对某一问题解决方案的错误理解，更糟糕的是编译器并不能捕获并处理逻辑错误。对于这种错误并不能看到任何错误信息，只能看到错误的结果或是导致程序的终止。在这种情况下就只能通过各种不同的数据来测试程序的运行结果是否正确。

虽然编译器不能捕获程序中的逻辑错误，但可以使用调试器或其他方法来解决逻辑错误。这里介绍两种常用的逻辑错误处理方法：

一是利用调试器设置断点，并跟踪程序执行的每条语句。在跟踪的同时对程序中的变量值进行验证，查看程序出现逻辑错误的位置。

二是利用字符串输出语句，在程序中需要输出验证信息的位置将变量值以字符串的形式进行输出。这样就可以很快地查看出程序中出现逻辑错误的位置。

18.3　调试工具的使用

初学编程的读者在实际的编程过程中会遇到许多问题，能快速找到并解决这些问题的唯一方法就是使用程序调试。程序调试在每个语言的集成开发环境中都存在，只是一些初学者将这一功能忽略，导致遇到程序错误时不知所措。

18.3.1　创建调试程序

在进入程序调试的学习之前，先来创建一个用于程序调试的程序。创建步骤如下：

（1）选择"文件（File）"菜单中的"新建（New）"命令，打开"新建（New）"对话框。

（2）在 Project name 文本框中输入 DebugProgram，在左侧的工程列表中选择 Win32 Console Application 选项用于创建一个控制台应用程序，如图 18.2 所示。

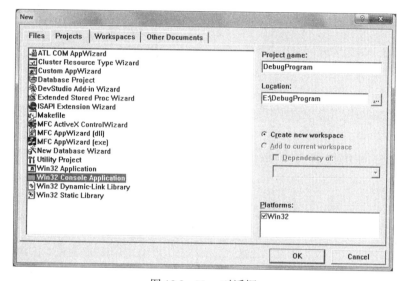

图 18.2　New 对话框

（3）单击"OK"按钮进入下一个页面，在这个页面中选中"A "Hello, World!" Application."单选按钮，创建一个"Hello World"工程，单击"Finish"按钮完成工程的创建，如图 18.3 所示。

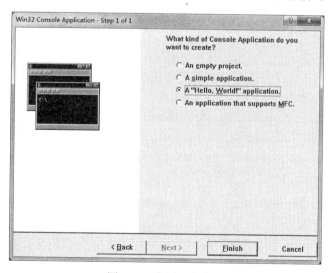

图 18.3　应用程序向导

（4）修改程序代码用于程序调试时使用，代码如下：

```
01  #include "stdafx.h"
02  #include "string.h"                          // 字符串函数头文件
03
04  int main(int argc, char*argv [])
05  {
06      printf("Hello World!\n");
07      // 添加代码开始
08      char *str = new char [100];              // 定义字符串变量
09      strcpy(str, "Hello Word!");              // 给字符串赋值
10      int s, a, b;                             // 定义整型变量
11      a = 5;                                   // 赋初值
12      b = 10;
13      s = a + b;                               // 求和
14      printf("str:%s\n", str);                 // 输出字符串
15      printf("s:%d\n", s);                     // 输出求和结果
16      // 添加代码结束
17      return 0;
18  }
```

运行结果如图 18.4 所示。

图 18.4　运行结果

18.3.2　进入调试状态

按 F5 键即可进入调试状态，但此时由于没有指定断点，所以程序的运行与普通的运行没有什么区别。因此，在进入调试状态前应先将光标定位在断点所在行，然后按 F9 键添加断点，如图 18.5 所示。

图 18.5　添加断点

再按 F5 键，当程序运行到断点所在行时就会停下来，这时就可以查看程序运行时的信息了。

18.3.3　Watch 窗口

Watch 窗口用于在调试期显示程序中所定义的变量或表达式的值，在代码编辑区中拖放选中的变量到该窗口，即可显示该变量的值。操作步骤如下：

（1）进入调试状态，单击调试工具栏中的 Watch 按钮打开 Watch 窗口。

（2）选中变量 s，然后将变量拖放到 Watch 窗口中，如图 18.6 所示。

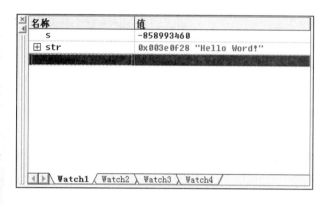

图 18.6　Watch 窗口

（3）按 F10 键单步执行到变量被赋值后的代码，即可看到变量值的变化。

18.3.4　Call Stack 窗口

Call Stack 窗口用来显示栈中被调用但还未返回的函数。操作步骤如下：

（1）进入调试状态，单击 Debug 工具栏中的 Call Stack 按钮打开 Call Stack 窗口。

（2）由于在 main 函数中设置了断点，所以程序运行到断点处停止，Call Stack 窗口将显示 main 函数的信息，如图 18.7 所示。

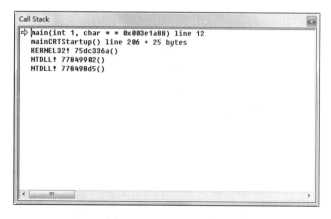

图 18.7　Call Stack 窗口

18.3.5 Memory 窗口

Memory 窗口用于显示内存中的数据。操作步骤如下：

（1）进入调试状态，单击 Debug 工具栏中的 Memory 按钮打开 Memory 窗口。

（2）单步运行程序到 strcpy 函数所在行，此时在 Watch 窗口中可看到 str 变量的地址，将该地址输入到 Memory 窗口中按 Enter 键，单步执行到下一行即可看到 str 变量在内存中的值，如图 18.8 所示。

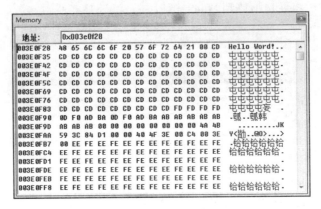

图 18.8　Memory 窗口

18.3.6 Variables 窗口

Variables 窗口用来显示变量的值，在这个窗口中所显示的变量是由系统自动生成的，不可以进行修改。进入调试状态后单击 Debug 工具栏上的 Variables 按钮打开该窗口，在窗口中有 3 个选项卡：Auto，Locals 和 this，如图 18.9 所示。

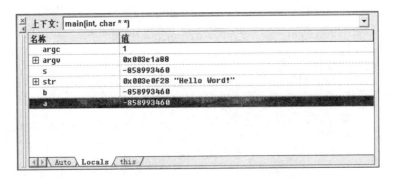

图 18.9　Variables 窗口

选项卡的功能说明如下：

☑　Auto（自动）：显示程序运行当前行和前一行所使用的变量的值。

☑　Locals（本地）：显示程序运行的当前函数中所包含的变量值。

☑　this（this 指针）：显示当前 this 指针所指向的类对象的信息。

18.3.7 Registers 窗口

Registers 窗口显示了当前 CPU 各个寄存器的值，运行程序进入调试状态，在 Debug 工具栏上单击 Registers 按钮打开该窗口，通过该窗口可以查看寄存器信息，如图 18.10 所示。

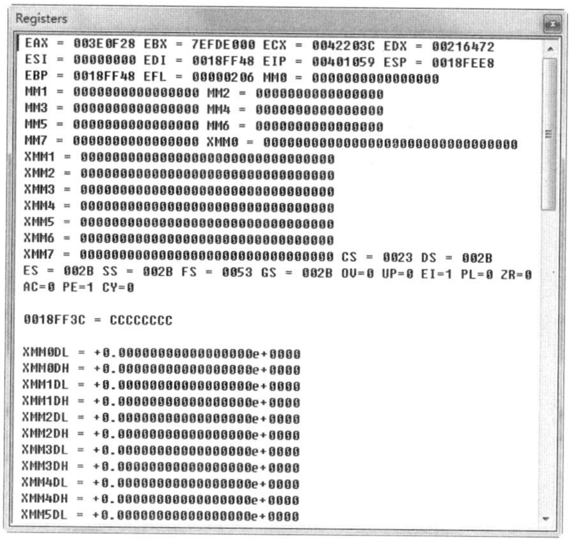

图 18.10 Registers 窗口

18.3.8 Disassembly 窗口

Disassembly 窗口用来显示程序源代码的反汇编代码，运行程序进入调试状态，单击 Debug 工具栏上的 Disassembly 按钮打开该窗口，如图 18.11 所示。

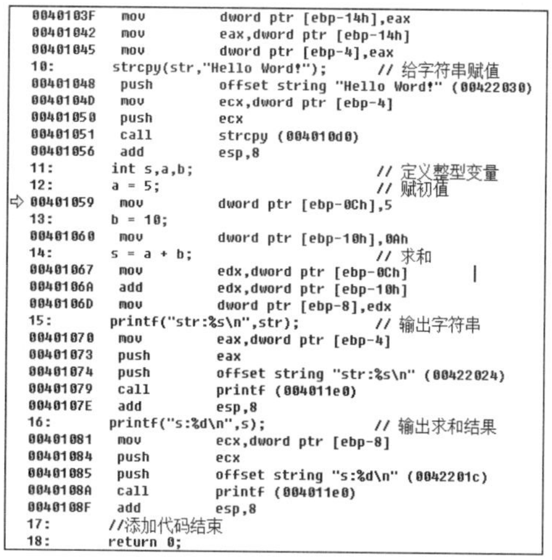

图 18.11 Disassembly 窗口

18.4 小　　结

对于程序开发人员来说，程序调试是必不可少的能力之一。因为任何程序在开发完成以后，都需要进行调试，以修改运行中的错误，达到用户的需求标准。所以本章着重对程序错误的常见类型和调试工具进行了讲解，并且对调试的应用进行了举例介绍。

第 19 章

文件操作

（ 视频讲解：32 分钟 ）

    文件操作是程序开发中不可缺少的一部分，任何需要数据存储的软件都需要进行文件操作。文件操作包括打开文件、读文件和写文件，掌握读文件和写文件的同时，还要理解文件指针的移动，这能够控制读文件和写文件的位置。

学习摘要：

▸▸ **流简介**

▸▸ **文件打开**

▸▸ **文件的读写**

▸▸ **文件指针移动操作**

▸▸ **删除文件**

19.1 流 简 介

19.1.1 C++ 中的流类库

C++ 语言中为不同类型数据的标准输入和输出定义了专门的类库，类库中主要有 ios，istream，ostream，iostream，ifstream，ofstream，fstream，istrstream，ostrstream 和 strstream 等类。ios 为根基类，它直接派生 4 个类，输入流类 istream、输出流类 ostream、文件流基类 fstreambase 和字符串流基类 strstreambase。输入文件流类 ifstream 同时继承了输入流类和文件流基类，输出文件流类 ofstream 同时继承了输出流类和文件流基类，输入字符串流类 istrstream 同时继承了输入流类和字符串流基类，输出字符串流类 ostrstream 同时继承了输出流类和字符串流基类，输入 / 输出流类 iostream 同时继承了输入流类和输出流类，输入 / 输出文件流类 fstream 同时继承了输入 / 输出流类和文件流基类，输入 / 输出字符串流类 strstream 同时继承了输入 / 输出流类和字符串流基类。类库关系如图 19.1 所示。

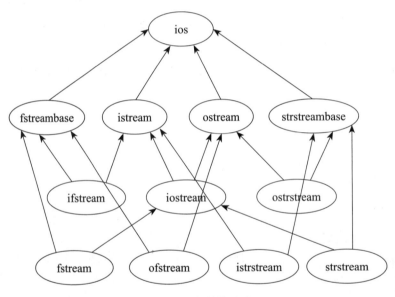

图 19.1 类库关系图

19.1.2 类库的使用

C++ 系统中的 I/O 标准类，都定义在 iostream.h，fstream.h 和 strstream.h 这 3 个头文件中，各头文件包含的类如下。

进行标准 I/O 操作时使用 iostream.h 头文件，它包含有 ios，iostream，istream 和 ostream 等类。

进行文件 I/O 操作时使用 fstream.h 头文件，它包含有 fstream，ifstream，ofstream 和 fstreambase 等类。

进行串 I/O 操作时使用 strstrea.h 头文件，它包含有 strstream，istrstream，ostrstream，strstreambase

和 iostream 等类。

要进行什么样的操作，只要引入头文件就可以使用类进行操作了。

19.1.3 流的输入 / 输出

通过前文的学习，相信读者已经对文件流有了一定的了解，现在就通过实例来看一下如何在程序中使用流进行输出。

【例 19.01】 字符相加并输出（**实例位置：资源包 \ 源码 \19\19.01**）

```
01  #include <iostream.h>
02  #include <strstrea.h>
03  void main()
04  {
05      char buf []="12345678";
06      int i, j;
07      istrstream s1(buf);
08      s1 >> i;                          // 将字符串转换为数字
09      istrstream s2(buf, 3);
10      s2 >> j;                          // 将字符串转换为数字
11      cout << i+j <<endl;               // 两个数字相加
12  }
```

程序运行结果如图 19.2 所示。

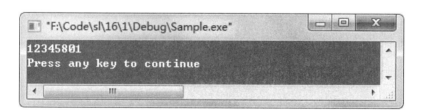

图 19.2 字符相加

视频讲解

19.2 文件打开

19.2.1 打开方式

只有使用文件流与磁盘上的文件进行连接后才能对磁盘上的文件进行操作，这个连接过程称为打开文件。

打开文件的方式有以下两种。

（1）在创建文件流时利用构造函数打开文件，即在创建流时加入参数，语法结构如下：

< 文件流类 >< 文件流对象名 >(< 文件名 >, < 打开方式 >)

其中文件流类可以是 fstream，ifstream 和 ofstream 中的一种。文件名指的是磁盘文件的名称，包括磁盘文件的路径名。打开方式在 ios 类中定义，有输入方式、输出方式、追加方式等，如下：

- ☑ ios::in：用输入方式打开文件，文件只能读取，不能改写。
- ☑ ios::out：以输出方式打开文件，只能改写，不能读取。
- ☑ ios::app：以追加方式打开文件，打开后文件指针在文件尾部，可改写。
- ☑ ios::ate：打开已存在的文件，文件指针指向文件尾部，可读可写。
- ☑ ios::binary：以二进制方式打开文件。
- ☑ ios::trunc：打开文件进行写操作，如果文件已经存在，清除文件中的数据。
- ☑ ios::nocreate：打开已经存在的文件，如果文件不存在，打开失败，不创建。
- ☑ ios::noreplace：创建新文件，如果文件已经存在，打开失败，不覆盖。参数可以结合运算符"|"使用。
- ☑ ios::in|ios::out：以读写方式打开文件，对文件可读可写。
- ☑ ios::in|ios::binary：以二进制方式打开文件，进行读操作。

使用相对路径打开文件 test.txt 进行写操作：

```
ofstream outfile("test.txt", ios::out);
```

使用绝对路径打开文件 test.txt 进行写操作：

```
ofstream outfile("c::\\test.txt", ios::out);
```

注意

字符"\"表示转义，如果使用"c:\"则必须写成"c:\\"。

（2）利用 open 函数打开磁盘文件，语法结构如下：

```
< 文件流对象名 >.open(< 文件名 >, < 打开方式 >);
```

文件流对象名是一个已经定义了的文件流对象。

```
ifstream infile;
infile.open("test.txt", ios::out);
```

使用两种方式中的任意一种打开文件后，如果打开成功，文件流对象为非 0 值，如果打开失败，则文件流对象为 0 值。检测一个文件是否打开成功可以用以下语句：

```
void open(const char*filename, int mode, int prot=filebuf::openprot)
```

prot 决定文件的访问方式，取值说明如下：

- ☑ 0：普通文件
- ☑ 1：只读文件
- ☑ 2：隐含文件

☑　4：系统文件

注意

如果没有指定打开方式参数，编译器会使用默认值。

```
01  std::ofstream std::ios::out | std::ios::trunk
02  std::ifstream std::ios::in
03  std::fstream  无默认值
```

19.2.2　打开文件同时创建文件

通过前文的学习，相信读者已经对文件操作的知识有了一定的了解。为了使读者更好地掌握前面学习的知识，下面通过实例进一步介绍。

【例 19.02】　创建文件（**实例位置：资源包 \ 源码 \19\19.02**）

```
01  #include <iostream>
02  #include <fstream>
03  using namespace std;
04  int main()
05  {
06      ofstream ofile;
07      cout << "Create file1" << endl;
08      ofile.open("test.txt");
09      if(!ofile.fail())
10      {
11          ofile << "name1" << " ";
12          ofile << "sex1" << " ";
13          ofile << "age1";
14          ofile.close();
15          cout << "Create file2" <<endl;
16          ofile.open("test2.txt");
17          if(!ofile.fail())
18          {
19              ofile << "name2" << " ";
20              ofile << "sex2" << " ";
21              ofile << "age2";
22              ofile.close();
23          }
24      }
25      return 0;
26  }
```

程序运行将会创建两个文件，由于 ofstream 默认打开方式是 std::ios::out | std::ios::trunk，所以当文件夹内没有 test.txt 文件和 test2.txt 文件时，会创建这两个文件，并向文件写入字符串。向 test.txt 文件写入字符串 "name1" "sex1" "age1"，向 test2.txt 文件写入字符串 "name2" "sex2" "age2"。如果文件

夹内有 test.txt 文件和 test2.txt 文件时，程序会覆盖原有文件而重新写入。

19.3　文件的读写

视频讲解

在对文件进行操作时，必然离不开读写文件。在使用程序查看文件内容时，首先要读取文件，而要修改文件内容时，则需要向文件中写入数据，本节主要介绍通过程序对文件的读写操作。

19.3.1　文件流

（1）流可以分为 3 类，即输入流、输出流和输入 / 输出流，相应地必须将流说明为 ifstream、ofstream 和 fstream 类的对象。

```
ifstream ifile;                    // 声明一个输入流
ofstream ofile;                    // 声明一个输出流
fstream iofile;                    // 声明一个输入 / 输出流
```

说明了流对象之后，可以使用函数 open() 打开文件。文件的打开即是在流与文件之间建立一个连接。

（2）文件流成员函数

ofstream 类和 ifstream 类有很多用于磁盘文件管理的函数。

☑　attach：在一个打开的文件与流之间建立连接。

☑　close：刷新未保存的数据后关闭文件。

☑　flush：刷新流。

☑　open：打开一个文件并把它与流连接。

☑　put：把一个字节写入流中。

☑　rdbuf：返回与流连接的 filebuf 对象。

☑　seekp：设置流文件指针位置。

☑　setmode：设置流为二进制或文本模式。

☑　tellp：获取流文件指针位置。

☑　write：把一组字节写入流中。

（3）fstream 成员函数表

fstream 成员函数如表 19.1 所示。

表 19.1　fstream 成员函数

函　数　名	功　能　描　述
get(c)	从文件读取一个字符
getline(str,n, '\n')	从文件读取字符存入字符串 str 中，直到读取 n–1 个字符或遇到 '\n' 时结束

函　数　名	功　能　描　述
peek()	查找下一个字符，但不从文件中取出
put(c)	将一个字符写入文件
putback(c)	对输入流放回一个字符，但不保存
eof	如果读取超过 eof，返回 True
ignore(n)	跳过 n 个字符，参数为空时，表示跳过下一个字符

说明

参数 c，str 为 char 型，参数 n 为 int 型。。

通过上面的介绍，读者已经对写入流有了一定的了解，下面就通过使用 ifstream 和 ofstream 对象实现读写文件的功能。

【例 19.03】　读写文件（**实例位置：资源包 \ 源码 \19\19.03**）

```
01  #include <iostream>
02  #include <fstream>
03  using namespace std;
04  int main()
05  {
06    char buf [128];
07    ofstream ofile("test.txt");
08    for(int i=0;i<5;i++)
09    {
10      memset(buf, 0, 128);
11      cin >> buf;
12      ofile << buf;
13    }
14    ofile.close();
15    ifstream ifile("test.txt");
16    while(!ifile.eof())
17    {
18      char ch;
19      ifile.get(ch);
20      if(!ifile.eof())
21        cout << ch;
22    }
23    cout << endl;
24    ifile.close();
25    return 0;
26  }
```

程序运行结果如图 19.3 所示。

程序首先使用 ofstream 类创建并打开 test.txt 文件，然后需要用户输入 5 次数据，程序把这 5 次输入的数据全部写入 test.txt 文件，接着关闭 ofstream 类打开的文件，用 ifstream 类打开文件，将文件中的内容输出。

图 19.3　运行结果

19.3.2　写文本文件

文本文件是程序开发经常用到的文件，使用记事本程序就可以打开文本文件。文本文件以 .txt 作为扩展名，19.3.1 节已经使用 ifstream 类和 ofstream 类创建并写入了文本文件，本节主要应用 fstream 类写入文本文件。

【例 19.04】　向文本文件写入数据（实例位置：资源包 \ 源码 \19\19.04）

```
01 #include <iostream>
02 #include <fstream>
03 using namespace std;
04 int main()
05 {
06     fstream file("test.txt", ios::out);
07     if(!file.fail())
08     {
09         cout << "start write" << endl;
10         file << "name" << " ";
11         file << "sex" << " ";
12         file << "age" << endl;
13     }
14     else
15         cout << "can not open" << endl;
16     file.close();
17     return 0;
18 }
```

程序通过 fstream 类的构造函数打开文本文件 test.txt，然后向文本文件写入了字符串 "name" "sex" "age"。

19.3.3　读取文本文件

前面介绍了如何写入文件信息，下面通过实例来介绍如何读取文本文件的内容。

【例 19.05】 读取文本文件的内容（**实例位置：资源包 \ 源码 \19\19.05**）

```cpp
01 #include <iostream>
02 #include <fstream>
03 using namespace std;
04 int main()
05 {
06     fstream file("test.txt", ios::in);
07     if(!file.fail())
08     {
09         while(!file.eof())
10         {
11             char buf [128];
12             file.getline(buf, 128);
13             if(file.tellg()>0)
14             {
15                 cout << buf;
16                 cout << endl;
17             }
18         }
19     }
20     else
21         cout << "can not open" << endl;;
22     file.close();
23     return 0;
24 }
```

程序打开文本文件 test.txt，文件的内容如图 19.4 所示。程序读取文本文件 test.txt 中的内容，并将其输出，运行结果如图 19.5 所示。

图 19.4　文本文件内容

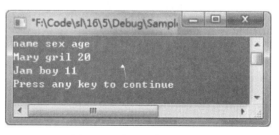

图 19.5　读取文本文件

19.3.4　二进制文件的读写

文本文件中的数据都是 ASCII 码，如果要读取图片的内容，就不能使用读取文本文件的方法了。

以二进制方式读写文件，需要使用 ios::binary 模式，下面通过实例来实现这一功能。

【例 19.06】 使用 read 读取文件（**实例位置：资源包 \ 源码 \19\19.06**）

```
01  #include <iostream>
02  #include <fstream>
03  using namespace std;
04  int main()
05  {
06      char buf [50];
07      fstream file;
08      file.open("test.dat", ios::binary|ios::out);
09      for(int i=0; i<2; i++)
10      {
11          memset(buf, 0, 50);
12          cin >> buf;
13          file.write(buf, 50);
14          file << endl;
15      }
16      file.close();
17      file.open("test.dat", ios::binary|ios::in);
18      while(!file.eof())
19      {
20          memset(buf, 0, 50);
21          file.read(buf, 50);
22          if(file.tellg()>0)
23              cout << buf;
24      }
25      cout << endl;
26      file.close();
27      return 0;
28  }
```

程序运行结果如图 19.6 所示。

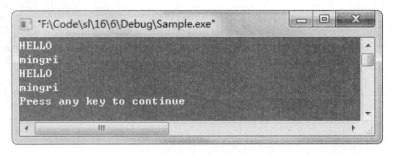

图 19.6 读取文件

　　程序需要用户输入两次数据，然后通过 fstream 类以二进制方式写入到文件，再通过 fstream 类以二进制方式读取出来并输出。对二进制数据读取需要使用 read 方法，写入二进制数据需要使用 write 方法。

说明

　　cout 遇到结束符"\0"就停止输出。在以二进制存储数据的文件中会有很多结束符"\0"，遇到结束符"\0"并不代表数据已经结束。

19.3.5　实现文件复制

用户在进行程序开发时，有时需要用到复制等操作，下面就来介绍复制文件的方法。

```cpp
01 #include <iostream>
02 #include <fstream>
03 #include <iomanip>
04 using namespace std;
05 int main()
06 {
07     ifstream infile;
08     ofstream outfile;
09     char name [20];
10     char c;
11     cout<<" 请输入文件: "<<"\n";
12     cin>>name;
13     infile.open(name);
14     if(!infile)
15     {
16         cout<<" 文件打开失败！ ";
17         exit(1);
18     }
19     strcat(name, " 复本 ");
20     cout<< "start copy" << endl;
21     outfile.open(name);
22     if(!outfile)
23     {
24         cout<<" 无法复制 ";
25         exit(1);
26     }
27     while(infile.get(c))
28     {
29         outfile << c;
30     }
31     cout<<"start end"<< endl;
32     infile.close();
33     outfile.close();
34     return 0;
35 }
```

　　程序需要用户输入一个文件名，然后使用 infile 打开文件，接着在文件名后加上"复本"两个字，并用 outfile 创建该文件，然后通过一个循环将原文件中的内容复制到目标文件内，完成文件的复制。

视频讲解

19.4　文件指针移动操作

在读写文件的过程中，有时用户可能不需要对整个文件进行读写，而是对指定位置的一段数据进行读写操作，这时就需要通过移动文件指针来完成。

19.4.1　文件错误与状态

在 I/O 流的操作过程中可能出现各种错误，每一个流都有一个状态标志字，以指示是否发生了错误及出现了哪种类型的错误，这种处理技术与格式控制标志字是相同的。ios 类定义了以下枚举类型：

```
enum io_state
{
    goodbit=0x00,          // 不设置任何位，一切正常
    eofbit=0x01,           // 输入流已经结束，无字符可读入
    failbit=0x02,          // 上次读 / 写操作失败，但流仍可使用
    badbit=0x04,           // 视图进行无效的读 / 写操作，流不再可用
    bardfail=0x80          // 不可恢复的严重错误
};
```

对应于标志字各状态位，ios 类还提供了以下成员函数来检测或设置流的状态。

```
int rdstate();
int eof();
int fail();
int bad();
int good();
int clear(int flag=0);
```

为提高程序的可靠性，应在程序中检测 I/O 流的操作是否正常。例如用 fstream 默认方式打开文件时，如果文件不存在，fail() 就能检测到错误发生，然后通过 rdstate 方法获得文件状态。

```
fstream file("test.txt");
if(file.fail())
{
    cout << file.rdstate << endl;
}
```

19.4.2　文件的追加

在写入文件时，有时用户不会一次性写入全部数据，而是在写入一部分数据后再根据条件向文件中追加写入，例如：

```
01  #include <iostream>
02  #include <fstream>
03  using namespace std;
04  int main()
05  {
06     ofstream ofile("test.txt", ios::app);
07     if(!ofile.fail())
08     {
09        cout << "start write" << endl;
10        ofile << "Mary";
11        ofile << "girl";
12        ofile << "20";
13     }
14     else
15        cout << "can not open";
16     return 0;
17  }
```

程序将字符串"Mary""girl""20"追加到文本文件 test.txt 中，文本文件 test.txt 中的内容没有被覆盖。如果 test.txt 文件不存在，则创建该文件并写入字符串"Mary""girl""20"。

追加可以使用其他方法实现，例如，先打开文件然后通过 seekp 方法将文件指针移到末尾，再向文件中写入数据，整个过程和使用参数取值一样。使用 seekp 方法实现追加的代码如下：

```
01  fstream iofile("test.dat", ios::in| ios::out| ios::binary);
02  if(iofile)
03  {
04     iofile.seekp(0, ios::end);                    // 为了写入移动
05     iofile << endl;
06     iofile << " 我是新加入的 "
07     iofile.seekg(0);                              // 为了读取移动
08     int i=0;
09     char data [100];
10     while(!iofile.eof && i< sizeof(data))
11        iofile.get(data [i++]);
12     cout << data;
13  }
```

打开 test.dat 文件，查找文件的末尾，在末尾加入字符串，然后再将文件指针移到文件开始处，输出文件的内容。

19.4.3　文件结尾的判断

在操作文件时，经常需要判断文件是否结束，使用 eof() 方法可以实现。另外也可以通过其他方法来判断，例如使用流的 get() 方法，如果文件指针指向文件末尾，get() 方法获取不到数据就返回 –1，这也可以作为判断结束的方法。例如：

```
01   fstream iofile("test.dat", ios::in| ios::out| ios::binary);
02   if(iofile)
03   {
04      iofile.seekp(0, ios::end);                        // 为了写入移动
05      iofile << endl;
06      iofile << " 我是新加入的 "
07      iofile.seekg(0);                                  // 为了读取移动
08      int i=0;
09      char data [100];
10      while(!iofile.eof && i< sizeof(data))
11          iofile.get(data [i++]);
12      cout << data;
13   }
```

程序实现输出 test.txt 文件的内容，同样的功能使用 eof() 方法也可以实现。例如：

```
01   ifstream ifile("test.txt");
02   if(!ifile.fail())
03   {
04      while(!ifile.eof())
05      {
06          char ch;
07          ifile.get(ch);
08          if(!ifile.eof())                              // 差一个空格
09              cout << ch;
10      }
11      ifile.close();
12   }
```

程序仍然是输出 test.txt 文件中的内容，但使用 eof() 方法需要多判断一步。

很多地方需要使用 eof() 方法来判断文件是否已经读取到末尾，下面通过实例来讲述如何使用 eof() 方法判断文件是否结束。

【例 19.07】 判断文件结尾（**实例位置：资源包 \ 源码 \19\19.07**）

```
01   #include <iostream>
02   #include <fstream>
03   using namespace std;
04   int main()
05   {
06      ifstream ifile("test.txt");
07      if(!ifile.fail())
08      {
09          while(!ifile.eof())
10          {
11              char ch;
12              streampos sp = ifile.tellg();
13              ifile.get(ch);
```

```
14          if(ch == ' ')
15          {
16              cout << "postion:" << sp;
17              cout <<"is blank"<< endl;
18          }
19      }
20  }
21  return 0;
22 }
```

程序打开文本文件 test.txt，文件的内容如图 19.7 所示。程序运行结果如图 19.8 所示。

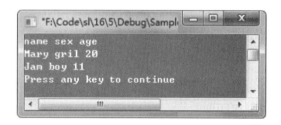

图 19.7　文本文件内容　　　　　　　　图 19.8　记录并输出空格位置

19.4.4　在指定位置读写文件

要实现在指定位置读写文件的功能，首先要了解文件指针是如何移动的，下面将介绍用于设置文件指针位置的函数。

☑　seekg：位移字节数，相对位置用于输入文件中指针的移动。

☑　seekp：位移字节数，相对位置用于输出文件中指针的移动。

☑　tellg：用于查找输入文件中的文件指针位置。

☑　tellp：用于查找输出文件中的文件指针位置。

位移字节数是移动指针的位移量，相对位置是参照位置。取值如下：

☑　ios::beg：文件头部。

☑　ios::end：文件尾部。

☑　ios::cur：文件指针的当前位置。

例如，"seekg(0, ios::beg);" 语句是将文件指针移动到相对于文件头 0 个偏移量的位置，即指针在文件头。

```
01 #include <iostream>
02 #include <fstream>
03 using namespace std;
04 int main()
05 {
06     ifstream ifile;
07     char cFileSelect [20];
```

```
08    cout << "input filename:";
09    cin >> cFileSelect;
10    ifile.open(cFileSelect);
11    if(!ifile)
12    {
13        cout << cFileSelect << "can not open" << endl;
14        return 0;
15    }
16    ifile.seekg(0, ios::end);
17    int maxpos=ifile.tellg();
18    int pos;
19    cout << "Position:";
20    cin >> pos;
21    if(pos > maxpos)
22    {
23        cout << "is over file lenght" << endl;
24    }
25    else
26    {
27        char ch;
28        ifile.seekg(pos);
29        ifile.get(ch);
30        cout << ch <<endl;
31    }
32    ifile.close();
33    return 1;
34 }
```

如果用户输入的文件名是 test.txt，在 test.txt 文件中含有字符串 "www.mingrisoft.com"，则程序运行结果如图 19.9 所示。

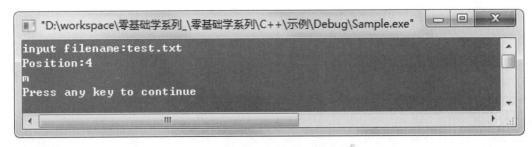

图 19.9　输出文件指定位置的内容

19.5　删 除 文 件

19.3 节介绍了文件的创建以及文件的读写，本节通过一个具体实例来讲述如何在程序中将一个文件删除。代码如下：

```
01 #include <iostream>
02 #include <iomanip>
03 using namespace std;
04 int main()
05 {
06    char file [50];
07    cout <<"Input file name: "<<"\n";
08    cin >>file;
09    if(!remove(file))
10    {
11       cout <<"The file:"<<file<<" 已删除 "<<"\n";
12    }
13    else
14    {
15       cout <<"The file:"<<file<<" 删除失败 "<<"\n";
16    }
17 }
```

程序通过 remove 函数将用户输入的文件删除。remove 函数是系统提供的函数，可以删除指定的磁盘文件。

19.6　小　　结

本章主要介绍使用文件流进行文件操作，文件在打开时可以控制文件是为写打开还是为读打开，控制打开模式可以控制执行效率，掌握文件的随机读取就可以快速读取想要的数据，可以实现文件中数据的修改及插入。另外，本章还介绍了使用一个文件流打开多个文件的实现方法，使读者掌握文件流和文件的区别。

19.7　实　　战

19.7.1　接收用户输入

试着写一个程序，该程序接受用户输入的用户名和密码，并把用户名和密码保存在文件 config.txt 中。运行结果如图 19.10 所示，文本文件内容如图 19.11 所示。（**实例位置：资源包 \ 源码 \19\ 实战 \01**）

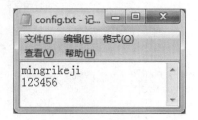

图 19.10　运行图　　　　　　　　　图 9.11　文件内容

19.7.2　求和

写一个程序，接受用户输入的两个数字，求和之后将这一过程写入 result.txt 文件中，如用户输入 1 和 2，则文件的内容应该为"1 + 2 = 3"。运行结果如图 19.12 所示，文本文件内容如图 19.13 所示。（**实例位置：资源包 \ 源码 \19\ 实战 \02**）

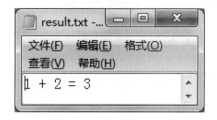

图 19.12　输入加数数据　　　　　　图 19.13　求和文件内容

第 *20* 章

网络通信

（▶视频讲解：20分钟）

随着使用网络的群体日益庞大，对网络软件的需求也越来越大，网络通信已成为程序员必须掌握的技术。网络通信技术中涉及的协议和概念很多，有阻塞函数和非阻塞函数、TCP/IP 协议、客户端和服务器端。本章通过具体实例讲述如何建立 socket 通信。

学习摘要：

▸▸ TCP/IP 协议

▸▸ 套接字

▸▸ 简单协议通信

视频讲解

20.1　TCP/IP 协议

20.1.1　OSI 参考模型

开发式系统互联（Open System Interconnection，OSI），是国际标准化组织（ISO）为了实现计算机网络的标准化而颁布的参考模型。OSI 参考模型采用分层的划分原则，将网络中的数据传输划分为7层，每一层使用下层的服务，并向上层提供服务。表 20.1 描述了 OSI 参考模型的结构。

表 20.1　OSI 参考模型

层　次	名　称	功 能 描 述
第 7 层	应用层（Application）	应用层负责网络中应用程序与网络操作系统之间的联系。例如，建立和结束使用者之间的连接，管理建立相互连接使用的应用资源
第 6 层	表示层（Presentation）	表示层用于确定数据交换的格式，它能够解决应用程序之间在数据格式上的差异，并负责设备之间所需要的字符集和数据的转换
第 5 层	会话层（Session）	会话层是用户应用程序与网络层的接口，它能够建立与其他设备的连接，即会话。并且它能够对会话进行有效的管理
第 4 层	传输层（Transport）	传输层提供会话层和网络层之间的传输服务，该服务从会话层获得数据，必要时对数据进行分割，然后传输层将数据传递到网络层，并确保数据能正确无误地传送到网络层
第 3 层	网络层（Network）	网络层能够将传输的数据封包，然后通过路由选择、分段组合等控制，将信息从源设备传送到目标设备
第 2 层	数据链路层（Data Link）	数据链路层主要是修正传输过程中的错误信号，它能够提供可靠的通过物理介质传输数据的方法
第 1 层	物理层（Physical）	利用传输介质为数据链路层提供物理连接，它规范了网络硬件的特性、规格和传输速度

OSI 参考模型的建立不仅创建了通信设备之间的物理通道，还规划了各层之间的功能，为标准化组合和生产厂家定制协议提供了基本原则，它有助于用户了解复杂的协议，例如 TCP/IP，X.25 协议等。用户可以将这些协议与 OSI 参考模型对比，进而了解这些协议的工作原理。

20.1.2　TCP/IP 参考模型

TCP/IP（Transmission Control Protocal/Internet Protocal，传输控制协议 / 网际协议）协议是互联网上最流行的协议，但它并不完全符合 OSI 的 7 层参考模型。传统的开放式系统互联参考模型，是一种通信协议的 7 层抽象的参考模型，其中每一层执行某一特定任务，该模型的目的是使各种硬件在相同的层次上相互通信，这 7 层是物理层、数据链路层、网路层、传输层、话路层、表示层和应用层。而 TCP/IP 通信协议采用了 4 层的层级结构，每一层都呼叫它的下一层所提供的网络来完成自己的需求。这 4 层分别为：

- ☑ 应用层：应用程序间沟通的层，如简单电子邮件传输（SMTP）、文件传输协议（FTP）、网络远程访问协议（Telnet）等。
- ☑ 传输层：在此层中提供了节点间的数据传送服务，如传输控制协议（TCP）、用户数据包协议（UDP）等，TCP 和 UDP 给数据包加入传输数据并把它传输到下一层中。这一层负责传送数据，并且确定数据已被送达并接收。
- ☑ 互联网络层：负责提供基本的数据封包传送功能，让每一块数据包都能够到达目的主机（但不检查是否被正确接收），如网际协议（IP）。
- ☑ 网络接口层：对实际的网络媒体的管理，定义如何使用实际网络（如 Ethernet，Serial Line 等）来传送数据。

20.1.3　IP 地址

IP 被称为网际协议，Internet 上使用的一个关键的底层协议就是 IP 协议。我们利用一个共同遵守的通信协议，使 Internet 成为一个允许连接不同类型的计算机和不同操作系统的网络。要使两台计算机彼此之间进行通信，必须使两台计算机使用同一种"语言"。通信协议正像两台计算机交换信息所使用的共同语言，它规定了通信双方在通信中所应共同遵守的规定。

IP 地址是由 IP 协议规定的，由 32 位的二进制数表示。最新的 IPv6 协议将 IP 地址升为 128 位，这使得 IP 地址更加广泛，能够很好地解决目前 IP 地址紧缺的情况。但是 IPv6 协议距离实际应用还有一段距离，目前多数操作系统和应用软件都是以 32 位的 IP 地址为基准。

32 位的 IP 地址主要分为两部分：前缀和后缀。前缀表示计算机所属的物理网络，后缀确定该网络上的唯一一台计算机。在互联网上，每一个物理网络都有一个唯一的网络号，根据网络号的不同，可以将 IP 地址分为 5 类，即 A 类、B 类、C 类、D 类和 E 类。其中，A 类、B 类和 C 类属于基本类，D 类用于多播发送，E 类属于保留类。表 20.2 描述了各类 IP 地址的范围。

表 20.2　各类 IP 地址范围

类　　型	范　　围
A 类	0.0.0.0~127.255.255.255
B 类	128.0.0.0~191.255.255.255
C 类	192.0.0.0~223.255.255.255
D 类	224.0.0.0~239.255.255.255
E 类	240.0.0.0~247.255.255.255

在上述 IP 地址中，有几个 IP 地址是特殊的，有其单独的用途。

☑ 网络地址

在 IP 地址中主机地址为 0 的表示网络地址。例如，128.111.0.0。

☑ 广播地址

在网络号后所有位全是 1 的 IP 地址，表示广播地址。

☑ 回送地址

127.0.0.1 表示回送地址，用于测试。

20.1.4 数据包格式

TCP/IP 协议的每层都会发送不同的数据包，常用的有 IP 数据包、TCP 数据包、UDP 数据包和 ICMP 数据包。

（1）IP 数据包

IP 数据包是在 IP 协议间发送的，主要在以太网与网际协议模块之间传输，提供无链接数据包传输。IP 协议不保证数据包的发送，但最大限度地发送数据。IP 协议结构定义如下：

```
typedef struct HeadIP {
    unsigned char  headerlen:4;      // 首部长度，占 4 位
    unsigned char  version:4;        // 版本，占 4 位
    unsigned char  servertype;       // 服务类型，占 8 位，即 1 个字节
    unsigned short totallen;         // 总长度，占 16 位
    unsigned short id;               // 与 idoff 构成标识，共占 16 位，前 3 位是标识，后 13 位是片偏移
    unsigned short idoff;
    unsigned char  ttl;              // 生存时间，占 8 位
    unsigned char  proto;            // 协议，占 8 位
    unsigned short checksum;         // 首部检验和，占 16 位
    unsigned int   sourceIP;         // 源 IP 地址，占 32 位
    unsigned int   destIP;           // 目的 IP 地址，占 32 位
} HEADIP;
```

理论上，IP 数据包的最大长度是 65535 字节，这是由 IP 首部 16 位总长度字段所限制的。

（2）TCP 数据包

传输控制协议 TCP 是一种提供可靠数据传输的通行协议，它在网际协议模块和 TCP 模块之间传输，TCP 数据包分 TCP 包头和数据两部分。TCP 包头包含了源端口、目的端口、序列号、确认序列号、头部长度、码元比特、窗口、校验和、紧急指针、可选项、填充位和数据区。在发送数据时，应用层的数据传输到传输层，加上 TCP 的 TCP 包头，数据就构成了报文。报文是网际层 IP 的数据，如果再加上 IP 首部，就构成了 IP 数据包。TCP 包头结构定义如下：

```
typedef struct HeadTCP {
    WORD   SourcePort;       // 16 位源端口号
    WORD   DePort;           // 16 位目的端口
    DWORD  SequenceNo;       // 32 位序号
    DWORD  ConfirmNo;        // 32 位确认序号
    BYTE   HeadLen;          // 与 Flag 为一个组成部分，首部长度，占 4 位，保留 6 位，6 位标识，共 16 位
    BYTE   Flag;
    WORD   WndSize;          // 16 位窗口大小
    WORD   CheckSum;         // 16 位校验和
    WORD   UrgPtr;           // 16 位紧急指针
} HEADTCP;
```

TCP 提供了一个完全可靠的、面向连接的、全双工的（包含两个独立且方向相反的连接）流传输服务，允许两个应用程序建立一个连接，并在全双工方向上发送数据，然后终止连接，每一个 TCP 连接可靠地建立并完善地终止，在终止发生前，所有数据都会被可靠地传送。

TCP 比较有名的概念就是 3 次握手，所谓 3 次握手指通信双方彼此交换 3 次信息。3 次握手是在

数据包丢失、重复和延迟的情况下，确保通信双方信息交换确定性的充分必要条件。

注意

可靠传输服务软件都是面向数据流的。

（3）UDP 数据包

用户数据包协议 UDP 是一个面向无连接的协议，采用该协议后，两个应用程序不需要先建立连接，它为应用程序提供一次性的数据传输服务。UDP 协议工作在网际协议模块与 UDP 模块之间，不提供差错恢复，不能提供数据重传，所以使用 UDP 协议的应用程序都比较复杂，例如 DNS（域名解析服务）应用程序。UDP 数据包包头结构如下：

```
typedef struct HeadUDP {
    WORD SourcePort;                        //16 位源端口号
    WORD DePort;                            //16 位目的端口
    WORD Len;                               //16 为 UDP 长度
    WORD ChkSum;                            //16 位 UDP 校验和
} HEADUDP;
```

UDP 数据包分为伪首部和首部两个部分，伪首部包含原 IP 地址、目标 IP 地址、协议字、UDP 长度、源端口、目的端口、包文长度、校验和、数据区；是为了计算和检验而设置的。伪首部包含 IP 首部一些字段，其目的是让 UDP 两次检查数据是否正确到达目的地。使用 UDP 协议时，协议字为 17，包文长度包括头部和数据区的总长度，最小 8 个字节。校验和是以 16 位为单位，各位求补（首位为符号位）将和相加，然后再求补。现在大部分系统都默认提供了可读写大于 8192 字节的 UDP 数据报（使用这个默认值是因为 8192 是 NFS 读写用户数据数的默认值）。因为 UDP 协议是无差错控制的，所以发送过程与 IP 协议类似，即 IP 分组，然后用 ARP 协议来解析物理地址，最后发送。

（4）ICMP 数据包

ICMP 协议被称为网际控制包文协议。作为 IP 协议的附属协议，ICMP 协议用来与其他主机或路由器交换错误包文和其他重要信息，可以将某个设备的故障信息发送到其他设备上。ICMP 数据包包头结构如下：

```
typedef struct HeadICMP {
    BYTE Type;                              //8 位类型
    BYTE Code;                              //8 位代码
    WORD ChkSum;                            //16 位校验和
} HEADICMP;
```

20.2 套 接 字

视频讲解

所谓套接字，实际上是一个指向传输提供者的句柄。在 Winsock 中，就是通过操作该句柄来实现网络通信和管理的。根据性质和作用的不同，套接字可以分为 3 种，即原始套接字、流式套接字和数据包套接字。原始套接字是在 Winsock2 规范中提出的，它能够使程序开发人员对底层的网络传输机制进行控制，在原始套接字下接收的数据中含有 IP 头。流式套接字提供了双向、有序、可靠的数据传输服务，该类型套接字在通信前需要双方建立连接，大家熟悉的 TCP 协议采用的就是流式套接字。与流式套接字对应的是数据包套接字，数据包套接字提供双向的数据流，但是它不能保证数据传输的可靠性、有序性和无重复性，UDP 协议采用的就是数据包套接字。

20.2.1　Winsocket 套接字

套接字是网络通信的基石，是网络通信的基本构件，最初由加利福尼亚大学 Berkeley 学院为 UNIX 开发的网络通信编程接口。为了在 Windows 操作系统上使用套接字，20 世纪 90 年代初，微软和第三方厂商共同制定了一套标准，即 Windows Socket 规范，简称 Winsock。1993 年 1 月起 Winsock1.1 成为业界的一项标准，它为通用的 TCP/IP 应用程序提供了超强并灵活的 API，但 Winsock1.1 把 API 限定在 TCP/IP 的范畴里，它不像 Berkerly 模型一样可以支持多种协议，所以 Winsock2.0 进行了扩展，开始支持 IPX/SPX 和 DECNet 等协议。Winsock2.0 允许多种协议栈的并存，可以使应用程序适用于不同的网络名和网络地址。

20.2.2　Winsocket 的使用

Windows 系统提供的套接字函数通常封装在 Ws2_32.dll 动态链接库中，其头文件 Winsock2.h 提供了套接字函数的原型，库文件 Ws2_32.lib 提供了 Ws2_32.dll 动态链接库的输出节。在使用套接字函数前，用户需要引用 Winsock2.h 头文件，并链接 Ws2_32.lib 库文件。例如：

```
#include "winsock2.h"                        // 引用头文件
#pragma comment (lib, "ws2_32.lib")          // 链接库文件
```

此外，在使用套接字函数前还需要初始化套接字，可以使用 WSAStartup 函数来实现。例如：

```
WSADATA wsd;                                 // 定义 WSADATA 对象
WSAStartup(MAKEWORD(2, 2), &wsd);            // 初始化套接字
```

常用的套接字函数如下：

1．WSAStartup 函数

该函数用于初始化 Ws2_32.dll 动态链接库。在使用套接字函数之前，一定要初始化 Ws2_32.dll 动态链接库。语法如下：

```
int WSAStartup (WORD wVersionRequested, LPWSADATA lpWSAData);
```

☑　wVersionRequested：表示调用者使用的 Windows Socket 的版本，高字节记录修订版本，低字节记录主版本。例如，如果 Windows Socket 的版本为 2.1，则高字节记录 1，低字节记录 2。

☑　lpWSAData：是一个 WSADATA 结构指针，该结构详细记录了 Windows 套接字的相关信息，

其定义如下：

```
typedef struct WSAData {
    WORD            wVersion;
    WORD            wHighVersion;
    char            szDescription [WSADESCRIPTION_LEN+1];
    char            szSystemStatus [WSASYS_STATUS_LEN+1];
    unsigned short  iMaxSockets;
    unsigned short  iMaxUdpDg;
    char FAR *      lpVendorInfo;
} WSADATA, FAR*LPWSADATA;
```

- ☑ wVersion：调用者使用 Ws2_32.dll 动态库的版本号。
- ☑ wHighVersion：Ws2_32.dll 支持的最高版本，通常与 wVersion 相同。
- ☑ szDescription：套接字的描述信息，通常没有实际意义。
- ☑ szSystemStatus：系统的配置或状态信息，通常没有实际意义。
- ☑ iMaxSockets：最多可以打开多少个套接字。在套接字版本 2 或以后的版本中，该成员将被忽略。
- ☑ iMaxUdpDg：数据包的最大长度。在套接字版本 2 或以后的版本中，该成员将被忽略。
- ☑ lpVendorInfo：套接字的厂商信息。在套接字版本 2 或以后的版本中，该成员将被忽略。

2．socket 函数

该函数用于创建一个套接字。语法如下：

```
SOCKET socket (int af, int type, int protocol);
```

- ☑ af：一个地址家族。通常为 AF_INET。
- ☑ type：套接字类型。如果为 SOCK_STREAM，表示创建面向连接的流式套接字；为 SOCK_DGRAM，创建面向无连接的数据报套接字；如果为 SOCK_RAW，表示创建原始套接字。对于这些值，用户可以在 Winsock2.h 头文件中找到。
- ☑ protocol：套接口所用的协议。如果用户不指定，可以设置为 0。
- ☑ 返回值：函数返回值是创建的套接字句柄。

3. bind 函数

该函数用于将套接字绑定到指定的端口和地址上。语法如下：

```
int bind (SOCKET s, const struct sockaddr FAR* name, int namelen);
```

- ☑ s：套接字标识。
- ☑ name：一个 sockaddr 结构指针。该结构中包含了要结合的地址和端口号。
- ☑ namelen：确定 name 缓冲区的长度。
- ☑ 返回值：如果函数执行成功，则返回值为 0，否则为 SOCKET_ERROR。

4. listen 函数

该函数用于将套接字设置为监听模式。对于流式套接字，必须处于监听模式才能够接收客户端套接字的连接。语法如下：

```
int listen (SOCKET s, int backlog);
```

- ☑　s：套接字标识。
- ☑　backlog：等待连接的最大队列长度。例如，如果 backlog 被设置为 2，此时有 3 个客户端同时发出连接请求，那么前两个客户端连接会放置在等待队列中，第 3 个客户端会得到错误信息。

5. accept 函数

该函数用于接受客户端的连接。在流式套接字中，套接字处于监听状态才能接受客户端的连接。语法如下：

```
SOCKET accept (SOCKET s, struct sockaddr FAR* addr, int FAR* addrlen);
```

- ☑　s：是一个套接字，它应处于监听状态。
- ☑　addr：是一个 sockaddr_in 结构指针，包含一组客户端的端口号、IP 地址等信息。
- ☑　addrlen：用于接收参数 addr 的长度。
- ☑　返回值：一个新的套接字，它对应于已经接受的客户端连接，对于该客户端的所有后续操作，都应使用这个新的套接字。

6. closesocket 函数

该函数用于关闭套接字。语法如下：

```
int closesocket (SOCKET s);
```

- ☑　s：标识一个套接字。如果参数 s 设置有 SO_DONTLINGER 选项，则调用该函数后会立即返回，但此时如果有数据尚未传送完毕，会继续传递数据，然后才关闭套接字。

7. connect 函数

该函数用于发送一个连接请求。语法如下：

```
int connect (SOCKET s, const struct sockaddr FAR* name, int namelen);
```

- ☑　s：是一个套接字。
- ☑　name：套接字 s 想要连接的主机地址和端口号。
- ☑　namelen：name 缓冲区的长度。
- ☑　返回值：如果函数执行成功，则返回值为 0，否则为 SOCKET_ERROR。用户可以通过 WSAGETLASTERROR 得到其错误描述。

8. htons 函数

该函数将一个 16 位的无符号短整型数据由主机排列方式转换为网络排列方式。语法如下：

```
u_short htons (u_short hostshort);
```

☑ hostshort：一个主机排列方式的无符号短整型数据。
☑ 返回值：是 16 位的网络排列方式数据。

9. htonl 函数

该函数将一个无符号长整型数据由主机排列方式转换为网络排列方式。语法如下：

```
u_long htonl (u_long hostlong);
```

☑ hostlong：一个主机排列方式的无符号长整型数据。
☑ 返回值：32 位的网络排列方式数据。

10. inet_addr 函数

该函数将一个由字符串表示的地址转换为 32 位的无符号长整型数据。语法如下：

```
unsigned long inet_addr (const char FAR * cp);
```

☑ cp：一个 IP 地址的字符串。
☑ 返回值：32 位无符号长整数。

11. recv 函数

该函数用于从面向连接的套接字中接收数据。语法如下：

```
int recv (SOCKET s, char FAR* buf, int len, int flags);
```

☑ s：一个套接字。
☑ buf：接收数据的缓冲区。
☑ len：buf 的长度。
☑ flags：函数的调用方式。如果为 MSG_PEEK，表示查看传来的数据，在序列前端的数据会被复制一份到返回缓冲区中，但是这个数据不会从序列中移走。如果为 MSG_OOB，表示用来处理 Out-Of-Band 数据，也就是外带数据。

12. send 函数

该函数用于在面向连接方式的套接字间发送数据。语法如下：

```
int send (SOCKET s, const char FAR*buf, int len, int flags);
```

☑ s：一个套接字。

☑ buf：存放要发送数据的缓冲区。

☑ len：缓冲区长度。

☑ flags：函数的调用方式。

13. select 函数

该函数用来检查一个或多个套接字是否处于可读、可写或错误状态。该函数语法如下：

```
1int select (int nfds, fd_set FAR*readfds, fd_set FAR*writefds, fd_set FAR*exceptfds, const struct
        timeval FAR*timeout);
```

☑ nfds：无实际意义，只是为了和 UNIX 下的套接字兼容。

☑ readfds：一组被检查可读的套接字。

☑ writefds：一组被检查可写的套接字。

☑ exceptfds：被检查有错误的套接字。

☑ timeout：函数的等待时间。

14. WSACleanup 函数

该函数用于释放为 Ws2_32.dll 动态链接库初始化时分配的资源。语法如下：

```
int WSACleanup (void);
```

15. WSAAsyncSelect 函数

该函数用于将网络中发生的事件关联到窗口的某个消息中。语法如下：

```
int WSAAsyncSelect (SOCKET s, HWND hWnd, unsigned int wMsg, long lEvent);
```

☑ s：一个套接字。

☑ hWnd：接收消息的窗口句柄。

☑ wMsg：窗口接收来自套接字中的消息。

☑ lEvent：网络中发生的事件。

16. ioctlsocket 函数

该函数用于设置套接字的 I/O 模式。语法如下：

```
int ioctlsocket(SOCKET s, long cmd, u_long FAR* argp);
```

☑ s：待更改 I/O 模式的套接字。

☑ cmd：对套接字的操作命令。如果为 FIONBIO，当 argp 为 0 时，表示禁止非阻塞模式，当 argp 非 0 时，表示设置非阻塞模式。如果为 FIONREAD，表示从套接字中可以读取的数据量。如果为 SIOCATMARK，表示所有的外带数据都已被读入。这个命令仅适用于流式套接字，并且该套接字已被设置为可以在线接收外带数据（SO_OOBINLINE）。

☑　argp：命令参数。

20.2.3　字节顺序

有时不同的计算机结构使用不同的字节顺序存储数据，例如，基于 Intel 的计算机存储数据的顺序与 Macintosh (Motorola) 计算机相反。通常，用户不必为在网络上发送和接收数据的字节顺序转换担心，但在有些情况下，必须转换字节顺序。例如，程序中将指定的整数设置为套接字的端口号，在绑定端口号之前，必须将端口号从主机顺序转换为网络顺序。

20.2.4　面向连接流

面向连接流主要指通信双方在通信前先建立连接。建立连接的步骤如下：

☑　创建套接字（socket）。

☑　将创建的套接字绑定（bind）到本地的地址和端口上。

☑　服务端设置套接字的状态为监听状态（listen），准备接受客户端的连接请求。

☑　服务端接受请求（accept），同时返回得到一个用于连接的新套接字。

☑　使用这个新套接字进行通信（通信函数使用 send/recv）。

☑　释放套接字资源（closesocket）。

整个过程分为客户端和服务端，两端连接过程如图 20.1 所示。

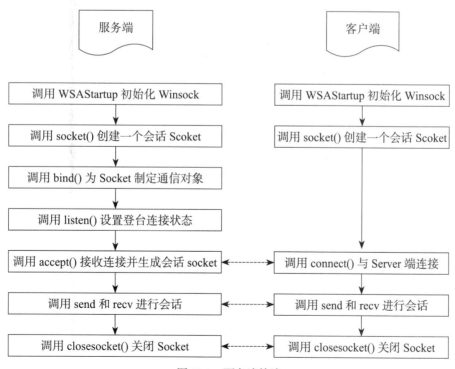

图 20.1　面向连接流

20.2.5　面向无连接流

所谓面向无连接流主要指通信双方通信前不需要建立连接，服务端和客户端使用相同的处理过程，如图 20.2 所示。

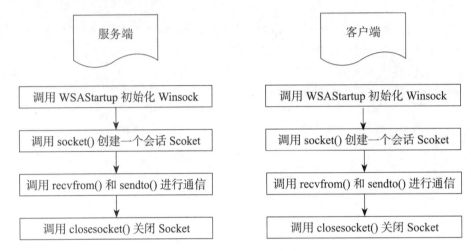

图 20.2　面向无连接流

20.3　简单协议通信

通过前面的学习，读者可能对使用 socket 建立通信应用有了一定了解，下面通过具体实例进一步讲述如何使用 socket 进行通信。实例主要完成一个简单协议的通信过程，使用的是面向连接方式建立的连接，并且是阻塞的方式。实例分为客户端和服务端。

20.3.1　服务端

服务端主要使用多线程技术建立连接，也就是说一个服务端可以连接多个客户端，连接客户端的数据可以进行限定，程序中设置最大连接数为 20。当客户端有连接请求发过来时，向客户端发送字符串 "THIS IS SERVER"，并启动一个线程等待客户端发送消息过来。

如果客户端发送字符 A 过来后，服务器返回 B，发送字符 C 过来后，服务器返回 D，发送 exit 后，服务器关闭线程。

【例 20.01】 服务器端（实例位置：资源包 \ 源码 \20\20.01）

```
01 #include <iostream.h>
02 #include <stdlib.h>
03 #include "winsock2.h"                          // 引用头文件
04 #pragma comment (lib, "ws2_32.lib")            // 引用库文件
```

```
05
06   // 线程实现函数
07   DWORD WINAPI threadpro(LPVOID pParam)
08   {
09       SOCKET hsock=(SOCKET)pParam;
10       char buffer [1024] = {0};
11       char sendBuffer [1024];
12       if(hsock!=INVALID_SOCKET)
13         cout << "Start Receive" << endl;
14
15       while(1)                                           // 循环接收发送的内容
16       {
17           int    num= recv(hsock, buffer, 1024, 0);      // 阻塞函数，等待接收内容
18           if(num>=0)
19             cout << "Receive form clinet"<< buffer  << endl;
20           cout << WSAGetLastError() << endl;
21           if(!strcmp(buffer, "A"))
22           {
23             memset(sendBuffer, 0, 1024);
24             strcpy(sendBuffer, "B");
25             int ires=send(hsock, sendBuffer, sizeof(sendBuffer), 0);  // 回送信息
26             cout << "Send to client" << sendBuffer << endl;
27           }
28           else if(!strcmp(buffer, "C"))
29           {
30             memset(sendBuffer, 0, 1024);
31             strcpy(sendBuffer, "D");
32             int ires=send(hsock, sendBuffer, sizeof(sendBuffer), 0);  // 回送信息
33             cout << "Send to client" << sendBuffer << endl;
34           }
35           else if(!strcmp(buffer, "exit"))
36           {
37             cout << "Client Close" << endl;
38             cout << "Server Process Close" << endl;
39             return 0;
40           }
41           else
42           {
43             memset(sendBuffer, 0, 1024);
44             strcpy(sendBuffer, "ERR");
45             int ires=send(hsock, sendBuffer, sizeof(sendBuffer), 0);
46             cout << "Send to client" << sendBuffer << endl;
47           }
48       }
49       return 0;
50   }
51   // 主函数
52   void main()
53   {
```

```
54    WSADATA wsd;                                                        // 定义 WSADATA 对象
55    DWORD err = WSAStartup(MAKEWORD(2, 2), &wsd);
56    cout << err << endl;
57    SOCKET    m_SockServer;
58    sockaddr_in serveraddr;
59    sockaddr_in serveraddrfrom;
60    SOCKET m_Server [20];
61
62    serveraddr.sin_family = AF_INET;                                    // 设置服务器地址家族
63    serveraddr.sin_port = htons(4600);                                  // 设置服务器端口号
64    serveraddr.sin_addr.S_un.S_addr = inet_addr("127.0.0.1");
65
66    m_SockServer = socket (AF_INET, SOCK_STREAM,  0);
67
68    int i=bind(m_SockServer, (sockaddr*)&serveraddr, sizeof(serveraddr));
69    cout << "bind:" << i << endl;
70
71    int iMaxConnect=20;                                                 // 最大连接数
72    int iConnect=0;
73    int iLisRet;
74    char buf []="THIS IS SERVER\0";                                     // 向客户端发送的内容
75    char WarnBuf []="It is voer Max connect\0";
76    int len=sizeof(sockaddr);
77    while(1)
78    {
79        iLisRet=listen(m_SockServer, 0);                                // 进行监听
80        // 同意建立连接
81        m_Server [iConnect]=accept(m_SockServer, (sockaddr*)&serveraddrfrom, &len);
82
83        if(m_Server [iConnect]!=INVALID_SOCKET)
84        {
85            // 发送字符过去
86            int ires=send(m_Server [iConnect], buf, sizeof(buf), 0);
87            cout << "accept" << ires<< endl;                            // 显示已经建立连接次数
88            iConnect++;
89            if(iConnect > iMaxConnect)
90            {
91                int ires=send(m_Server [iConnect], WarnBuf, sizeof(WarnBuf), 0);
92            }
93            else
94            {
95                HANDLE m_Handle;                                        // 线程句柄
96                DWORD nThreadId = 0;                                    // 线程 ID
97                m_Handle = (HANDLE)::CreateThread(NULL,
98                    0, threadpro, (LPVOID)m_Server [--iConnect], 0, &nThreadId);  // 启动线程
99            }
100       }
101   }
102   WSACleanup();
103 }
```

程序中建立连接的 IP 只限制在本机，可以通过修改 "inet_addr("127.0.0.1")" 表达式的值，来设置需要的 IP。

20.3.2　客户端

客户端程序主要完成向服务端发送连接请求，然后由用户输入要发送的字符，发送的字符限定在 A，C 和 exit。

【例 20.02】　客户端程序（**实例位置：资源包 \ 源码 \20\20.02**）

```
01  #include <iostream.h>
02  #include <stdlib.h>
03  #include "winsock2.h"
04  #include <time.h>                                          // 引用头文件
05  #pragma comment (lib, "ws2_32.lib")
06
07  void main()
08  {
09
10      WSADATA wsd;                                          // 定义 WSADATA 对象
11      WSAStartup(MAKEWORD(2, 2), &wsd);
12      SOCKET      m_SockClient;
13      sockaddr_in clientaddr;
14
15      clientaddr.sin_family = AF_INET;                      // 设置服务器地址家族
16      clientaddr.sin_port = htons(4600);                    // 设置服务器端口号
17      clientaddr.sin_addr.S_un.S_addr = inet_addr("127.0.0.1");
18      m_SockClient = socket (AF_INET, SOCK_STREAM, 0);
19      int i=connect(m_SockClient, (sockaddr*)&clientaddr, sizeof(clientaddr));  // 连接超时
20      cout << "connect" << i << endl;
21
22      char buffer [1024];
23      char inBuf [1024];
24      int num;
25      num = recv(m_SockClient, buffer, 1024, 0);            // 阻塞
26      if(num > 0)
27      {
28          cout << "Receive form server" << buffer << endl;  // 欢迎信息
29          while(1)
30          {
31              num=0;
32              cin >> inBuf;
33              if(!strcmp(inBuf, "exit"))
34              {
35                  send(m_SockClient, inBuf, sizeof(inBuf), 0);  // 发送退出指令
36                  return;
37              }
38              send(m_SockClient, inBuf, sizeof(inBuf), 0);
```

```
39          num= recv(m_SockClient, buffer, 1024, 0);        // 接收客户端发送过来的数据
40          if(num>=0)
41              cout << "Receive form server" << buffer << endl;
42      }
43    }
44 }
```

20.3.3　实例的运行

首先启动服务端，然后启动客户端，在客户端输入字符 A，然后输入 C，最后输入 exit 退出客户端，服务端运行如图 20.3 所示。

客户端运行如图 20.4 所示。

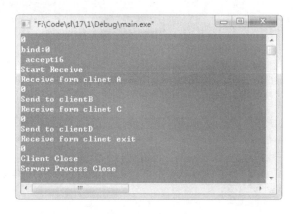

图 20.3　服务端

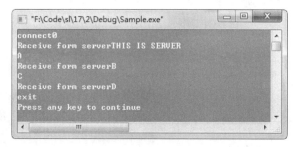

图 20.4　客户端

20.4　小　　结

本章主要介绍了 TCP/IP 通信协议、OSI 参考模型和 Windows 系统提供的建立 Socket 通信的函数，可以结合实例了解 Socket 通信函数的具体使用情况。网络技术是一门学科，在使用网络编程之前，应该掌握基础的网络技术，理解 TCP/IP 协议，为网络编辑打好基础。

项目篇

▶▶ 第21章 餐饮管理系统

本篇通过一个完整的餐饮管理系统，运用软件工程的设计思想，让读者学习如何进行软件项目的实践开发。书中按照"系统设计→数据库设计→公共类设计→项目主要功能模块的实现"的流程进行介绍，带领读者亲身体验开发项目的全过程。

第 *21* 章

餐饮管理系统

（▣ 视频讲解：54分钟）

　　餐饮管理系统是一个饮食产业不可缺少的部分，它的内容对企业的决策者和管理者都至关重要，所以餐饮管理系统应该能够为用户提供充足的信息和快捷的查询手段。但一直以来人们使用的餐饮管理系统均是以人为主体的，需要很多的人力、物力，且效率不是很高，在系统运营时也可能产生人为的失误，以致餐饮管理工作既烦琐又不利于分析企业的经营状况。

　　作为计算机应用的一部分，使用计算机对餐饮信息进行管理，具有人工管理所无法比拟的优点，如统计结账快速、安全保密性好、可靠性高、存储量大、寿命长、成本低等。这些优点能够极大地提高餐饮管理的效率，增强企业的竞争力，同时也是企业的科学化、正规化管理与世界接轨的重要条件。

学习摘要：

➤➤ 使用 Microsoft Access 2010 数据库

➤➤ 使用 ADO 连接数据库

➤➤ 通过 SQL 语句对数据库进行操作

➤➤ 备份、还原数据库

21.1　系　统　设　计

视频讲解

21.1.1　系统目标

餐饮管理系统将实现如下目标：

☑　减少前台服务人员的数量，减少经营者的人员开销。

☑　提高操作速度，提高顾客的满意程度。

☑　使经营者能够查询一些历史数据。

21.1.2　系统功能结构

餐饮管理系统包含前台服务、后台服务、财政服务和系统服务几部分功能，其功能结构如图 21.1 所示。

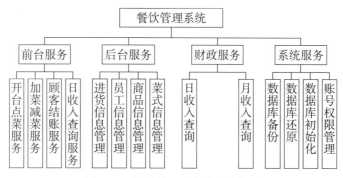

图 21.1　餐饮管理系统功能结构图

21.1.3　系统预览

餐饮管理系统由多个功能组成，下面列出几个典型的功能界面，其他界面可参见资源包中的源程序，如图 21.2~ 图 21.5 所示。

图 21.2　点菜服务

图 21.3　顾客结账

图 21.4　菜式信息录入　　　　　图 21.5　数据库维护

21.1.4　数据库设计

一个好的数据库是每一个成功的系统必不可少的部分，数据库设计则是系统设计中最关键的一步。所以，要根据系统的信息量设计一个合适的数据库。

因为餐饮管理系统中需存储的数据信息量不大，对数据库的要求并不是很高，所以，本系统采用了 Access 数据库，数据库名称为 canyin。在数据库中一共建立了 7 张数据表，用于存储不同的信息，如图 21.6 所示。

图 21.6　数据库 canyin 中的表

视频讲解

21.2　公共类设计

设计系统时，经常会重复使用同一种功能模块，为避免代码重复使用率过高，往往将重复使用频率高的代码写成公共类。

数据库连接是系统中必不可少的部分，在每个模块中都需要连接数据库进行数据操作。为此，笔者将数据库连接方法写在程序的 App 类中。

设计步骤如下：

（1）在工作区窗口选择 FileView 选项卡，在 Header Files 目录下找到头文件 StdAfx.h，向其中添加如下代码（路径根据实际情况更换），用于将 msado15.dll 动态链接库导入程序中。

```
#import "C:\\Program Files\\Common Files\\System\\ado\\msado15.dll"no_namespace rename ("EOF", "adoEOF")
```

（2）接着在 App 类中的 InitInstance 方法中添加代码，设置数据库连接，因为 App 类中有全局变量 theApp，所以在 App 类中连接数据库后可以方便地使用全局变量对其进行操作。代码如下：

```
01  BOOL CMyApp::InitInstance()
02  {
03    AfxEnableControlContainer();
04  ::CoInitialize(NULL);
05    HRESULT hr;                                              // 定义一个 HRESULT 实例
06    try
07    {
08      hr=m_pCon.CreateInstance("ADODB.Connection");          // 创建连接
09      if(SUCCEEDED(hr))                                      // 判断创建连接是否成功
10      {
11        m_pCon->ConnectionTimeout=3;                         // 连接延时设置为 3s
12        hr=m_pCon->Open("Provider=Microsoft.Jet.OLEDB.4.0;Data
13                         Source=canyin.mdb", "", "", adModeUnknown); // 连接数据库
14      }
15    }
16    catch(_com_error e)
17    {
18        CString temp;
19        temp.Format(" 连接数据库错误信息 :%s", e.ErrorMessage()); // 获得错误信息
20        ::MessageBox(NULL, temp, " 提示信息 ", NULL);          // 弹出错误信息
21        return false;
22    }
23  // 以下代码省略
24  …
25    return FALSE;
26  }
```

（3）代码添加完成后，各个模块就可以通过 App 类的全局变量 theApp 直接操作数据库了。

21.3　主窗体设计

视频讲解

程序主窗体作为第一个展示在用户面前的窗体，是用户对程序的第一感觉，在程序中起着非常重

要的作用。主窗体应该向用户展示程序常用的功能，使用户对程序有一个初步的认识。主窗体的运行效果如图 21.7 所示。

图 21.7　程序主窗体的运行效果

主要包含以下内容：

☑　菜单栏（包括登录、前台服务和后台服务等一系列程序所拥有的功能）。

☑　工具栏（包括程序比较常用的几个功能，如开台、顾客买单等）。

☑　状态栏（包括系统的名称、当前时间及用户登录信息等）。

设计步骤如下：

（1）启动 Visual C++ 6.0，新建一个基于对话框的 MFC 应用程序，并将程序命名为"餐饮管理"，如图 21.8 所示。

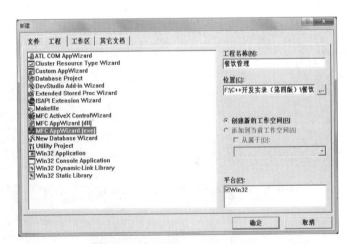

图 21.8　新建一个 MFC 程序

（2）单击"确定"按钮后弹出如图 21.9 所示的对话框，选中"基本对话框"单选选项，单击"完成"按钮完成创建。

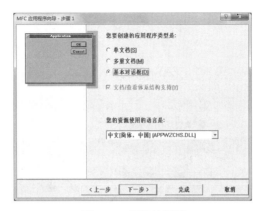

图 21.9　程序的创建

（3）单击"完成"按钮后，在工作区中选择 Resources 选项卡，在任意一个节点上右击，在弹出的快捷菜单中选择 Insert 命令，打开"插入资源"对话框。在"资源类型"列表中选择 Menu 选项，单击 New 按钮，将创建一个菜单，在菜单设计窗口中，按 Enter 键打开"菜单项目 属性"窗口，设计菜单标题，完成后可在窗体 Menu 选项中修改生成的菜单 ID，如图 21.10 所示。

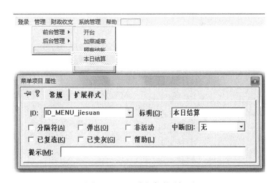

图 21.10　创建菜单项

（4）由于生成的是带图标的工具栏，所以需要事先在 Resources 选项卡中选择 Insert 菜单项导入几个图标文件，如图 21.11 所示。

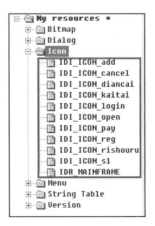

图 21.11　导入图标文件

（5）在生成的窗口类中的 OnInitDialog 方法中添加代码动态生成工具栏和状态栏。代码如下：

```
01  m_Imagelist.Create(32, 32, ILC_COLOR24|ILC_MASK, 1, 1);          // 创建图像列表
02  m_Imagelist.Add(AfxGetApp()->LoadIcon(IDI_ICON_login));          // 将图像与列表一一关联
03  m_Imagelist.Add(AfxGetApp()->LoadIcon(IDI_ICON_open));
04  m_Imagelist.Add(AfxGetApp()->LoadIcon(IDI_ICON_pay));
05  m_Imagelist.Add(AfxGetApp()->LoadIcon(IDI_ICON_rishouru));
06  m_Imagelist.Add(AfxGetApp()->LoadIcon(IDI_ICON_reg));
07  m_Imagelist.Add(AfxGetApp()->LoadIcon(IDI_ICON_cancel));
08  UINT Array [6];                                                   // 数组控制工具栏和状态栏的个数
09  for(int i=0; i<6; i++)
10  {
11      Array [i]=9000+i;                                            // 分别给工具栏的按钮定义索引
12  }
13  m_Toolbar.Create(this);                                          // 创建工具栏资源
14  m_Toolbar.SetButtons(Array, 6);                                 // 设置 6 个按钮
15  m_Toolbar.SetButtonText(0, " 系统登录 ");                        // 给每个按钮添加文本
16  m_Toolbar.SetButtonText(1, " 开台 ");
17  m_Toolbar.SetButtonText(2, " 顾客买单 ");
18  m_Toolbar.SetButtonText(3, " 本日收入 ");
19  m_Toolbar.SetButtonText(4, " 员工注册 ");
20  m_Toolbar.SetButtonText(5, " 退出系统 ");
21  m_Toolbar.GetToolBarCtrl().SetButtonWidth(60, 120);             // 设置按钮宽度
22  m_Toolbar.GetToolBarCtrl().SetImageList(&m_Imagelist);          // 将工具栏和图标关联
23  // 设置按钮大小和图片大小
24  m_Toolbar.SetSizes(CSize(70, 60), CSize(28, 40));
25  m_Toolbar.EnableToolTips(TRUE);                                 // 激活鼠标提示功能
26  for(i=0; i<4; i++)
27  {
28      Array [i]=10000+1;                                          // 分别给状态栏定义索引
29  }
30  m_Statusbar.Create(this);                                       // 创建状态栏资源
31  m_Statusbar.SetIndicators(Array, 4);                            // 设置 4 个状态栏
32  for(int n=0; n<3; n++)
33  {
34      m_Statusbar.SetPaneInfo(n, Array [n], 0, 80);               // 给每个状态栏设置宽度
35  }
36      m_Statusbar.SetPaneInfo(1, Array [1], 0, 200);
37  m_Statusbar.SetPaneInfo(2, Array [2], 0, 800);
38      m_Statusbar.SetPaneText(2, " 当前时间 "+Str);                // 设置状态栏的文本
39  m_Statusbar.SetPaneText(0, " 餐饮管理系统 ");
40  // 显示工具栏和状态栏
41  RepositionBars(AFX_IDW_CONTROLBAR_FIRST, AFX_IDW_CONTROLBAR_LAST, 0);
```

视频讲解

21.4 注册模块设计

21.4.1 注册模块概述

注册模块是一个完善的管理系统中必不可少的部分，主要用于预防非法用户随意登录系统并对系统数据进行修改破坏，给经营者造成不可挽回的损失。只有系统管理者才能通过注册模块对指定的人员进行注册，使其可以对系统进行相应的操作，大大提高了系统的安全性。注册模块的运行效果如图 21.12 所示。

图 21.12 注册模块效果图

21.4.2 注册模块实现过程

📊 本模块使用的数据表：Login

（1）首先在 Resources 选项卡中插入一个对话框资源，在对话框中添加 3 个静态文本控件、3 个编辑框控件和两个按钮控件。控件的属性及变量如表 21.1 所示。

表 21.1 控件属性及变量设置

控 件 ID	控件属性	对应变量
IDC_STATIC	标题：用户名	无
IDC_STATIC	标题：密码	无
IDC_STATIC	标题：重复密码	无
IDC_EDIT_name	Visible	CString m_Name
IDC_EDIT_pwd	Password	CString m_Pwd
IDC_EDIT_pwd1	Password	CString m_Pwd1
IDC_BUTTON_OK	标题：提交	无
IDC_BUTTON_reset	标题：重置	无

（2）给对话框新建一个类 CZhucedlg，在类中添加一个 _RecordsetPtr 类型变量 m_pRs 并导入全局变量 theApp。

（3）双击注册模块对话框中的"提交"按钮，在弹出的函数名称窗口中定义函数名称，单击"确定"按钮，进入按钮的代码编写界面。

当用户单击"提交"按钮时，系统应该判断输入的用户名是否跟数据表中的用户名重复，如果重复则弹出提示对话框；再判断两次密码输入是否一致。如果不一致则需弹出提示对话框要求重新输入。成功后则向数据表中插入用户名、密码和权限（默认权限为 0）信息。代码如下：

```
01  UpdateData();
02  // 判断 " 用户名 " 和 " 密码 " 编辑框是否为空
03  if(m_Name.IsEmpty()||m_Pwd.IsEmpty()||m_Pwd1.IsEmpty())
04  {
05    AfxMessageBox(" 用户名密码不能为空 ");
06    return;
07  }
08  if(m_Pwd!=m_Pwd1)                        // 判断两次输入的密码是否一致
09  {
10    AfxMessageBox(" 密码不一致 ");
11    return;
12  }
13  // 检验数据表中用户名是否重复
14  m_pRs=theApp.m_pCon->Execute((_bstr_t)("select * from Login where
15                           Uname='"+m_Name+"'"), NULL, adCmdText);
16  if(m_pRs->adoEOF)                        // 判断记录是否为空
17  {
18  // 如果为空，就向数据表中插入用户名、密码及权限信息
19  theApp.m_pCon->Execute((_bstr_t)("insert into Login(Uname, Upasswd, power)values('"+m_
    Name+"', '"+m_Pwd+"', 0)"), NULL, adCmdText);
20    AfxMessageBox(" 注册成功 ");
21    CDialog::OnOK();
22  }
23  else                                     // 如果不为空，就提示用户名重复
24  {
25    AfxMessageBox(" 用户名已存在 ");
26    return;
27  }
```

（4）为"重置"按钮添加代码，"重置"按钮主要实现的功能是把对话框中的 3 个编辑框控件的状态设置为初始状态。代码如下：

```
01  m_Name="";
02  m_Pwd="";
03  m_Pwd1="";
04  UpdateData(false);
```

视频讲解

21.5 登录模块设计

21.5.1 登录模块概述

在本系统中，登录模块的功能是判断用户是不是合法用户，以及根据登录用户的权限开放相应的模块，是保障系统安全的第一道关卡。登录模块的运行效果如图 21.13 所示。

图 21.13 登录模块的运行效果

21.5.2 登录模块实现过程

▦ 本模块使用的数据表：Login

（1）首先在 Resources 选项卡中插入一个对话框资源，向对话框中添加两个静态文本控件、两个编辑框控件、两个按钮控件和一个图片控件，打开图片控件的属性窗口给其关联一幅图片。控件的属性及变量如表 21.2 所示。

表 21.2 控件属性及变量设置

控件 ID	控件属性	对应变量
IDC_STATIC	标题：用户名	无
IDC_STATIC	标题：密码	无
IDC_STATIC	Bitmap	无
IDC_EDIT1	Visible	CString m_Uname
IDC_EDIT2	Password	CString m_Upasswd
IDOK	标题：登录	无
IDCANCEL	标题：退出	无

（2）为登录模块新建一个 CLogindlg 类，在类中定义一个 _RecordsetPtr 类型变量 m_pRs，在窗口类中添加代码导入全局变量 theApp。代码如下：

```
extern CMyApp theApp;
```

（3）为"登录"按钮的单击事件添加代码，在"登录"按钮的单击事件下，系统应自动将用户输入的数据与数据表中的数据进行比较，如果都一致则提示成功登录；如果不一致则提示用户名、密码错误。代码如下：

```
01  UpdateData();
02  // 判断 " 用户名 " 和 " 密码 " 编辑框是否为空
03  if(!m_Uname.IsEmpty()&&!m_Upasswd.IsEmpty()||true)
04  {
05  CString sql="SELECT * FROM Login WHERE Uname='"+m_Uname+"' and Upasswd='"+m_Upasswd+"'";
06  // 在数据表中查询是否存在该用户名及密码
07  m_pRs=theApp.m_pCon->Execute((_bstr_t)sql, NULL, adCmdText);
08  if(m_pRs->adoEOF)                            // 如果没有账号记录则提示错误
09  {
10    AfxMessageBox(" 用户名或密码错误 !");
11    m_Uname="";
12    m_Upasswd="";
13    UpdateData(false);
14    if(i==3)                                   // 定义全局变量 i 控制输入错误次数
15    {
16      OnCancel();                              // 如果为 3 则调用退出事件
17    }
18  }
19  else
20  {
21    theApp.name=m_Uname;                       // 登录成功后保存用户名和密码
22    theApp.pwd=m_Upasswd;
23    CDialog::OnOK();
24    return;
25  }
26  }
27  else                                         // 如果编辑框为空则提示不能为空
28  {
29    AfxMessageBox(" 用户名密码不能为空 ");
30  }
```

21.6 开台模块设计

视频讲解

21.6.1 开台模块概述

开台是餐饮系统中前台的第一个服务，顾客前来就餐时，卖家第一步就是开台，开台模块应该直观地为用户展示当前空桌的情况，提高用户工作效率。开台模块的运行效果如图 21.14 所示。

图 21.14　开台模块的运行效果

21.6.2　开台模块实现过程

📋　本模块使用的数据表：TableUse

（1）首先在 Resources 选项卡中插入一个对话框资源，为对话框新建一个类 CKaitaidlg，向对话框中添加一个静态文本控件、一个列表控件和一个编辑框控件，在类中定义一个 _RecordsetPtr 类型变量 m_pRs 并导入全局变量 theApp。控件的属性及变量设置如表 21.3 所示。

表 21.3　控件属性及变量设置

控　件　ID	控　件　属　性	对　应　变　量
IDC_STATIC	标题：选择桌号	无
IDC_LIST1	Report	CListCtrl m_Zhuolist
IDC_EDIT1	Visible	CString m_ZhuoHao
IDC_BUTTON_OK	标题：就要这桌	无
IDC_BUTTON_return	标题：返回上层	无

（2）为类添加 WM_INITDIALOG 事件并添加代码，进行对话框初始化设置并对列表控件的样式及内容进行设置。代码如下：

```
01  BOOL CKaitaidlg::OnInitDialog()
02  {
03      CDialog::OnInitDialog();
04  // 设置窗口图标
05      SetIcon(LoadIcon(AfxGetInstanceHandle(), MAKEINTRESOURCE(IDI_ICON_kaitai)), TRUE);
06  // 为列表控件设置样式
07      m_Zhuolist.SetExtendedStyle(LVS_EX_FLATSB|LVS_EX_FULLROWSELECT|LVS_EX_HEADER
08  DRAGDROP|LVS_EX_ONECLICKACTIVATE|LVS_EX_GRIDLINES);
09  // 为列表控件添加两列并命名
10      m_Zhuolist.InsertColumn(0, " 桌号 ", LVCFMT_LEFT, 140, 0);
```

```
11    m_Zhuolist.InsertColumn(1, " 状态 ", LVCFMT_LEFT, 140, 1);
12       CString sql="select * from tableuse";
13  // 查询数据表中的餐台号信息
14    m_pRs=theApp.m_pCon->Execute((_bstr_t)sql, NULL, adCmdText);
15    int i=0;                                // 控制列表控件中的显示顺序
16    while(m_pRs->adoEOF==0)                 // 如果记录不为空则遍历数据表并将结果添加进列表控件中
17    {
18  // 将餐台号信息存入 str 变量
19    CString str=(char*)(_bstr_t)m_pRs->GetCollect(" 桌号 ");
20       int tableuseid=atoi((char*)(_bstr_t)m_pRs->GetCollect("tableuseid"));   // 将使用信息存入 tableuseid 变量
21    m_Zhuolist.InsertItem(i, "");           // 在列表控件中插入一行
22    m_Zhuolist.SetItemText(i, 0, str);      // 将餐台号信息添加进该行第一列
23    if(tableuseid==0)                       // 判断使用信息是否为 0
24       m_Zhuolist.SetItemText(i, 1, " 空闲 ");  // 如果为 0 就在该行第二列插入 " 空闲 "
25    if(tableuseid==1)                       // 判断使用信息是否为 1
26       m_Zhuolist.SetItemText(i, 1, " 有人 ");  // 如果为 1 就在该行第二列插入 " 有人 "
27    i++;                                    // 控制行的变量自增
28    m_pRs->MoveNext();                      // 移向下一条记录
29    }
30    return TRUE;
31    }
```

（3）选择餐台号时不仅可以手动输入，而且要实现双击列表控件中的餐台号能直接将餐台号读进编辑框控件中。在消息管理器中选择列表控件的双击事件（NM_DBLCLK），添加函数并对其添加代码：

```
01    void CKaitaidlg::OnDblclkList1(NMHDR* pNMHDR, LRESULT* pResult)
02    {
03    CString str;
04    // 获取当前列表控件中的鼠标单击位置所在行的第一列的文本
05    str=m_Zhuolist.GetItemText(m_Zhuolist.GetSelectionMark(), 0);
06    m_ZhuoHao=str;                          // 将文本添加进编辑框中
07    UpdateData(false);
08    *pResult = 0;
09    }
```

运行后双击列表控件中的餐台号，系统自动将该桌台号的信息显示在下面的编辑框控件中。

（4）完成了界面效果的编辑，下一步对按钮控件进行编码。用户在单击"就要这桌"按钮时，系统应该先判断编辑框中输入的数据是否合法，如果不合法，则弹出输入错误的提示；如果合法，则弹出成功的提示并进入"点菜"对话框。"就要这桌"按钮的单击事件代码如下：

```
01    UpdateData();
02    CString Value;
03    if(m_ZhuoHao.IsEmpty())                 // 判断编辑框是否为空
04       AfxMessageBox(" 桌号不能为空 ");        // 如果为空则提示不能为空
05    else
06    {
```

```
07  // 如果不为空则查询哪些餐台正在使用
08  CString Str="select * from TableUSE where TableUSEID=1";
09  m_pRs=theApp.m_pCon->Execute((_bstr_t)Str, NULL, adCmdText);
10  while(!m_pRs->adoEOF)                          // 当记录不为空时
11  {
12      // 将正在使用的餐台号存进变量中
13      Value=(char*)(_bstr_t)m_pRs->GetCollect(" 桌号 ");
14      if(m_ZhuoHao==Value)                       // 将编辑框的值与变量相比较
15      {
16          AfxMessageBox(" 有人了 ");              // 如果相等则提示 " 有人了 "
17          m_ZhuoHao="";                          // 编辑框初始化显示
18          UpdateData(false);
19          return;
20      }
21      m_pRs->MoveNext();                         // 继续下一条记录
22  }
23  m_pRs=NULL;                                    // 指针位置初始化
24  // 餐台没被使用时再查询是否存在这个餐台号
25  CString Str1="select * from TableUSE where 桌号 ="+m_ZhuoHao+"";
26  m_pRs=theApp.m_pCon->Execute((_bstr_t)Str1, NULL, adCmdText);
27  if(m_pRs->adoEOF)                              // 如果记录为空
28  {
29      AfxMessageBox(" 没有这种餐台 ");            // 则提示不存在这样的餐台
30      m_ZhuoHao="";                              // 编辑框初始化显示
31      UpdateData(false);
32      return;
33  }
34  m_pRs=NULL;                                    // 记录集指针初始化
35  CDiancaidlg dlg;                               // 定义一个点菜窗体实例
36  // 将编辑框控件中的数据传递给点菜窗体中的变量
37  dlg.m_ZhuoHao = m_ZhuoHao;
38  dlg.DoModal();                                 // 弹出点菜窗体
39  CDialog::OnOK();
40  }
```

"返回上层" 按钮的单击事件其实就是关闭当前对话框，代码如下：

```
CDialog::OnCancel();
```

21.7　点菜模块设计

视频讲解

21.7.1　点菜模块概述

点菜模块和开台模块密不可分，在为顾客开台后会自动弹出 "点菜" 对话框为顾客点菜。点菜模块运行效果如图 21.15 所示。

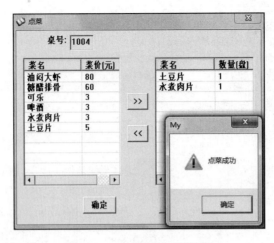

图 21.15　点菜模块运行效果

21.7.2　点菜模块实现过程

本模块使用的数据表：TableUSE，caishiinfo，paybill

1．顾客点菜

（1）在 Resources 选项卡中插入一个对话框资源，为对话框新建一个类 CDiancaidlg，在类中定义一个 _RecordsetPtr 类型变量 m_pRs 并导入全局变量 theApp。在对话框中添加两个列表控件、一个静态文本控件、一个编辑框控件和 4 个按钮控件。控件的属性及变量如表 21.4 所示。

表 21.4　控件属性及变量设置

控 件 ID	控 件 属 性	对 应 变 量
IDC_STATIC	标题：桌号	无
IDC_LIST2	Report	CListCtrl m_CaidanList
IDC_LIST3	Report	CListCtrl m_CaidanCheck
IDC_EDIT_zhuohao	Read-Only	CString m_ZhuoHao

（2）为 CDiancaidlg 类添加一个 WM_INITDIALOG 消息，用于设置列表控件的样式及内容，代码如下：

```
01  BOOL CDiancaidlg::OnInitDialog()
02  {
03    CDialog::OnInitDialog();
04    // 为窗体设置图标
05    SetIcon(LoadIcon(AfxGetInstanceHandle(), MAKEINTRESOURCE(IDI_ICON_diancai)), TRUE);
06    CString Sql="select * from caishiinfo";                    // 查询菜式信息
07    // 为菜单列表进行样式设置
08    m_CaidanList.SetExtendedStyle(LVS_EX_FLATSB|LVS_EX_FULLROWSELECT|
```

```
09    VS_EX_HEADERDRAGDROP|LVS_EX_ONECLICKACTIVATE|LVS_EX_GRIDLINES);
10    m_CaidanList.InsertColumn(0, " 菜名 ", LVCFMT_LEFT, 100, 0);        // 为菜单列表添加两列并命名
11    m_CaidanList.InsertColumn(1, " 菜价 ( 元 )", LVCFMT_LEFT, 100, 1);
12    // 读取数据表中菜单的信息向列表控件中添加
13    m_pRS=theApp.m_pCon->Execute((_bstr_t)Sql, NULL, adCmdText);
14    while(!m_pRS->adoEOF)                                             // 当记录集指针不为空时
15    {
16         CString TheValue, TheValue1;
17         // 将菜名信息存入变量 TheValue
18         TheValue=(char*)(_bstr_t)m_pRs->GetCollect(" 菜名 ");
19         // 将菜价信息存入变量 TheValue1
20         TheValue1=(char*)(_bstr_t)m_pRs->GetCollect(" 菜价 ");
21         m_CaidanList.InsertItem(0, "");                              // 为列表框插入一行
22         m_CaidanList.SetItemText(0, 0, TheValue);                    // 将该行的第一列设置为文本
23         m_CaidanList.SetItemText(0, 1, TheValue1);                   // 将该行的第二列设置为文本
24         m_pRs->MoveNext();                                           // 继续下一条记录
25    }
26    // 为菜单选择列表进行样式设置
27    m_CaidanCheck.SetExtendedStyle(LVS_EX_FLATSB|LVS_EX_FULLROWSELECT|LVS_EX_HEADERDRAGD
28    ROP|LVS_EX_ONECLICKACTIVATE|LVS_EX_GRIDLINES);
29    // 为菜单选择列表添加两列并命名
30    m_CaidanCheck.InsertColumn(0, " 菜名 ", LVCFMT_LEFT, 100, 0);
31    m_CaidanCheck.InsertColumn(1, " 数量 ( 盘 )", LVCFMT_LEFT, 100, 1);
32    return TRUE;
33 }
```

"点菜"对话框中编辑框控件的值来自开台模块的"就要这桌"按钮，当开台确认后系统会自动将台号的值赋给编辑框控件，方便在数据表中进行数据存储。

（3）接着添加一个用于输入点菜数量的对话框，新建一个 CSLdlg 类，在对话框中添加一个静态控件、一个编辑框控件和两个按钮控件，如图 21.16 所示。

图 21.16   "点菜数量"对话框

（4）为"点菜数量"对话框的编辑框控件添加一个 CString 型变量 m_ShuLiang。先给对话框添加一个对话框图标，要想实现这一功能，先要在 Resources 选项卡中插入一个图标资源，再为 CSLdlg 类添加一个 WM_INITDIALOG 消息，向其添加如下代码：

```
SetIcon(LoadIcon(AfxGetInstanceHandle(), MAKEINTRESOURCE(IDI_ICON_sl)), TRUE);
```

（5）为"点菜数量"对话框中的"确定"按钮添加代码，当用户单击"确定"按钮时系统将判断用户是否输入数据，数量至少要为 1，代码如下：

```
01  UpdateData();
02  if(m_ShuLiang.IsEmpty()||m_ShuLiang=="0")      // 判断 " 数量 " 编辑框是否为空或是否为 0
03  {
04    AfxMessageBox(" 数量至少为 1");              // 如果是则提示至少为 1
05    return;
06  }
07  CDialog::OnOK();
```

（6）为"点菜数量"对话框中的"返回"按钮添加代码，当用户单击"返回"按钮时系统将进入点菜窗体，代码如下：

```
CDialog::OnCancel();
```

2. 加菜减菜

顾客有时会要求餐厅加菜或减菜，本系统针对此类问题设置了加菜减菜模块，方便餐饮管理者更好地满足顾客的需求，如图 21.17 所示。

图 21.17　"加减菜"对话框

（1）先在 Resources 选项卡中插入一个对话框资源，新建一个 CJiacaidlg 类，在类中定义一个 _RecordsetPtr 类型变量 m_pRs 并导入全局变量 theApp。对其添加一个静态文本控件、一个下拉列表框控件、两个列表控件和 4 个按钮控件。控件的属性及变量如表 21.5 所示。

表 21.5　控件属性及变量设置

控件 ID	控件属性	对应变量
IDC_COMBO1	Drop List	CComboBox m_ZhuohaoCombo
IDC_LIST2	Report	CListCtrl m_CaidanList
IDC_LIST3	Report	CListCtrl m_CaidanCheck

（2）先要对对话框的初始化进行设计，对列表控件的样式和内容进行初始化设置，对类添加消息函数 WM_INITDIALOG，代码如下：

```
01  BOOL CJiacaidlg::OnInitDialog()
02  {
03    CDialog::OnInitDialog();
04
05    // 为窗体设置图标
06    SetIcon(LoadIcon(AfxGetInstanceHandle(), MAKEINTRESOURCE(IDI_ICON_diancai)), TRUE);
07    CString Sql="select * from caishiinfo";            // 查询菜式信息表中的数据
08    // 对菜单列表进行样式设置
09    m_CaidanList.SetExtendedStyle(LVS_EX_FLATSB|LVS_EX_FULLROWSELECT|LVS_EX_HEAD
10                    ERDRAGDROP|LVS_EX_ONECLICKACTIVATE|LVS_EX_GRIDLINES);
11    // 为菜单列表添加两列并分别命名
12    m_CaidanList.InsertColumn(0, " 菜名 ", LVCFMT_LEFT, 100, 0);
13    m_CaidanList.InsertColumn(1, " 菜价 ( 元 )", LVCFMT_LEFT, 100, 1);
14    // 将数据表中的菜单信息读入菜单列表中
15    m_pRs=theApp.m_pCon->Execute((_bstr_t)Sql, NULL, adCmdText);
16    while(!m_pRs->adoEOF)                              // 判断记录集指针是否为空
17    {
18      CString TheValue, TheValue1;
19      // 不为空则将菜名信息存入变量
20      TheValue=(char*)(_bstr_t)m_pRs->GetCollect(" 菜名 ");
21      // 将菜价信息存入变量
22      TheValue1=(char*)(_bstr_t)m_pRs->GetCollect(" 菜价 ");
23      m_CaidanList.InsertItem(0, "");                 // 为菜单列表插入一行
24      m_CaidanList.SetItemText(0, 0, TheValue);       // 将菜名信息添加进该行第一列
25      m_CaidanList.SetItemText(0, 1, TheValue1);      // 将菜价信息添加进该行第二列
26      m_pRs->MoveNext();                              // 继续下一条记录
27    }
28    // 为点菜列表进行样式设置
29    m_CaidanCheck.SetExtendedStyle(LVS_EX_FLATSB|LVS_EX_FULLROWSELECT|LVS_EX_
      HEADERDRAGD ROP|LVS_EX_ONECLICKACTIVATE|LVS_EX_GRIDLINES);
30    // 为点菜列表添加两列并分别命名
31    m_CaidanCheck.InsertColumn(0, " 菜名 ", LVCFMT_LEFT, 100, 0);
32    m_CaidanCheck.InsertColumn(1, " 数量 ( 盘 )", LVCFMT_LEFT, 100, 1);
33    Sql="select distinct 桌号 from paybill";           // 去除重复的餐台号信息
34    // 向下拉列表框控件中添加数据
35    m_pRs=theApp.m_pCon->Execute((_bstr_t)Sql, NULL, adCmdText);
36    while(m_pRs->adoEOF==0)                            // 判断是否为空
37    {
38      // 将餐台号信息存入变量
39      CString zhuohao=(char*)(_bstr_t)m_pRs->GetCollect(" 桌号 ");
40      m_ZhuohaoCombo.AddString(zhuohao);              // 为下拉列表框添加餐台号信息
41      m_pRs->MoveNext();                              // 继续下一条记录
42    }
43    return TRUE;
44  }
```

（3）当下拉列表框控件的选项变化时，所选餐台号的菜单信息也应该相应改变，在消息对话框中下拉列表框控件的 SELCHANGE 事件代码如下：

```
01   void CJiacaidlg::OnSelchangeCombo1()
02   {
03       CString str;
04       // 先获取所选选项的信息
05       m_ZhuohaoCombo.GetLBText(m_ZhuohaoCombo.GetCurSel(), str);
06       CString sql="select * from paybill where 桌号 ="+str+"";
07       // 到数据表中查找相关餐台号的数据信息
08       m_pRs=theApp.m_pCon->Execute((_bstr_t)sql, NULL, adCmdText);
09       m_CaidanCheck.DeleteAllItems();                    // 菜单选择列表框初始化清空
10       // 将查找到的信息写入点菜列表中
11       while(!m_pRs->adoEOF)                              // 判断记录集是否为空
12       {
13           // 将菜名信息存入变量
14           CString valuename=(char*)(_bstr_t)m_pRs->GetCollect(" 菜名 ");
15           CString valuenum=(char*)(_bstr_t)m_pRs->GetCollect(" 数量 "); // 将数量信息存入变量
16           m_CaidanCheck.InsertItem(0, "");               // 为菜单列表插入一行
17           m_CaidanCheck.SetItemText(0, 0, valuename);    // 将菜名添加进该行第一列
18           m_CaidanCheck.SetItemText(0, 1, valuenum);     // 将数量添加进该行第二列
19           m_pRs->MoveNext();                             // 下一条记录
20       }
21   }
```

视频讲解

21.8 结账模块设计

21.8.1 结账模块概述

结账模块可对当前顾客消费进行结算，顾客结账完成后系统自动将收入金额的数据写入数据表中，从而能很好地反映营业情况。结账模块的运行效果如图 21.18 所示。

图 21.18 结账模块的运行效果

21.8.2 结账模块实现过程

📋 本模块使用的数据表：paybill，TableUse

（1）在 Resources 选项卡中插入一个对话框资源，为其新建一个 CJiezhangdlg 类，在类中定义一个 _RecordsetPtr 类型变量 m_pRs 并导入全局变量 theApp。在"结账"对话框中添加 5 个静态文本控件、

348

3 个编辑框控件、一个下拉列表框控件、一个列表控件和两个按钮控件。

各个控件属性及变量设置如表 21.6 所示。

表 21.6　控件属性及变量设置

控 件 ID	控件属性	对 应 变 量
IDC_COMBO1	Dropdown	CComboBox m_Combo
IDC_yingshou	Read-only	CEdit m_YingShou
IDC_shishou	Visible	CEdit m_ShiShou
IDC_zhaoling	Read-only	CEdit m_ZhaoLing
IDC_mingxi	Report	CListCtrl m_MingXi

（2）先要为对话框进行初始化设置，为类添加一 0 个成员变量 res，类型为布尔（Bool）型。该变量主要控制下拉列表框控件接受数据的方式，False 为下拉选择型，True 为手动输入型。

为类添加一个 WM_INITDIALOG 消息，对列表控件设置样式并对其内容进行初始化设置。代码如下：

```
01  BOOL CJiezhangdlg::OnInitDialog()
02  {
03    CDialog::OnInitDialog();
04    // 设置窗口图标
05    SetIcon(LoadIcon(AfxGetInstanceHandle(), MAKEINTRESOURCE(IDI_ICON_pay)), TRUE);
06    CString TheValue;
07    // 获取数据表中正在消费的餐台号
08    m_pRs=theApp.m_pCon->Execute((_bstr_t)("select*from TableUSE where TableUSEID=1"), NULL,
      adCmdText);
09    // 将餐台号添加进下拉列表框控件中
10    if(m_pRs->GetRecordCount()==0)        // 如果记录数量为 0 则返回
11      return true;
12    if(m_pRs->GetRecordCount()==1)        // 如果记录数量为 1 则将数据添加进下拉列表框控件
13    {
14      // 获取记录中的餐台号信息
15      TheValue=(char*)(_bstr_t)m_pRs->GetCollect(" 桌号 ");
16      m_Combo.AddString(TheValue);        // 将餐台号信息添加进下拉列表框控件中
17      return true;
18    }
19    while(!m_pRs->adoEOF)                  // 当记录集不为空时
20    {
21      // 获取餐台号信息
22      TheValue=(char*)(_bstr_t)m_pRs->GetCollect(" 桌号 ");
23      m_Combo.AddString(TheValue);        // 将餐台号信息添加进下拉列表框中
24      m_pRs->MoveNext();                   // 继续下一条记录
25    }
26    // 设置消费明细列表样式
```

```
27  m_MingXi.SetExtendedStyle(LVS_EX_FLATSB|LVS_EX_FULLROWSELECT|LVS_
    EX_HEADERDRAGDROP|
28          LVS_EX_ONECLICKACTIVATE|LVS_EX_GRIDLINES);
29  m_MingXi.InsertColumn(0, " 菜名 ", LVCFMT_LEFT, 100, 0);      // 为消费明细列表添加 3 列并分别命名
30  m_MingXi.InsertColumn(1, " 数量 ", LVCFMT_LEFT, 100, 1);
31  m_MingXi.InsertColumn(2, " 消费 ( 元 )", LVCFMT_LEFT, 120, 1);
32  res = FALSE;                                       // 下拉列表框控件获取数据的方式，默认是下拉选择型
33  return true;
34  }
```

（3）在对话框左边的控件窗口中选择下拉列表框控件，再在右边消息窗口中选择 SELCHANGE 事件。代码如下：

```
01  void CJiezhangdlg::OnSelchangeCombo1()
02  {
03      UpdateData();
04      CString str, sql, caiming, shuliang, xiaofei, xiaofeitotle, TheValue;
05      // 定义变量存放总消费金额数值
06      double totle=0;
07      // 获得当前选择项的信息并存入变量
08      m_Combo.GetLBText(m_Combo.GetCurSel(), str);
09      sql="select * from paybill where 桌号 ="+str+"";
10      // 获取当前餐台号的账单信息
11      m_pRs=theApp.m_pCon->Execute((_bstr_t)sql, NULL, adCmdText);
12      m_MingXi.DeleteAllItems();                    // 清空列表控件
13      // 将获取的账单信息添加进明细列表控件中
14      while(m_pRs->adoEOF==0)                        // 判断记录是否为空
15      {
16          // 获取消费信息并存入变量
17          TheValue=(char*)(_bstr_t)m_pRs->GetCollect(" 消费 ");
18          totle+=atof(TheValue);                     // 将消费转换成整型进行累加
19          // 获取菜名信息并存入变量
20          caiming=(char*)(_bstr_t)m_pRs->GetCollect(" 菜名 ");
21          // 获取数量信息并存入变量
22          shuliang=(char*)(_bstr_t)m_pRs->GetCollect(" 数量 ");
23          // 获取消费信息并存入变量
24          xiaofei=(char*)(_bstr_t)m_pRs->GetCollect(" 消费 ");
25          m_MingXi.InsertItem(0, "");                 // 为明细列表插入一行
26          m_MingXi.SetItemText(0, 0, caiming);        // 在该行的第 1 列添加菜名信息
27          m_MingXi.SetItemText(0, 1, shuliang);       // 在该行的第 2 列添加数量信息
28          m_MingXi.SetItemText(0, 2, xiaofei);        // 在该行的第 3 列添加消费信息
29          m_pRs->MoveNext();                          // 继续下一条记录
30      }
31      xiaofeitotle=(char*)(_bstr_t)totle;             // 算出消费总金额
32      m_YingShou.SetWindowText(xiaofeitotle);         // 将消费总金额在 " 应收 " 控件中显示
33      UpdateData(false);
34  }
```

21.9　数据库维护模块设计

视频讲解

21.9.1　数据库维护模块概述

在系统的日常使用过程中，数据库损坏或数据库丢失的现象时有发生，为了避免该现象对用户造成影响，本系统中加入了数据库维护模块，用户可以通过该模块对数据库进行备份、还原及初始化等操作，大大提高了用户数据的安全性。数据库维护模块的运行效果如图 21.19 和图 21.20 所示。

　　　图 21.19　数据库备份运行效果　　　图 21.20　数据库还原运行效果

21.9.2　数据库维护模块实现过程

1. 数据库备份

数据库备份的具体实现过程如下：

（1）在 Resources 选项卡中插入一个对话框资源，为其新建一个 CCopydlg 类，在对话框中添加 3 个静态文本控件、两个编辑框控件和 3 个按钮控件。将"路径"编辑框控件的属性设置为 Read-only，对其添加一个 CEdit 类型变量 m_Edit；再对"请输入文件名"编辑框添加一个 CString 类型变量 m_Name。

（2）单击"浏览"按钮时，弹出一个文件路径选择对话框方便用户选择备份路径。代码如下：

```
01  CString ReturnPach;                              // 定义一个字符串变量保存存储路径
02  TCHAR szPath [_MAX_PATH];
03  BROWSEINFO bi;                                   // 定义一个对话框实例
04  bi.hwndOwner=NULL;
05  bi.pidlRoot=NULL;
06  bi.lpszTitle=_T(" 请选择备份文件夹 ");            // 设置窗口标题
07  bi.pszDisplayName=szPath;
08  bi.ulFlags=BIF_RETURNONLYFSDIRS;
09  bi.lpfn=NULL;
10  bi.lParam=NULL;
11  LPITEMIDLIST pItemIDList=SHBrowseForFolder(&bi);  // 获得选择路径
12  if(pItemIDList)                                   // 判断路径是否为空
13  {
```

```
14    if(SHGetPathFromIDList(pItemIDList, szPath))
15        ReturnPach=szPath;                    // 如果路径不为空，则将路径赋给字符串
16    }
17    else
18      ReturnPach="";                          // 路径为空字符串同时为空
19    m_Edit.SetWindowText(ReturnPach);         // 将路径显示在编辑框中
```

（3）在添加完想要保存的路径后，用户要在编辑框中输入想保存的文件名称，随后给"确定"按钮添加如下代码：

```
01    UpdateData();
02    CString str, strpath;
03    m_Edit.GetWindowText(str);                // 获取编辑框中的路径地址
04    strpath = str+"\\"+m_Name+".mdb";         // 将路径和要求的文件名以固定的格式组合
05    char buf [256];
06    ::GetCurrentDirectory(256, buf);
07    strcat(buf, "\\canyin.mdb");              // 获取当前程序的数据库地址
08    CopyFile(buf, strpath, false);           // 复制文件，false 代表遇到同文件名进行覆盖
09    MessageBox(" 备份完成！ "," 系统提示 ", MB_OK|MB_ICONEXCLAMATION);
10    CDialog::OnOK();
```

2. 数据库还原

Access 数据库的还原操作其实就是备份操作的一个逆过程，备份操作是将原有数据库复制到指定文件夹，而还原操作则是将指定文件夹中的数据库文件复制到当前数据库文件夹中并进行覆盖，从而实现数据库的还原。

（1）在 Resources 选项卡中插入一个对话框资源，为其新建一个 CReturndlg 类，在对话框中添加两个静态文本控件、一个编辑框控件和 3 个按钮控件。将"路径"编辑框的属性设置为 Read-only 并为其添加一个 CEdit 类型变量 m_Edit。

（2）在"还原"对话框中单击"浏览"按钮后，需要显示文件目录中某个文件。代码如下：

```
01    CFileDialog dlg(TRUE, "mdb", NULL, OFN_HIDEREADONLY | OFN_OVERWRITEPROMPT,
02              (*.mdb)|*.mdb), NULL);          // 创建一个文件对话框并且只显示文件后缀名为 .mdb 的文件
03    if(dlg.DoModal()==IDOK)                   // 弹出文件对话框判断是否单击 OK 按钮
04    {
05      CString str;
06      str = dlg.GetPathName();                // 获取选择的文件路径
07      m_Edit.SetWindowText(str);              // 将路径添加至编辑框控件中
08    }
```

（3）在进行数据库还原操作前，系统自动判断当前程序数据库存放地址路径，以便用户复制数据库文件。为类添加一个 WM_INITDIAOLG 消息。代码如下：

```
01    BOOL CReturndlg::OnInitDialog()
02    {
```

```
03   CDialog::OnInitDialog();
04   ::GetCurrentDirectory(256, buf);
05   strcat(buf, "\\canyin.mdb");                                          // 获取当前数据库路径地址
06   return TRUE;
07 }
```

（4）单击"还原"按钮时系统自动将用户选取的数据库文件复制到当前数据库所在文件。代码如下：

```
01 UpdateData();
02 CString str;
03 m_Edit.GetWindowText(str);                                             // 获取需还原的数据库路径
04 CopyFile(str, buf, false);                                             // 将数据库文件复制到源数据库文件
05 MessageBox(" 还原完成！ ", " 系统提示 ", MB_OK|MB_ICONEXCLAMATION);
06 CDialog::OnOK();
```

3. 数据库初始化

当数据库中存储的信息已经失效时，手动删除数据无疑增加了用户的工作量。为减轻用户的工作量，本系统添加了数据库初始化功能，执行该功能后将清空除用户信息表外其他所有数据表中的数据。

为菜单中的"数据库初始化"菜单项添加响应事件代码：

```
01 // 弹出窗口，确认是否要执行命令
02 if(MessageBox(" 确定要初始化数据库吗 ?", " 提示 ", MB_YESNO)==IDYES)
03 {
04   CString Sql1="delete from caishiinfo";                               // 删除菜式信息表中的内容
05   CString Sql2="delete from jinhuo";                                   // 删除进货信息表中的内容
06   CString Sql3="delete from shangpininfo";                             // 删除商品信息表中的内容
07   CString Sql4="delete from shouru";                                   // 删除收入信息表中的内容
08   CString Sql5="delete from paybill";                                  // 删除账单信息表中的内容
09   theApp.m_pCon->Execute((_bstr_t)Sql1, NULL, adCmdText);              // 执行第 1 条数据库语句
10   theApp.m_pCon->Execute((_bstr_t)Sql2, NULL, adCmdText);              // 执行第 2 条数据库语句
11   theApp.m_pCon->Execute((_bstr_t)Sql3, NULL, adCmdText);              // 执行第 3 条数据库语句
12   theApp.m_pCon->Execute((_bstr_t)Sql4, NULL, adCmdText);              // 执行第 4 条数据库语句
13   theApp.m_pCon->Execute((_bstr_t)Sql5, NULL, adCmdText);              // 执行第 5 条数据库语句
14   AfxMessageBox(" 初始化成功 ");
15   return;
16 }
17 else
18   return;
```

21.10 小 结

本章的主要内容是根据餐饮行业的实际情况设计一个管理系统。通过本章的学习，可以了解一个餐饮系统的开发流程，首先要考虑的问题就是系统的需求分析以及如何设计数据库，因为数据库设计直接影响了管理系统的好坏，任何一个好的管理系统的核心都是一个完善的数据库。本章通过详细的讲解以及简洁的代码使读者能够更快、更好地掌握数据库管理系统的开发技术。